Helmut Kindl

Biochemie —
ein Einstieg

vieweg studium
Grundkurs Biologie

Hans-Ulrich Koecke
Allgemeine Zoologie
Bd. 1 Bau und Funktionen tierischer Organismen

Günter Tembrock
Grundlagen der Tierpsychologie

Christiane Buchholtz
Grundlagen der Verhaltensphysiologie

Helmut Kindl
Biochemie — Ein Einstieg

Aufbaukurs Biologie

Georges Cohen
Die Zelle — Der Zellstoffwechsel
und seine Regulation, Bd. 1

Georges Cohen
Die Zelle — Der Zellstoffwechsel
und seine Regulation, Bd. 2

Günter Tembrock
Biokommunikation

Heinz Geiler
Ökologie der Land- und
Süßwassertiere

Helmut Kindl

Biochemie –
ein Einstieg

Mit 300 Bildern

Friedr. Vieweg & Sohn   Braunschweig/Wiesbaden

CIP-Kurztitelaufnahme der Deutschen Bibliothek

Kindl, Helmut:
Biochemie – ein Einstieg / Helmut Kindl. –
Braunschweig; Wiesbaden: Vieweg, 1981.
ISBN 978-3-528-07254-4

Satz: Friedr. Vieweg & Sohn, Braunschweig

Buchbinder: W . Langelüddecke, Braunschweig

ISBN 978-3-528-07254-4   ISBN 978-3-322-91102-5 (eBook)
DOI 10.1007/978-3-322-91102-5

Vorwort

Das vorliegende Buch könnte — der Auswahl der Abbildungen und dem roten Faden im Text nach — einem angehenden Naturwissenschaftler, einem modernen Biologen oder Chemiker gewidmet sein. Es vermittelt einen Eindruck eines Bereiches der Chemie biologischer Systeme und erlaubt in der Folge einen Einstieg in die nicht immer leicht verständliche Materie. Dieser Einstieg verlangt eigene Aktivität des Lesers und gelingt nicht spielend — wie dies ja auch selten bei einem Einstieg zu sein scheint. Der Einstieg wird aber durch Markierungen, Hinweise und viele Hilfsmittel, vor allem übersichtliche Zeichnungen, für den Anfänger gut vorbereitet.

Dem Interessierten — zum Einstieg Bereiten — habe ich versucht entgegenzukommen, durch eine vor allem auf die gute Übersicht zielende Einführung zu entsprechen. Warum sollten wir nicht zulassen, daß bei einer ersten Orientierung eine stark bildhafte Sprache und vereinfachende Panoramabilder als Lernmittel angeboten werden?

Die Biochemie und ihre Randgebiete, die sich mit Chemie, Biologie und Physik überschneiden, haben viele Interessierte in ihren Bann gezogen. Es trifft auch häufig zu — und dies ist bei Wertung aller Zukunftsperspektiven ganz verständlich —, daß Studenten in diesem Fachgebiet einen Schwerpunkt innerhalb ihrer Ausbildung setzen wollen. Für all diese sei das vorliegende Büchlein die Ausstattung für den Einstieg in die Biochemie. Es ist nicht jedermanns Sache, mit einem 800 oder mehr Seiten langen und dicken Lehrbuch den Beginn zu wagen; diese Werke sollten einem späteren Stadium vorbehalten bleiben.

Als Gefangener seiner eigenen Disziplin trachtet der Chemiker aus dem gewohnten Arbeitsraum der zumeist in Synthese verhafteten Chemie auszubrechen. Der Biologe sucht nach den molekularen Ursachen, die außerhalb der Grenzpfähle seiner oft morphologisch und taxonomisch orientierten Disziplin liegen.

Den Mitarbeitern des Verlages danke ich für die gute Zusammenarbeit. Frau R. Roller-Müller unterstützte mich in überaus dankenswerter Weise. Dieses Büchlein hätte nicht fertiggestellt werden können ohne die Hilfe meiner Frau; während der vielen Stadien der Herstellung war sie der gute Geist, der über den Manuskriptseiten schwebte.

Helmut Kindl

Marburg, im April 1981

Inhaltsverzeichnis

Kapitel 1

Wechselwirkungen zwischen Molekülen: Erkennen

Wenn man biochemische Reaktionen und vor allem Stoffwechselprozesse überblickt, kommt zu Anfang leicht der Eindruck auf, daß man es hier mit zum Teil sehr ungewöhnlichen Umsetzungen zu tun hat. So vermittelt manchmal bereits der Anblick der Glykolyseschritte dieses Gefühl; die vielen Phosphatgruppen machen die für den Ungeübten scheinbar unübersichtliche Kohlenhydratchemie noch schwerer überschaubar. Der Anfänger kann sich des Eindruckes nicht erwehren, „mit den Enzymen, diesen Zauberagentien, kann man aber auch schon alles umsetzen".

Es wird schon in der Folge klar werden, daß Enzyme wirklich einmalige Katalysatoren sind, aber eben Katalysatoren, die eine Reaktion beschleunigen; und nur eine, die auch den Gesetzen der Thermodynamik nach so ablaufen kann. Bald werden wir zu der Überzeugung kommen, daß die meisten biochemischen Reaktionen sich auf etwa ein Dutzend Reaktionstypen zurückführen lassen und daß genügend Analogien zu den Reaktionen, wie sie in der organischen Chemie behandelt werden, existieren.

Ein wichtiger Unterschied gegenüber der üblichen Betrachtungsweise in der organischen Chemie muß aber gleich hervorgehoben werden. Während sich der Chemiker in der organischen Chemie fast ausschließlich mit Reaktionen auseinandersetzt und die physikalischen Eigenschaften der Stoffe für ihn selten eine größere Bedeutung besitzen, sollten wir uns in der Biochemie immer zwei Bereiche deutlich vor Augen führen: den Teil, wo *Reaktionen* mit den besseren Katalysatoren und manchmal auch der günstigeren Reaktionsführung als in der organischen Chemie ablaufen, sowie den anderen Teil, bei dem es „nur" zu *Wechselwirkungen*, nicht aber zu Reaktionen kommt.

Spezifische Beziehungen — ermöglicht durch eine Vielzahl subtiler Anziehungskräfte — erlauben die selektive Auswahl von Molekülen aus einem großen Reservoir. Das Prinzip der Informationsweiterleitung im weitesten Sinn basiert auf spezifischen Wechselwirkungen; und Wechselwirkungen, die nicht von einer sich unmittelbar anschließenden Reaktion begleitet werden, sind für den Biochemiker ein wesentlicher Bestandteil seiner Überlegung.

Darüber hinaus wissen wir, daß bei Polymeren — wie Proteinen — das Prinzip der Wechselwirkungen zur Stabilisierung in Richtung einer ganz bestimmten Struktur beiträgt. Diejenigen Kräfte, welche die Stabilisierung einer subtilen Raumstruktur ermöglichen, werden wir auch später bei der Funktion der Proteine antreffen: spezifische Wechselwirkungen sind Teil des Mechanismus der Katalyse.

Welche Moleküle eignen sich für Wechselwirkungen?

Die Wechselwirkungen innerhalb eines großen Moleküls und zwischen Molekülen betreffen ganz besonders die Funktion der Proteine; wir wollen daher mit dem Aufbau und einigen Eigenschaften der Proteine unsere Betrachtungen zu den Wechselwirkungen beginnen.

Proteine erscheinen aufgrund der Molekülgröße, des breiten Spektrums an starken und schwachen Wechselwirkungen und der unterschiedlichen Komponenten besonders geeignet für selektive Wechselwirkungen. Aber auch Nukleinsäuren und Kohlenhydrate sind in der Lage, selektive Bindungen und hohe Affinitäten zu anderen Molekülen zu entwickeln.

Struktur von Proteinen

Proteine enthalten Peptidketten, sind Heteropolymere aus Aminosäuren. Die Art der Bindung zwischen den Monomeren: eine Amidbindung; wir sprechen auch von einer Peptidbindung.

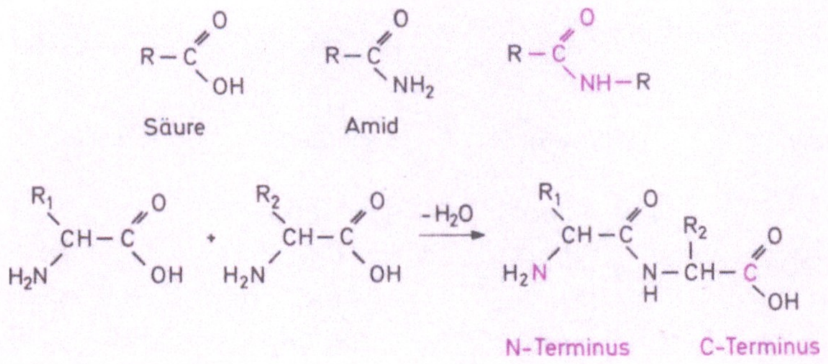

Bild 1-1: Bildung eines Peptids aus zwei Aminosäuren

Zwanzig verschiedene Aminosäuren werden in natürlichen Proteinen verwendet. Aminosäuren mit zusätzlichen Carboxylgruppen finden sich vor allem in pflanzlichen Proteinen, Aminosäuren mit Alkylketten dominieren in Membranproteinen und basische Aminosäuren sind die Hauptbestandteile der Proteine im Zellkern.

Die **Sequenz** der Aminosäuren innerhalb eines Peptids (Primärstruktur) bestimmt auch dessen weitere Eigenschaften: die Raumstruktur und die Fähigkeit, weitere Wechselwirkungen einzugehen. Die Sequenz der Aminosäuren in den Peptiden ist genetisch fixiert.

Die Strukturmöglichkeiten bei Vorgabe von zwanzig Aminosäuren sind offenbar nicht immer ausreichend, um alle Arten der Wechselbeziehungen, die in den biologischen Systemen vorkommen, zu gewährleisten. Proteine können sich darüber hinaus der Reaktionsfähigkeit anderer Verbindungsklassen und prosthetischer Gruppen bedienen, um das Spektrum der Wechselwirkungen zu erhöhen. Prosthetische Gruppen können z. B. Hämgruppen sein (→ Porphyrine), Metalle oder Coenzyme für den H-Transfer.

Aminosäuren sind chemisch charakterisiert durch ihre Carboxylgruppe einerseits und die NH_2-Gruppe in α-Stellung andererseits. Da am C-2 ein chirales (= asymmetrisches) Zentrum vorliegt, müssen wir zur vollständigen Charakterisierung des Zentrums mit einer zusätzlichen Nomenklatur (RS-Nomenklatur; L-Reihe) operieren. Wichtig für weitere Betrachtungen – besonders in Richtung intramolekularer Wechselwirkungen – sind die Seitengruppen der Aminosäuren; diese scheinen ja im Peptid wieder als solche auf und sind für dessen Verhalten ganz ausschlaggebend.

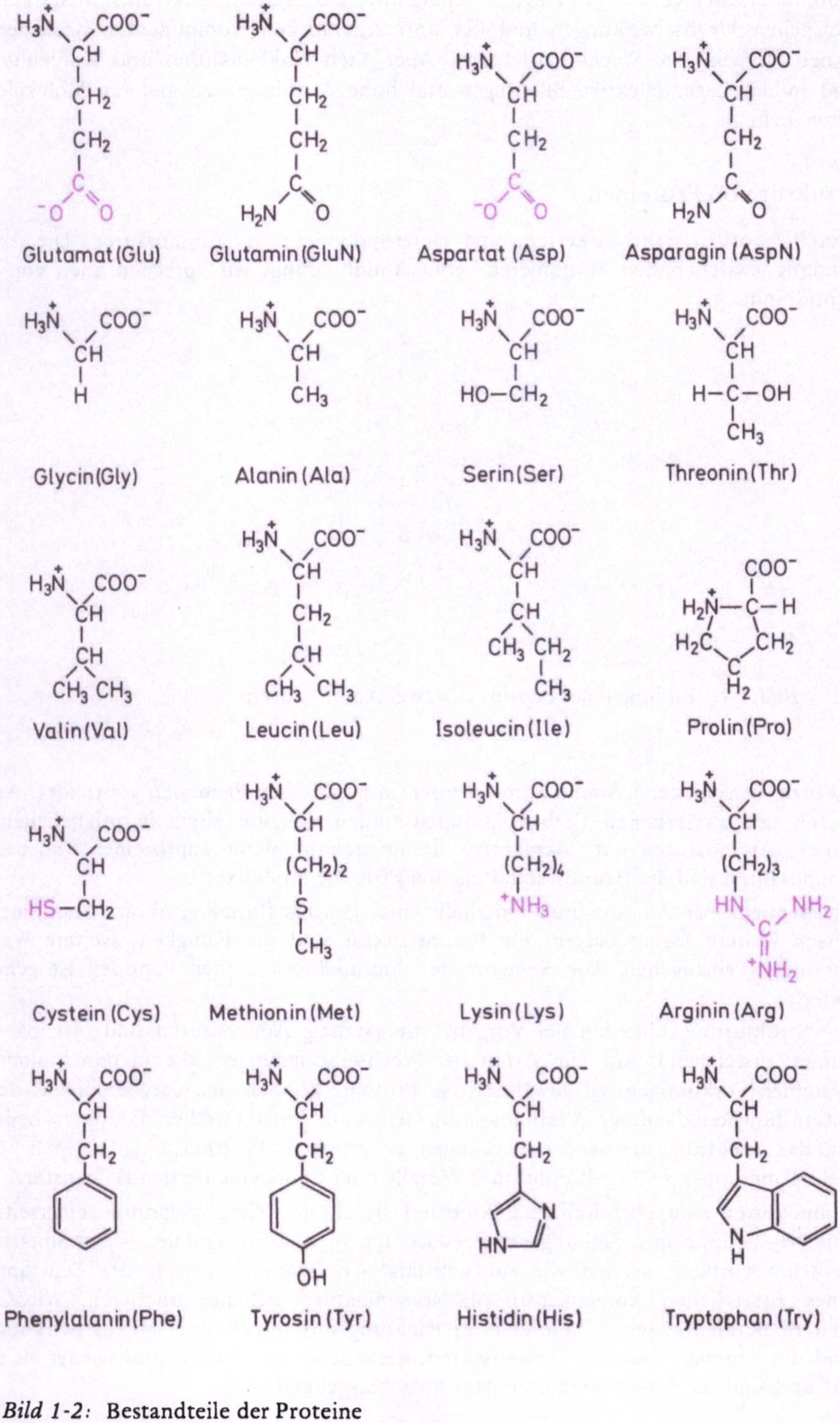

Glutamat (Glu) Glutamin (GluN) Aspartat (Asp) Asparagin (AspN)

Glycin (Gly) Alanin (Ala) Serin (Ser) Threonin (Thr)

Valin (Val) Leucin (Leu) Isoleucin (Ile) Prolin (Pro)

Cystein (Cys) Methionin (Met) Lysin (Lys) Arginin (Arg)

Phenylalanin (Phe) Tyrosin (Tyr) Histidin (His) Tryptophan (Try)

Bild 1-2: Bestandteile der Proteine

Wenn wir zuerst ionische Wechselwirkungen betrachten, unterscheiden wir „saure" Aminosäuren, die noch eine zusätzliche Carboxylfunktion besitzen (z.B. Asparaginsäure), und basische Aminosäuren mit Gruppen, die bei physiologischem pH um 7 Kationen ausbilden können (z.B. Lysin). Wichtig ist auch die Frage: Polarität oder Fehlen von polaren Gruppen? So impliziert eine lipophile Seitenkette (z.B. Leucin), daß nach Ausbildung der Peptidbindung — nach Polymerisation sind die freien NH_2- und die Carboxyl-Gruppen verschwunden — der relativ große hydrophobe Bereich im Rest R die Löslichkeit des Proteins im Wasser stark herabsetzt.

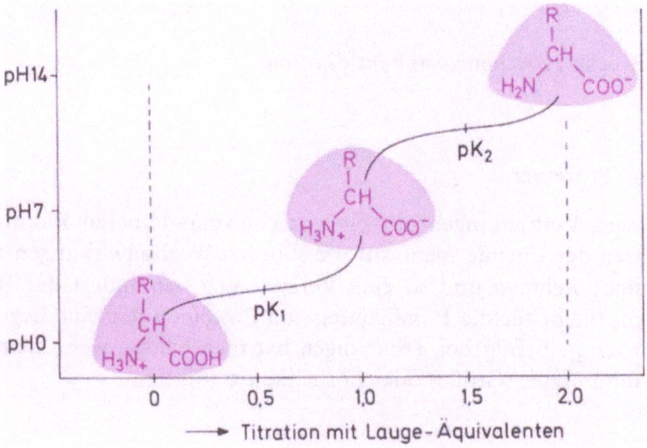

Bild 1-3: Titration einer Aminosäure

Bild 1-4: Seitenketten der Proteine.
Einen hydrophoben Rest sehen wir links unten

Eine kovalente Bindung zwischen zwei Peptidketten kann durch eine sogenannte Disulfidbrücke zustandekommen. In der Regel sind Bildung und Spaltung dieser Brücken reversible Vorgänge.

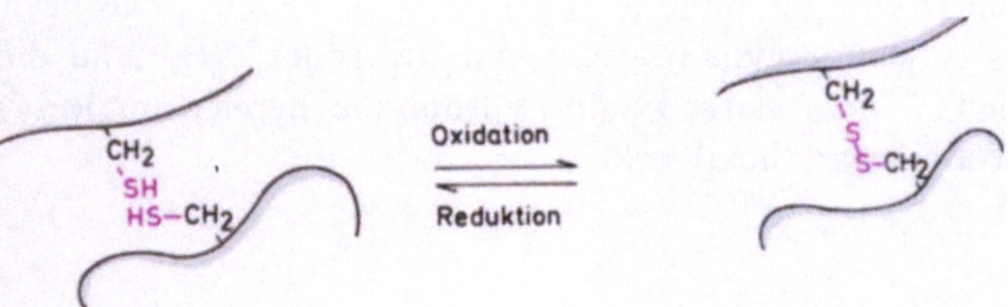

Bild 1-5: Disulfid-Brücke zwischen zwei Peptidketten

Isolierung und Analyse von Proteinen

Proteine sind hochpolymere Verbindungen mit einer leicht veränderbaren Raumstruktur. Da viele Trennverfahren der Chemie nicht auf die subtilen Wechselwirkungen innerhalb der Proteine Rücksicht nehmen und so eine Veränderung, zumindest der Raumstruktur, bewirken würden, bleibt für die Handhabung von Proteinen nur eine begrenzte Zahl von Trennverfahren übrig. Erfolg bei Trennungen hat man häufig, wenn man Proteine nach ihrer Ladung, ihrer Masse (Größe) oder Löslichkeit trennt.

Isoelektrischer Punkt

Die β-Carboxylgruppe der Asparaginsäure und die γ-Carboxylgruppe der Glutaminsäure gehen bei pH-Werten über 4,5 in ein Anion über und können so zu einer negativen Ladung am Protein beitragen. Die ϵ-Ammoniumgruppe des Lysins (bei pH 10) sowie die Guanidiniumgruppe des Arginins (bei pH 12) werden erst im stark alkalischen Bereich deprotoniert und bewirken deshalb bei pH-Werten unter 10 eine positive Ladung am Protein. Die Anwesenheit der kationischen oder anionischen Gruppen auf einem Protein sind für dessen Verhalten ausschlaggebend.

Man kann sich einen isoionischen Punkt denken, bei dem das Protein die gleiche Anzahl negativer und positiver Ladungen trägt. In der Praxis wird der isoelektrische Punkt bestimmt, bei dem das Protein in der Elektrophorese unbeweglich ist, da dem Protein keine Gesamtladung zukommt. Eine Verschiebung gegenüber dem isoionischen Punkt resultiert daraus, daß beim isoelektrischen Punkt die Kationen und Anionen des Mediums eine Rolle spielen. So kann z.B. beim isoionischen Punkt ein aus dem Puffer stammendes Anion an das Makromolekül gebunden werden und so zu einem Überwiegen der negativen Ladungen führen. Wir würden dem Protein dann einen etwas mehr zum sauren Bereich hin verschobenen pI zuordnen.

Das Verhalten eines Proteins als Ion bedeutet, daß es in einem Medium pH $>$ pI eine negative Ladung trägt und als Anion z.B. an einem Anionenaustauscher bindet. Bei Erniedrigung des pH darf man erwarten, daß die anionischen Gruppen des Proteins abnehmen und das Protein ab einem bestimmten Punkt nicht mehr als Anion vorliegt und damit auch nicht mehr am Anionenaustauscher haften bleibt.

Die Fähigkeit der Proteinmoleküle, bei unterschiedlichen pH-Werten verschiedene und verschieden starke Ladungen zu besitzen, läßt sich mit Vorteil bei Reinigung und Charakterisierung der Proteine ausnützen.

Je weiter der pH-Wert des Mediums im Alkalischen liegt, desto mehr anionische Gruppen wird ein Protein tragen. Sowohl Protein I mit pI = 5 als auch Protein II und III mit pI = 6 bzw. 7 werden bei pH 8 als Anionen vorliegen; Proteine mit mehreren anionischen Gruppen sollten sich aber im elektrischen Feld aufgrund der höheren negativen Ladung schneller bewegen. Die Wanderungsgeschwindigkeit von Ionen im elektrischen Feld ist proportional ihrer Ladung und — aufgrund der Reibungskraft — umgekehrt proportional ihrer Größe.

Nun zur eigentlichen **Elektrophorese**, dem Wandern von geladenen Teilchen im elektrischen Feld. Auch Proteine wandern; sie verhalten sich ja aufgrund ihrer zahlreichen anionischen und kationischen Seitenketten wie polymere Ionen. Überwiegen bei einem vorgegebenen pH die Anionen an der Oberfläche des Proteins, so wird das Protein zur Anode wandern.

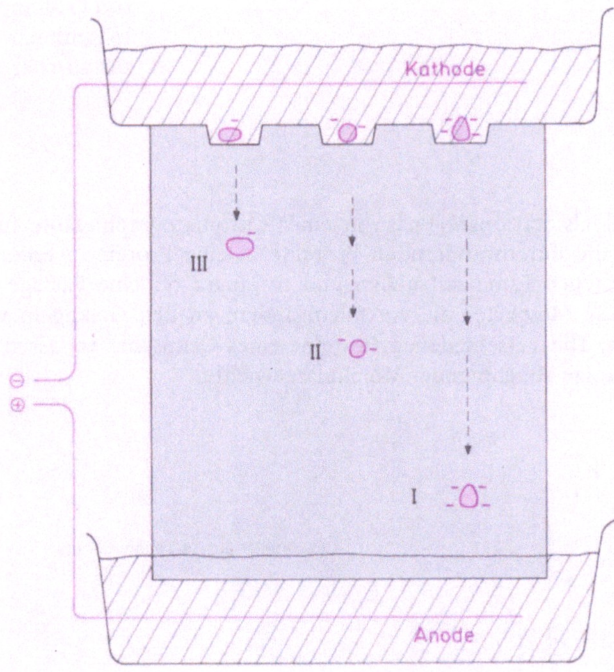

Elektrophoresen werden auf verschiedenen Trägermaterialien durchgeführt, häufig auf polymerem Acrylamid mit unterschiedlichem Vernetzungsgrad und damit unterschiedlicher Porengröße. Falls Proteine mit einer Detergenshülle versehen werden, deren Außenseite nur Anionen aufweist, erlaubt eine Elektrophorese keine Trennung mehr nach dem isoelektrischen Punkt, aber dafür eine Trennung nach Größe. Es ist verständlich, daß die Wanderungsgeschwindigkeit dieser Anionenmicellen im wesentlichen nur von der Größe der Aggregate abhängt und so wiederum eine Trennung nach Molekulargewicht erlaubt.

Das Prinzip der Trennung nach Ladung kommt auch bei der Ionenaustauscher-Chromatographie zur Anwendung. Die folgende Abbildung soll eine Pore eines Anionenaustauschers darstellen. Die positiven Ionen am immobilen Träger (künstliches Polymeres mit sekundären oder tertiären Aminen) können durch elektrostatische Wechselwirkungen verschiedene, bewegliche Anionen binden. Bei Anwesenheit von mehr als einer Sorte von Anionen ergibt sich die Verteilung entsprechend dem Massenwirkungsgesetz. Man kann so Proteinanionen binden und sie später wieder mit anderen Anionen verdrängen.

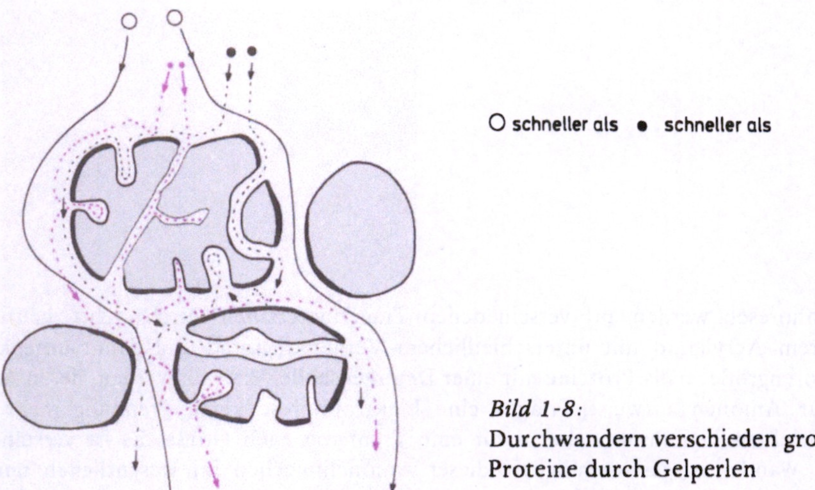

Bild 1-7:
Bindung
von Protein
an Anionen-
austauscher

Gelchromatographie

Ein stark gequollenes Gel als stationäre Phase in einer Chromatographiesäule fungiert als eine Art Irrgarten für die durchwandernden Proteine. Kleine Proteine werden auch die engen Poren und Zwischenräume aufsuchen und so länger für eine Passage durch das Gel brauchen als große Moleküle, die vor allem außen, an den Gelkugeln vorbei, den kürzesten Weg suchen. Die verschiedenen Proteine eines Gemisches verlassen daher die Gelsäure in der Reihenfolge abnehmender Molekulargewichte.

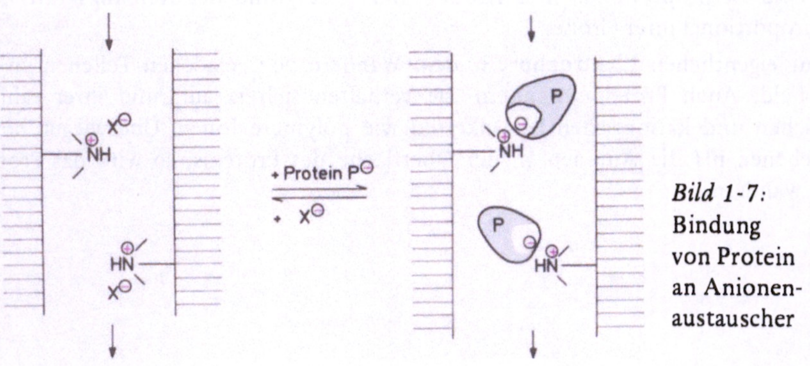

Bild 1-8:
Durchwandern verschieden großer
Proteine durch Gelperlen

Bestimmung der Aminosäuresequenz

Ein Protein ist ein gerichtetes Polymeres. Aufgrund der Kopf-Schwanz-Polymerisation der Aminosäuren bleiben zuletzt ein freies Kopfende (NH_2-Gruppe) und ein freier Schwanzteil (Carboxylgruppe) übrig. Es gibt einige Reagenzien, die endständige NH_2-Gruppen modifizieren und dabei eine Bindung ausbilden, die durch Hydrolyse nicht angegriffen wird. Man kann daher -- nach der Umsetzung am N-Terminus — das gesamte Protein, eben alle Peptidbindungen, hydrolysieren und erhält ein Gemisch — mit nur einer Aminosäure, welche die Modifikation trägt. Geeignete Reagenzien für diesen Vorgang sind Sulfonsäurechloride (z. B. Dansylchlorid) oder Dinitrofluorbenzol.

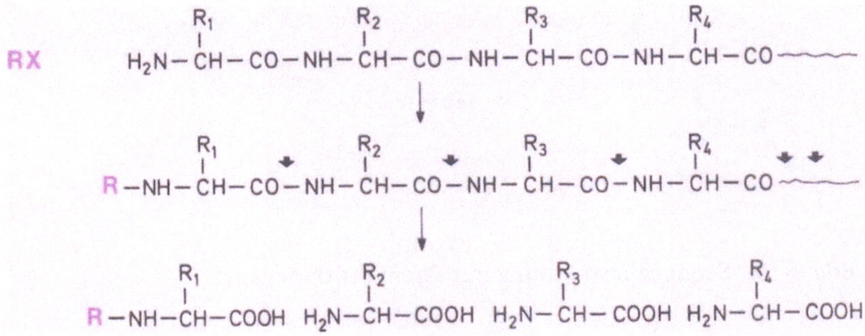

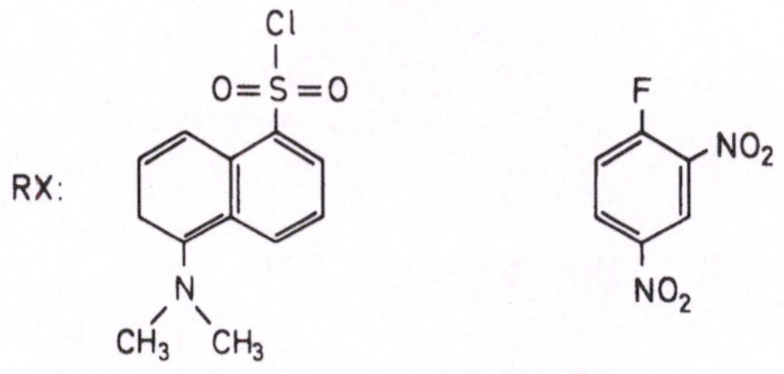

Bild 1-9:
Sequenzbestimmung

Wiederholte Abspaltung von Aminosäuren vom N-Terminus ist möglich, wenn nach der Modifikation der NH_2-Gruppe die Bindung zwischen der ersten und zweiten Aminosäure selektiv gespalten werden kann, ohne daß das gesamte Molekül zerstört werden muß. Als Reagens für einen solchen Prozeß hat sich Phenylisothiocyanat als geeignet herausgestellt, das mit Aminen Thioharnstoffderivate bildet, die nach milder Hydrolyse schließlich Thiohydantoine ergeben. Diese werden durch Dünnschichtchromatographie charakterisiert.

Große Peptide werden vor dem eigentlichen Abbau vorerst in kleinere Bruchstücke gespalten. Dies läßt sich mit Vorteil durch Endopeptidasen durchführen, mit Enzymen, die im Inneren des Peptidmoleküls Amidbindungen in ganz bestimmten Umgebungen hydrolysieren.

Eine chemische Methode steht ebenfalls zur Verfügung, um Schnitte in größere Peptide zu machen. Und zwar an der Stelle der Kette, wo Methionin, eine relativ selten vorkommende Aminosäure, vorliegt. Der sogenannte Bromcyan-Abbau läuft über ein Sulfoniumion sowie ein Carbeniumkation als Alkylierungsmittel ab.

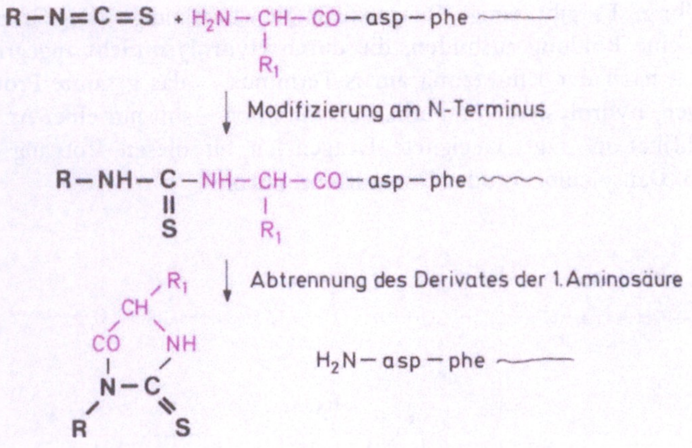

Bild 1-10: Sequenzbestimmung mit Phenylisothiocyanat

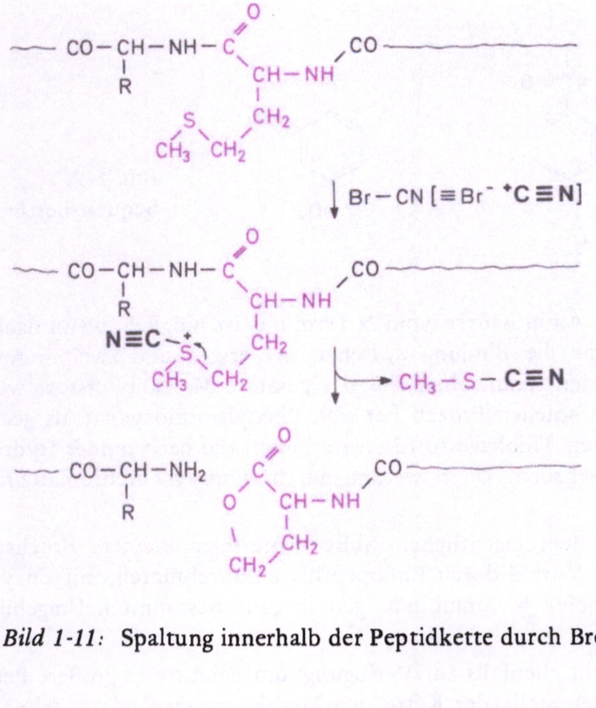

Bild 1-11: Spaltung innerhalb der Peptidkette durch Bromcyanabbau

Wechselwirkungen zwischen Komponenten der Nukleinsäuren

Von Nukleinsäuren gehen aufgrund der Säuregruppen zahlreiche Wechselwirkungen aus, vor allem elektrostatische. Subtile und damit selektive Wechselwirkungen finden wir zwischen jeweils zwei gegenüberliegenden Basenkomponenten, wenn Nukleinsäureketten aneinandergelagert werden.

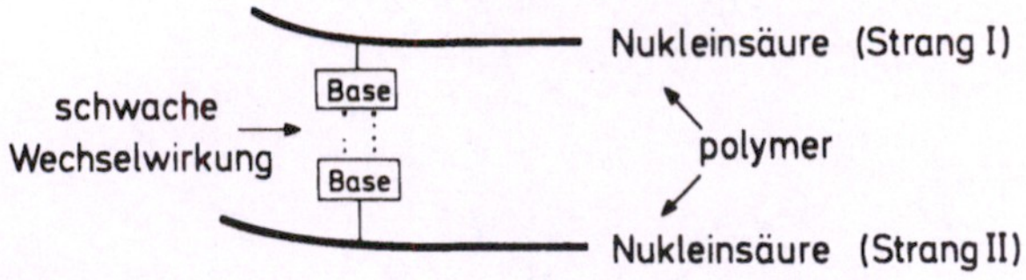

Bild 1-12: Wechselwirkung zwischen 2 Strängen

Die Basen der Nukleinsäuren leiten sich von heterozyklischen Verbindungen ab, entweder von Pyrimidin oder von Purin.

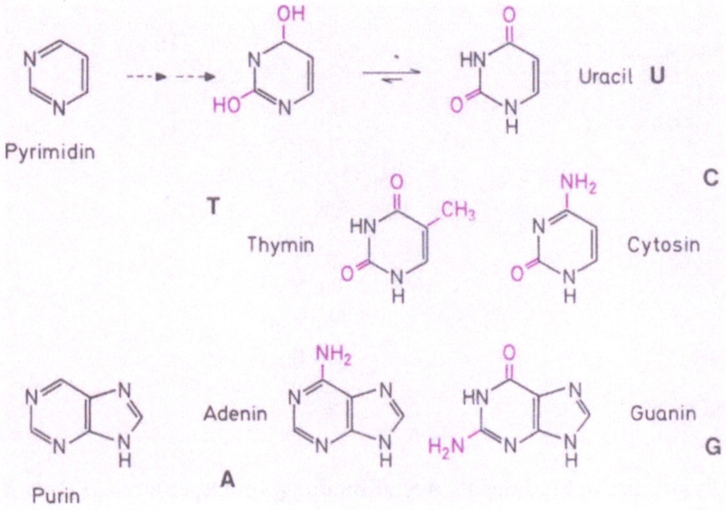

Bild 1-13: Basen der Nukleinsäuren

Wenn eine Purinbase (A) mit einer Pyrimidinbase (T oder U) in räumliche Nähe gelangt und schließlich eine ebene Anordnung einnimmt, resultiert eine Bindung über zwei Wasserstoffbrücken. Ähnlich kann C mit drei Wasserstoffbrücken an G gebunden werden. Es handelt sich dabei um relativ schwache Wechselwirkungen, deren Anziehung erst zum Tragen kommt, wenn sich in einem polymeren Stoff zahlreiche der Purin- und Pyrimidinbasen miteinander „paaren" können. Dies ist möglich, wenn Basen auf einem Gerüst so angebracht sind, daß sie mit den Basen eines zweiten Gerüsts eine maximale Zahl von Wechselbeziehungen eingehen können.

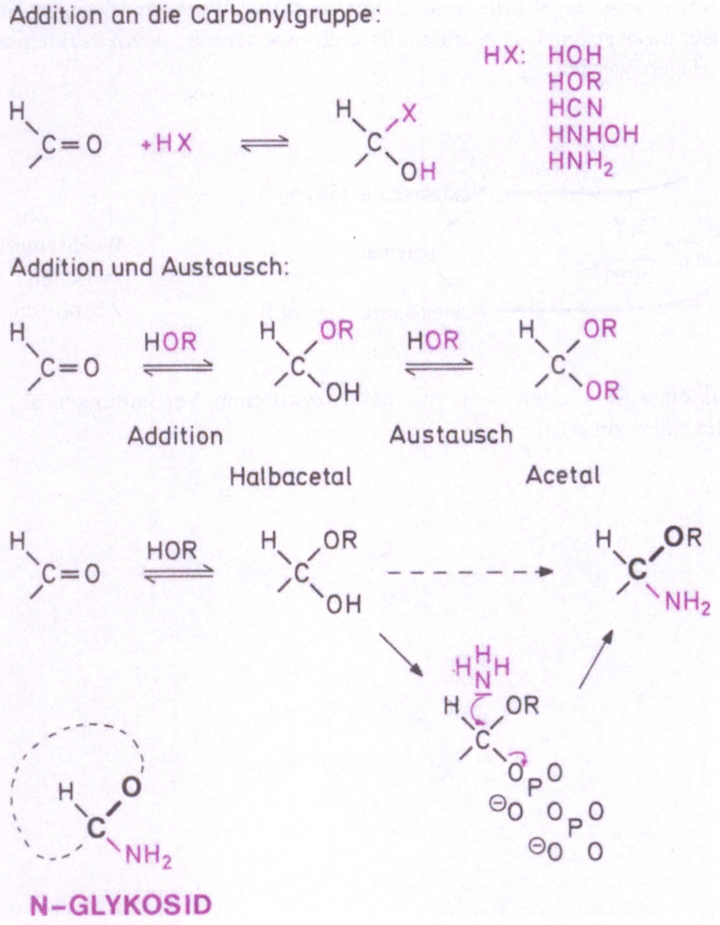
Addition an die Carbonylgruppe:
HX: HOH
HOR
HCN
HNHOH
HNH2
+HX
Addition und Austausch:
HOR
Addition
Austausch
Halbacetal
Acetal
N-GLYKOSID

Bild 1-14: Glykosidische Bindung als Acetal-Bindung. Im Gegensatz zur C–O–C-Bindung des Äthers, die überaus stabil ist, muß man die C–O–C-Bindung eines Acetals als besonders säure-labil ansehen. Die Überführung eines Aldehyds in ein Acetal erfolgt in der organischen Chemie durch Säurekatalyse und ist reversibel. Die Herstellung einer glykosidischen Bindung in der Zelle verlangt in der Regel eine besondere Aktivierung der Aldehydfunktion. Das innere Halbacetal z. B. bei einem Ribose-Derivat entsteht spontan, der Übergang zum N-Glykosid erfordert den Weg über das reaktive Pyrophosphat. Im Falle der Nukleinsäuren sind die sekundären -NH–Gruppen der Pyrimidin- bzw. der Purin-Derivate mit der Aldehydfunktion des Zuckers verbunden.

Das Gerüst ist dabei ein Polymeres mit Phosphodiesterbindungen zwischen Kohlenhydraten (Zucker mit fünf C-Atomen). Falls zwei Gerüste mit ihren Basen gegenüberstehen, ist dies gleichbedeutend mit der Tatsache, daß wir zwei Stränge in enge Wechselwirkung bringen und dabei zu einem Doppelstrang aneinanderlagern. Die Hauptkette, die man als eine starke Säure ansehen muß, kann natürlich ionische Wechselwirkungen mit Kationen eingehen. Die abstufbaren schwachen Wechselwirkungen aber, die sich wieder leicht lösen können, gehen nur von den senkrecht zur Hauptkette befindlichen Basen aus.

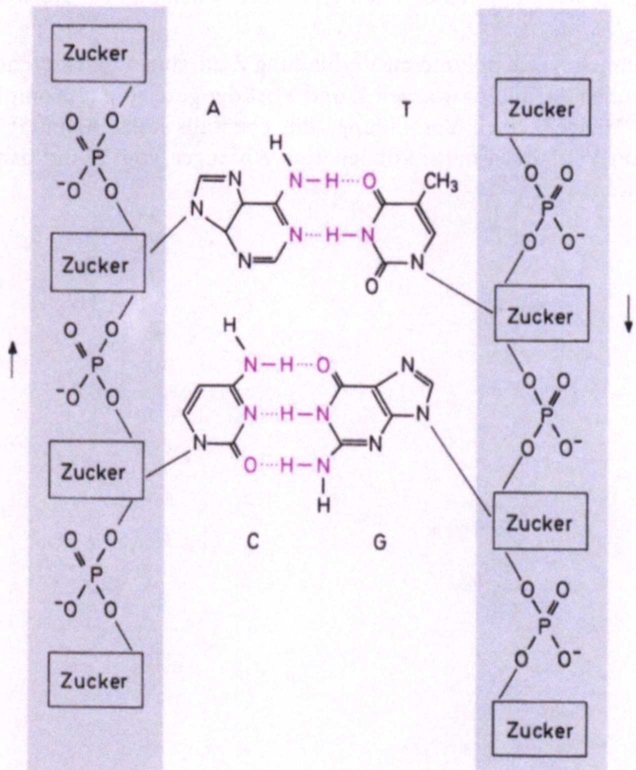

Bild 1-15: Wechselwirkung zwischen 2 Nukleinsäuresträngen
mittels „Basenpaarung"

Damit wird die Beziehung zwischen Nukleinsäure und Nukleinsäure verständlich.

Schwierig einzusehen ist, daß es auch sehr spezifische Wechselwirkungen zwischen Proteinen und Nukleinsäuren gibt. In bestimmten Fällen kann man davon ausgehen, daß sich mehrere Untereinheiten eines oligomeren Proteins wie eine Manschette um Nukleinsäure-Doppelstränge lagern.

Unabhängig von der chemischen Natur der einzelnen, in Wechselwirkung tretenden Komponenten können wir uns vorstellen, daß hohe Affinitäten zwischen zwei Bereichen auch Reaktionen einleiten und erleichtern können.

a) Die Plazierung zweier Matrizen bewirkt, daß sich selektiv die Komponenten A und B anlagern und so in eine günstige Stellung für einen chemischen Umsatz kommen.

b) Falls die Komponenten A und B nicht direkt mit der Matrize wechselwirken, kann dies über einen **Adapter** geschehen. Der Adapter weist Affinität zur Matrize auf; darüber hinaus kann er aber auch mit einer der Komponenten A oder B usw. beladen werden. Er vermittelt so die Beziehung zwischen A und der Matrize für A. Ein anderer Adapter fungiert für B. Man kann dann durch Auswahl der Reihung der richtigen Matrizen aus einem Gemisch bestimmte Komponenten herausfischen und zur Reaktion bringen.

c) Die Blockierung eines Bereiches der polymeren Verbindung Z durch ein blockierendes Agens Y. Aufgrund der hohen Affinität zwischen Z und Y ist der gezeichnete Komplex sehr stabil. Aber große Mengen einer Verbindung, die ebenfalls hohe Affinität zu bestimmten Bereichen von Y besitzen muß, können zum Abfangen von Y und damit zum Freisetzen von Z führen.

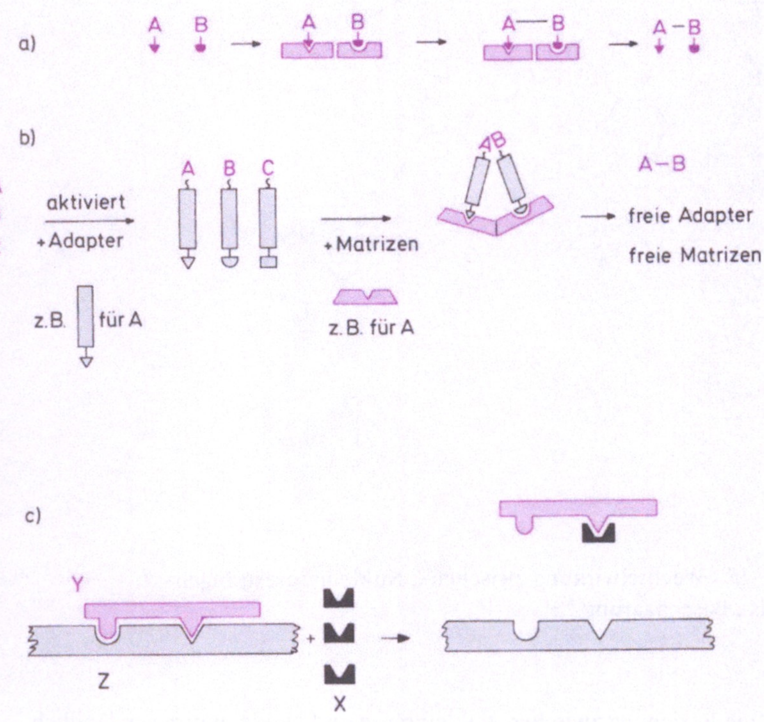

Bild 1-16: Gegenseitige Erkennung von Regionen leitet Reaktionen ein

Wechselwirkungskräfte

Für das Aneinanderlagern zweier Komponenten müssen die beiden Moleküle — damit der Prozeß schnell und selektiv erfolgt — hohe Affinität zueinander besitzen. Für das Verständnis dieses Prozesses sind zwei Phänomene wichtig: das Prinzip der Komplementarität der Oberflächen von Raumstrukturen und die Bedeutung der Stärke von Wechselwirkungen zwischen den beiden Molekülen.

Komplementäre Oberflächen

Für die Art der Wechselwirkung ist es notwendig, daß die beiden Moleküle einen sehr engen und über eine große Fläche wirkenden Kontakt erfahren. Es muß sich um eine möglichst exakte Anpassung der beiden Oberflächenbereiche handeln, denn nur durch optimale Nähe und große Zahl können schwache Wechselwirkungen zu einer im ganzen doch stabilen Anordnung zweier Partner beitragen.

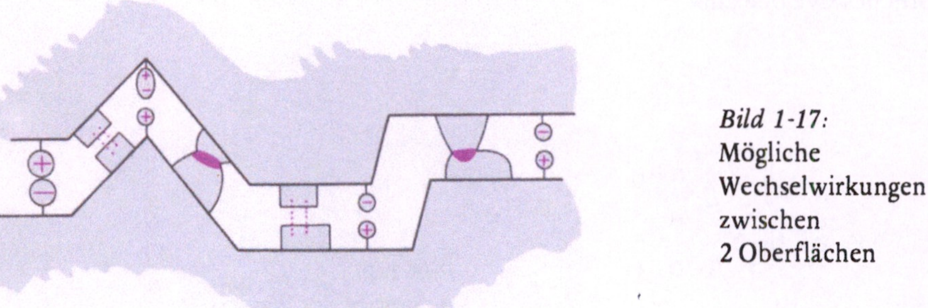

Bild 1-17:
Mögliche
Wechselwirkungen
zwischen
2 Oberflächen

Unterschiedlich starke Wechselwirkungen

Starke Anziehungskräfte dürfen wir im Falle elektrostatischer Wechselwirkung zwischen geladenen Gruppen erwarten. Diese Kräfte sind proportional $\frac{1}{r^2}$ (r = Abstand) und nehmen damit nicht so stark mit der Entfernung ab wie z. B. die van der Waalschen Kräfte, die mit $\frac{1}{r^6}$ proportional gehen und daher nur auf kürzeste Distanzen wirken.

Bei der Wasserstoffbrücken-Bindung handelt es sich um vorwiegend elektrostatische Wechselwirkungen, die dadurch zustandekommen, daß bei einer vergleichsweise stark polaren X—H-Bindung der Wasserstoff nicht nur von der negativen Ladung des X (z. B. N oder O) angezogen wird, sondern auch von der negativen Ladung eines anderen Dipols, z. B. dem O einer C=O-Gruppe. Das generelle Bild sowie der spezielle Fall des Wassers deuten an, daß der Wasserstoff die Tendenz zeigt, am freien Elektronenpaar des zweiten elektronegativen Atoms zu partizipieren. Für eine genügend starke Wechselwirkung ist es Voraussetzung, daß der Abstand der Atome X—H—X 0,28—0,30 nm beträgt und daß der Wasserstoff weitgehend auf die Verbindungslinie zwischen den beiden Atomen mit negativer Ladung zu liegen kommt.

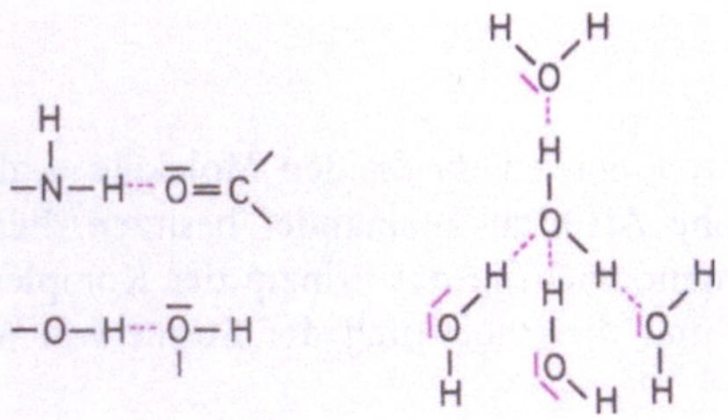

Bild 1-18:
Wasserstoffbrücken-Bindungen
zwischen 2 elektronegativen
Atomen

Die hydrophobe Bindung zweier lipophiler Bereiche basiert auf Wechselwirkungen innerhalb des umgebenden Lösungsmittels und auf dem Fehlen von Wechselwirkungen zwischen Protein und Lösungsmittel. Es ist diese Bindung so weniger eine Anziehung im
Protein als vielmehr eine besondere Anordnung des Lösungsmittels, die durch die Eigenschaften des Proteins erzwungen wird. Dies wird für die Komponente Protein erst dann
klar, wenn man das System Protein plus umgebendes Lösungsmittel betrachtet. So sind
im Eis die Wassermoleküle zu großen Strukturen zusammengelagert, ähnlich der Sesselform des Cyclohexans.

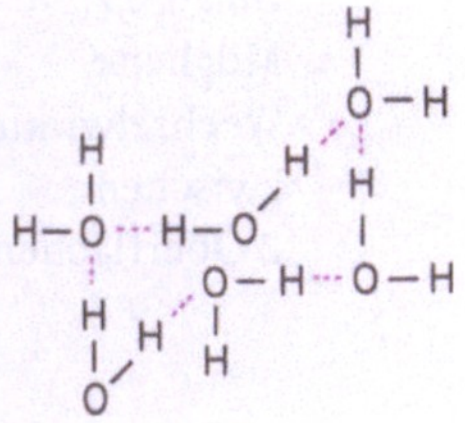

Bild 1-19:
Aggregate des Wassers
im Eis

Die Struktur des Wassers enthält auch bei Temperaturen über $0\,^{\circ}C$ große Aggregate mit
ähnlicher Struktur: „Eisberg-Strukturen". Der Zusammenhalt resultiert aus den Wasserstoffbrücken. Bei einem Molekül mit polaren Gruppen an der Oberfläche existiert eine
große Zahl von Wechselwirkungen zu den umgebenden Wassermolekülen. Wenn anstatt
eines solchen Moleküls ein Tropfen Lipid oder hydrophobe Moleküle in das Lösungsmittel transferiert werden, gibt es nicht mehr die Möglichkeit der Wechselwirkungen
des Lösungsmittels Wasser gegenüber dem Teilchen. Dies verstärkt die Tendenz des
Lösungsmittels, mit sich selbst Wechselbeziehungen einzugehen (Wasserstoffbrücken)
und dadurch höher geordnete Strukturen auszubilden. Dies bedeutet, daß das System
hydrophobes Teilchen $-H_2O$ den geringeren Energieinhalt aufweist, wenn die beiden
Komponenten getrennt vorliegen. Beim Mischen wird dem Wasser eine größere Ordnung aufgezwungen (entspricht einer geringeren Entropie), so daß sich das System in
der Mischung als energiereicher und damit weniger stabil darstellt.

Thermodynamische Überlegungen

Biochemische Vorgänge müssen — auch — vom Gesichtspunkt der Energieversorgung aus betrachtet werden. Man teilt häufig Organismen danach ein, wie sie Energie bereitstellen, konservieren oder verbrauchen. Für viele Stoffwechselprozesse — wenn wir diejenigen ausklammern, die mit Informationsweiterleitung zu tun haben — enthält der energetische Aspekt, nämlich die Frage, wieviel Energie ein Abbauweg liefern kann, die ausschlaggebenden Größen. Es ist deshalb nicht verwunderlich, daß wir Überlegungen, die wir für das Verständnis der Thermodynamik biochemischer Prozesse benötigen, als Einleitung voranstellen. Mindestens ebenso wichtig sind thermodynamische Betrachtungen, wenn man Faltung und Stabilität von Biopolymeren oder die Affinität zwischen mehreren Komponenten verstehen will.

Bei der Erklärung einer Gleichgewichtssituation oder bei der Frage, ob eine Reaktion freiwillig (= spontan) abläuft, läßt sich die Einführung von Größen, die das System exakt beschreiben können, nicht umgehen: Entropie und freie Enthalpie.

Gerade die vom Studenten nicht immer leicht akzeptierte, weil schwer oder gar nicht anschaulich beschreibbare Entropie benötigen wir; z.B. um die Stabilität von Proteinen und Enzymsubstratkomplexen verständlich beschreiben zu können. Was eine hydrophobe Wechselwirkung ist, läßt sich durch die Einbeziehung der Größe Entropie darstellen.

Die freie Enthalpie (G) wiederum ist für uns eine wertvolle Größe, um Gleichgewichte über Gleichgewichtskonzentrationen zu kalkulieren.

Auf die folgende Reaktion, die Hydrolyse von Adenosintriphosphat, stößt man vielfach, wenn es gilt, die Energieumsetzungen bei biochemischen Reaktionen zu beschreiben. Adenosintriphosphat darf universell als Speicherverbindung für chemisch konservierte und wieder abrufbare Energie gelten.

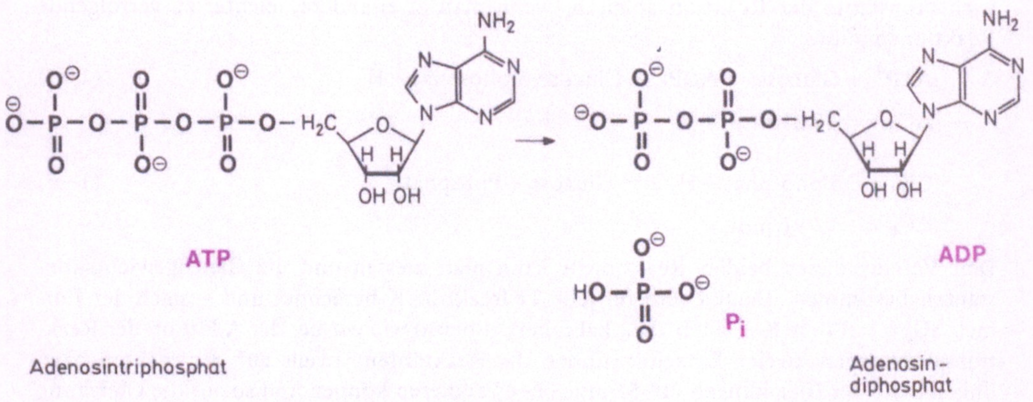

$$ATP^{4-} + H_2O \rightleftharpoons ADP^{3-} + P_i^{2-} + H^+$$

Bild 1-20: Hydrolyse von Adenosintriphosphat

Das Gleichgewicht liegt bei dieser Reaktion weit rechts, und es ist technisch schwierig, die nach Erreichen des Gleichgewichts verbleibenden geringen Konzentrationen an Adenosintriphosphat (Gleichgewichtskonzentrationen) zu messen. Dies müßte man aber tun, um daraus die Gleichgewichtskonstante K bestimmen zu können.

$$K = \frac{c_{Produkte}}{c_{Ausgangsstoffe}} = \frac{c_{ADP} \cdot c_{P_i} \cdot c_{H^+}}{c_{ATP} \cdot c_{H_2O}} \qquad (1-2)$$

Ein chemisches Gleichgewicht ist ein Zustand, in dem ein System keine Arbeit mehr leisten kann. Die Gleichgewichtssituation läßt sich einerseits mit der Konstanten K darstellen; sie zeigt an, wie stark auf der Seite der Produkte eine Reaktion beim Erreichen des Gleichgewichts zum Stehen kommt. Eine äquivalente Aussage gibt andererseits auch die freie Enthalpie der Reaktion:

$$K = \frac{(c_{Produkte})_{gl}}{(c_{Edukte})_{gl}} \qquad -\Delta G_0 = RT \ln K \qquad (1-3)$$
$$R = \text{Gaskonstante } (8,3 \text{ J/mol/K})$$

Formal bedeutet dies, ΔG_0 würde frei, wenn 1 Mol Ausgangsstoff (Edukt) der Konzentration c = 1 in 1 Mol Produkt der Konzentration c = 1 überführt wird.

$$-\Delta G_0 = RT \ln \frac{(c_{Produkt})_{gl}}{(c_{Edukt})_{gl}} = RT \ln (c_{Produkt})_{gl} - RT \ln (c_{Edukt})_{gl} \qquad (1-4)$$

In die Gleichung gehen die Gleichgewichtskonzentrationen (c_{gl}) ein. Beim Zerlegen des Ausdrucks erkennen wir, daß ΔG_0 formal einer Energie entspricht, die frei wird, wenn man das Edukt von der Konzentration c = 1 auf die Gleichgewichtskonzentration bringt, $- RT \ln (c_{Edukt})_{gl}$, plus der Energie, die aufzuwenden ist, um das Produkt aus der Gleichgewichtskonzentration auf die Konzentration c = 1 anzuheben, $+ RT \ln (c_{Produkt})_{gl}$.

Das in der Biochemie häufig verwendete $\Delta G_0'$ unterscheidet sich von ΔG_0 nur durch den Bezugspunkt. Wenn Protonen in die Gleichung eingehen, wird nicht auf $c_{H^+} = 1$, sondern auf $c_{H^+} = 10^{-7} (= \text{pH } 7)$ bezogen.

Man kann die freie Enthalpie der oben erwähnten Reaktion und damit die Gleichgewichtskonstante der Reaktion ableiten, wenn man zwei andere, leichter zu verfolgende Reaktionen mißt.

$$ATP^{4-} + \text{Glucose} \rightarrow ADP^{3-} + \text{Glucose-6-phosphat} + H^+ \qquad (1-5)$$
$$\Delta G_0' = -19 \text{ kJ/mol}$$

$$\text{Glucose-6-phosphat} + H_2O \rightarrow \text{Glucose} + \text{Phosphat} \qquad (1-6)$$
$$\Delta G_0' = -13 \text{ kJ/mol}$$

Den Verlauf dieser beiden Reaktionen kann man messen und die Gleichgewichtskonstanten bestimmen. Daraus wird für jede Teilreaktion K berechnet und — nach der Formel $\Delta G_0' = - RT \cdot \ln K$ — auch $\Delta G_0'$ kalkuliert. Ebenso wie wir bei der Addition der Reaktionsgleichungen zweier Einzelreaktionen die Reaktanten jeweils auf der rechten bzw. linken Seite der Gleichungen (1–5) und (1–6) addieren können und so auf die Gleichung $ATP + H_2O = ADP + P_i + H^+$ kommen, können wir auch die $\Delta G_0'$-Werte der beiden Reaktionen addieren. Dies ergibt $\Delta G_0' = -32$ kJ/mol; und eine Gleichgewichtskonstante $K = 3,5 \cdot 10^5$. Wir haben dabei zwei im Gleichgewicht befindliche Reaktionen (1–5) und (1–6) durch Zusammenmischen der Komponenten aus dem Gleichgewichtszustand gebracht und — unter Arbeitsleistung — veranlaßt, dem neuen Gleichgewichtszustand zuzustreben.

Thermodynamische Betrachtungen erweisen sich als wertvoll, wenn es gilt, über Gleichgewichte einerseits und Arbeitsfähigkeit eines Prozesses andererseits qualitative oder quantitative Aussagen zu machen. Jedes System strebt dem Gleichgewicht zu, dem Zustand niedrigster Energie. Man will häufig wissen, wie weit ein Zustand vom Gleichgewicht entfernt ist, denn nur dieser Abstand vom Gleichgewicht bedingt einen freiwilligen Ablauf (= spontane Reaktion). Mit einer derartigen Reaktion kann wieder ein anderes System aus dem Gleichgewicht gebracht werden; damit wird Arbeit geleistet oder Energie gespeichert.

Aus diesen und ähnlichen Überlegungen kristallisieren sich zwei zentrale Probleme heraus: a) wie kann man **Gleichgewichte** beschreiben und b) wie definieren, daß eine Reaktion **spontan** ablaufen kann. Die Thermodynamik der reversibel geführten Prozesse vermag dazu Aussagen zu liefern. Man kann Gesetzmäßigkeiten finden, mit Hilfe derer bestimmbar wird, zu welchem Ergebnis chemische Prozesse führen können. Ein prinzipieller Nachteil dieser Betrachtungsweise ist, daß sie exakt nur Gleichgewichte beschreiben kann, in der lebenden Zelle aber keine Gleichgewichtssituationen herrschen, sondern stationäre Zustände aus einer Summe irreversibel geführter Prozesse.

Reversibel geführte Prozesse, die durch ein Aufeinanderfolgen von Gleichgewichtssituationen charakterisiert sind, können mit den Gesetzen der Thermodynamik beschrieben werden. Irreversible Prozesse verlaufen über Zwischenstufen, in denen das System nicht im Gleichgewicht steht; sie gehorchen anderen Gesetzen und lassen sich durch die klassische Thermodynamik nur annäherungsweise bestimmen. Obwohl Anfangs- und Endzustand der beiden Prozesse jeweils identisch sein können, unterscheiden sich beide Versuchsführungen doch im Prinzip. Irreversibel geführte Prozesse sind charakterisiert durch ihren spontanen Ablauf; diese Systeme sind arbeitsfähig. Sie befinden sich häufig in einem stationären Zustand, so daß Geschwindigkeit der Bildung und Geschwindigkeit des Abbaus gleich sind. Es muß Energie aufgewendet werden, um diesen Zustand aufrechtzuerhalten. In diesem stationären Zustand des Fließgleichgewichts erreicht die Entropieänderung ein Minimum.

Ein Beispiel, das die **reversible** und **irreversible** Führung eines Prozesses gegenüberstellt: die isotherme Kompression eines Gases. Damit dieser Vorgang isotherm ablaufen kann, muß das Gas unendlich langsam komprimiert werden. Abrupte Kompression würde zu Turbulenzen und damit zur Erwärmung führen. Beim isothermen, reversibel geführten Prozeß wird ständig über die Wand des Gefäßes Wärme an die Umgebung abgegeben, ohne daß es innerhalb des Systems zur Temperaturerhöhung kommt.

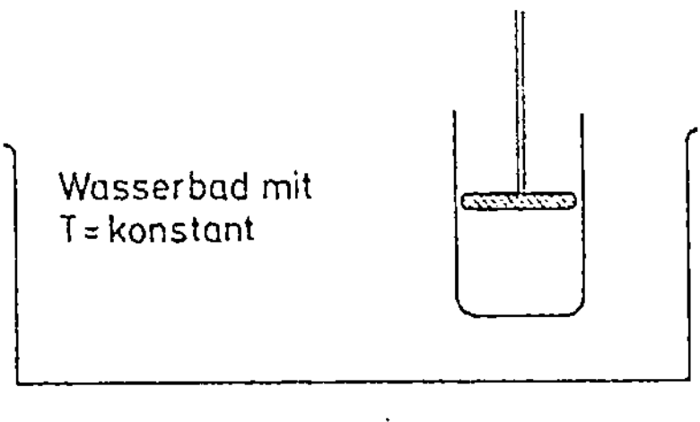

Bild 1-21:
Die isotherme Kompression eines Gases führt zur Speicherung der zugeführten Energie: Arbeitsfähigkeit des komprimierten Gases und abgegebene Wärmeenergie

Bei irreversibler Führung des Prozesses wird ein größerer Teil der geleisteten Arbeit in Wärme umgesetzt. Bei der gleichen Kompressionsarbeit erhält man letztlich einen geringeren Druck des Gases im Kolben.

Ein Prozeß ist ein Vorgang, bei dem sich die Eigenschaften des Systems ändern; es ist daher für die weiteren Überlegungen vorerst gleichgültig, ob wir einen chemischen Prozeß betrachten oder die isotherme Kompression. Die Energie, die in unserem Kompressionsversuch aufgewendet wird, geht zum Teil in Wärme über, zum Teil wird sie als Arbeitsfähigkeit (hoher Druck) gespeichert. Es gilt daher:

E: aufgewendete Energie;   A: Arbeitsfähigkeit, die gespeichert wird;

Q: die Wärme, die freigesetzt wird: Die Wärme wird dabei an die Umgebung abgegeben; diese Umgebung ist zu groß, als daß sie sich selbst dabei merklich erwärmt.

Die innere Energie, die in das System eingebracht worden war, findet man am Ende des Prozesses in Q und A wieder.

$$E = Q + A \tag{1-7}$$

Bei der Rückreaktion expandiert das Gas wieder, kühlt sich ab und nimmt die nötige Wärme von der Umgebung auf. In der Chemie wird statt der Wärme Q häufig die Größe H verwendet; und zwar aus folgenden Gründen:

H ist definiert:

$$H = E + p \cdot V \tag{1-8}$$

$$\Delta H = \Delta E + p \cdot \Delta V \quad [\text{bei konstantem Druck } (\Delta p = 0)] \tag{1-9}$$

$$\Delta E = Q + \Delta A; \quad \Delta A = -p \cdot \Delta V \quad (\text{Expansionsarbeit}) \tag{1-10}$$

Bei Reaktionen, an denen keine Gase teilnehmen, kann man Volumenänderungen (ΔV) vernachlässigen.

$$Q = \Delta E - \Delta A = \Delta E + p \cdot \Delta V \tag{1-11}$$

Bei Vergleich von (1—8) und (1—11):

$$Q = \Delta H \quad [\text{gilt streng nur bei konstantem Druck}] \tag{1-12}$$

Bei konstantem Druck wird $H \cong E$, weil keine signifikante Volumensänderung erfolgt [$\Delta V = 0$ in (1—11)].

Der erste Hauptsatz der Thermodynamik fordert die Konservierung der Energie ($E = Q + A$), gibt aber nicht an, wie die Energie konserviert werden kann. Über Spontaneität eines Prozesses sagen Energie oder Wärme aber nichts aus. Dies sollen die folgenden Beispiele demonstrieren.

Sowohl die Hydrolyse des Triphosphats des Adenosins als auch das Schmelzen des Eises verlaufen spontan. In einem Fall wird Energie frei ($E = <0$), im anderen Fall muß Energie zugeführt werden ($E > 0$).

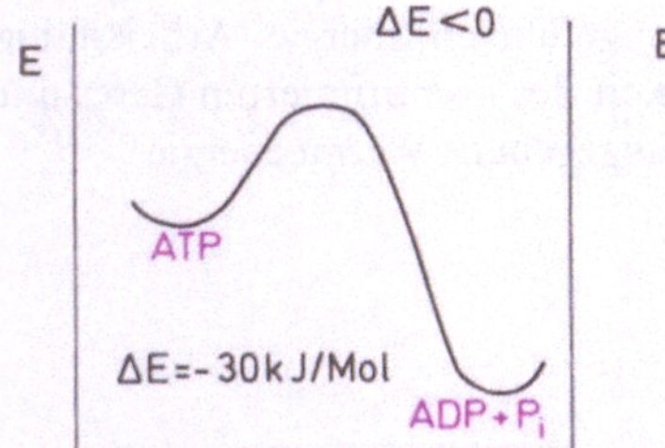

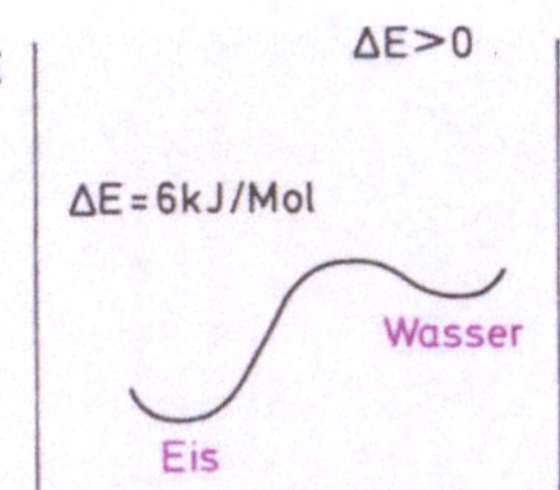

Bild 1-22:
Vergleich zweier
Energieprofile

Beim nächsten Beispiel beträgt $\Delta E = 0$, und zwar in beiden Richtungen. Aber nur in einer Richtung läuft der Prozeß spontan ab; nämlich beim Wärmeaustausch zweier Metallblöcke mit unterschiedlicher Temperatur.

80° + 20° ⟶ 50° 50° *Bild 1-23:* Wärmeaustausch

Beispiel 4 zeigt die spontane Expansion eines Gases gegenüber einem Vakuum.

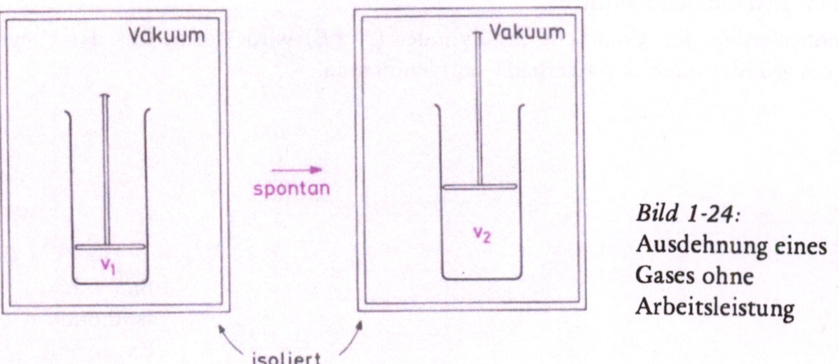

Bild 1-24:
Ausdehnung eines
Gases ohne
Arbeitsleistung

Dabei wird keine Arbeit geleistet, denn die Umgebung war Vakuum: $\Delta A = 0$. Auch Wärme wird keine abgeführt: $\Delta Q = 0$; ΔE daher auch 0. Trotzdem verläuft der Prozeß spontan. Warum?

Mit einer neu zu definierenden Größe kann dieser Vorgang korrekt beschrieben werden: mit S, der Entropie.

Diese neue Eigenschaft, die **Entropie** S, wird wie folgt definiert:

$$\Delta S = \frac{Q_{rev}}{T}$$

(1—12)

ΔS beschreibt den Zustand eines Systems vollständig.

$$\Delta S_{total} = \Delta S_{System} + \Delta S_{Umgebung}$$

(1—13)

Die Änderung der Entropie im Totalsystem muß gleich sein der Änderung der Entropie im System + Änderung der Entropie in der Umgebung.

$$\Delta S_{total} = 0, \quad \text{für einen reversibel geführten Prozeß.}$$

Die Spontaneität wird nun definiert durch $\Delta S_{total} > 0$, und dies gilt für alle irreversibel geführten Prozesse. Die molekulare Interpretation kann auf eine andere Art gegeben werden. Die Entropie ist, im Mikrobereich gesehen, ein Maß für den Grad der Ordnung, Geordnetsein. Bei der Änderung des Zustands von hoher Ordnung (komprimiertes Gas) und wenig Freiheiten zu einem Zustand geringer Ordnung (entspanntes Gas) und mehr Freiheiten nimmt die Entropie zu. S ist ein Maß für die Unordnung und wird beschrieben in der Gleichung: S proportional lnW. Die Bedeutung dieser Gleichung kann man etwas klarer erhellen durch folgende Überlegung: Füllen wir in ein Becherglas kleine rote Kügelchen und überschichten wir sie mit weißen Kügelchen (= Ausgangszustand). Schütteln wir alles gut durcheinander, so ist die Wahrscheinlichkeit, eine annähernd gleichmäßige Mischung vorzufinden, außerordentlich größer als die Wahrscheinlichkeit, im unteren Bereich nur rote und in der oberen Hälfte nur weiße Kügelchen anzutreffen. Die Wahrscheinlichkeit für den Endzustand hat in hohem Maße zugenommen.

Aus den Grundgesetzen der Wahrscheinlichkeitsrechnung leitet sich ab, daß S proportional $\ln W$ ist. W: Wahrscheinlichkeit = Zahl der Fälle, die für einen bestimmten Zustand günstig sind. W ist auch gleichzeitig Maß für molekulare Unordnung = Zahl der mikroskopischen Zustände, bezogen auf das Gesamtsystem. Wenn eine L-Aminosäure in das Racemat (D-Aminosäure + L-Aminosäure) überführt wird, so erhöhen sich die Möglichkeiten für einzelne Moleküle, Zustände einzunehmen, von 1 auf 2. Die Entropie erhöht sich um den Faktor $\ln 2$.

Bei Vergrößerung des Volumens im Zylinder (A → B) wird Wärme aus der Umgebung — hier ein großes isoliertes Wasserbad — aufgenommen.

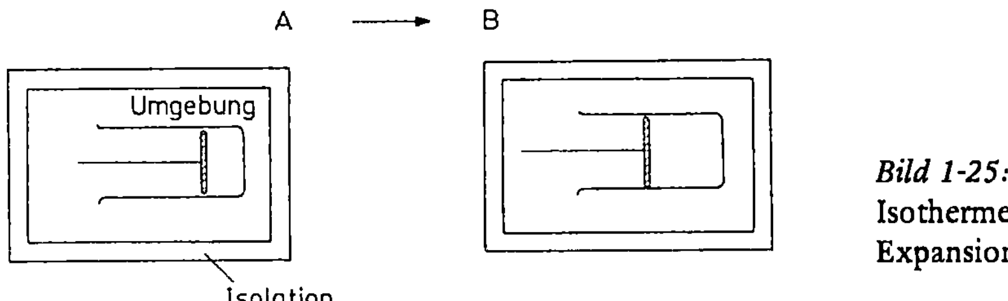

Bild 1-25:
Isotherme
Expansion

Die Umgebung (innerhalb des gesamten betrachteten Bereichs) muß genügend groß sein, so daß keine Änderung an Temperatur und Druck auftritt. Wenn ein reversibler Fluß an Wärme Q aus dem Bad in das eigentliche System (Kolben) überläuft, gilt für das Bad:

$$\Delta S_{\text{Umgebung}} = -\frac{Q}{T} \, .$$

Diese Menge Wärme wird dem System zugeführt, und bei konstantem Druck dürfen wir schreiben (1–12):

$$\Delta S_{\text{Umgebung}} = -\frac{H_{\text{System}}}{T}$$

$$\Delta S_{\text{total}} = \Delta S_{\text{Umgebung}} + \Delta S_{\text{System}} = -\frac{\Delta H_{\text{System}}}{T} + \Delta S_{\text{System}} \qquad (1-14)$$

$$-T\Delta S_{\text{total}} = +\Delta H_{\text{System}} - T\Delta S_{\text{System}} \, .$$

Hier zeichnet sich eine neue Größe ab, die wir definieren können mit: $[\Delta H - T\Delta S]_{\text{System}}$. Wir können den Index „System" weglassen, wenn wir nur noch Änderungen von Eigenschaften eines geschlossenen Systems betrachten. „Geschlossen" bedeutet: Austausch von Energie mit der Umgebung, nicht aber von Materie.

$$G = H - TS \qquad \Delta G = \Delta H - T\Delta S \quad \text{(bei konstanter Temperatur)}. \qquad (1-15)$$

$$\text{Aus Gleichung (1–14) wird:} \quad \Delta G_{\text{System}} = -T\Delta S_{\text{total}} \, . \qquad (1-16)$$

Weil ΔS_{total} nach dem zweiten Hauptsatz positiv sein muß — für spontane Prozesse — muß ΔG negativ sein:

$$[\Delta G_{System}]_{p,T} < 0. \tag{1-17}$$

Das ist das Kriterium für Spontaneität, definiert mit der **freien Enthalpie G**. Die freie Enthalpie ist ein Maß für die Arbeitsfähigkeit. Bei jedem freiwilligen Prozeß strebt G einem Minimum zu: dem Gleichgewichtszustand. Beim Gleichgewicht ist daher $\Delta G = 0$. Die Beziehung der freien Enthalpie zur Gleichgewichtskonstanten:

$$-\Delta G = RT \ln K \tag{1-18}$$

Die Beziehung zu elektrochemischen Potentialen (E):

$$-\Delta G = nFE \tag{1-19}$$

Beim Versuch, die Größe $G = H - TS$ zu interpretieren, müßte ΔH die Reaktionswärme (für T und p konstant) und $-T\Delta S$ die „Ordnungsenergie" darstellen. Das ist die Beziehung zwischen der Wärmemenge, die ein isothermes, geschlossenes System mit seiner Umgebung austauscht, und der Gesamtänderung des Energieinhaltes.

Mit der Beschreibung der freien Enthalpie G ist eine Größe gefunden, die beim Gleichgewicht einen Extremwert (hier Minimum) erreicht.

Bei einem Mehrkomponentensystem gilt für jede einzelne Komponente

$$\frac{G_i}{n_i} = \mu_i.$$

Die freie Enthalpie ist somit eine Größe, die von der Zahl der Mole einer Substanz abhängig ist. Das chemische Potential μ_i ist eine bereits auf ein Mol einer bestimmten Spezies bezogene Größe; es wird in zwei Teile getrennt: In einen Term, der von der Konzentration unabhängig ist (μ_i°), und in einen Konzentrations-Term ($RT \ln c_i$).

Daher gilt für die Gesamtreaktion $A + B = C + D$:

$$\Delta G = -\mu_a - \mu_b + \mu_c + \mu_d$$
$$= -\mu_a^{\circ} - \mu_b^{\circ} + \mu_c^{\circ} + \mu_d^{\circ} + RT \ln \frac{c_c \cdot c_d}{c_a \cdot c_b} \tag{1-20}$$

$$\Delta G = \Delta G^{\circ} + RT \ln \frac{c_c \cdot c_d}{c_a \cdot c_b}. \tag{1-21}$$

Der Energieinhalt einer Reaktion oder die Änderung der Enthalpie bei einer Reaktion setzt sich aus zwei Teilgrößen zusammen: 1.) Dem Ausdruck, der den Umsatz von 1 Mol Ausgangsstoff in 1 Mol Produkt beschreibt, und 2.) dem Term, der berücksichtigt, daß die Konzentration unter Standardbedingungen von 1 M mit der tatsächlichen Konzentration im Ausgangs- bzw. Endzustand verglichen werden muß.

Für das Gleichgewicht wird $\Delta G = \Delta G^{\circ} + RT \ln K = 0$ oder $\Delta G^{\circ} = -RT \ln K$, wie wir in Gleichung (1-3) bereits vorweggenommen haben. Wenn ΔG negativ ist, handelt es sich um eine spontane Reaktion, einen irreversibel geführten Prozeß, die Reaktion ist exergon. Der Betrag von $-\Delta G$: die maximale Arbeit, die eine Reaktion leisten kann. Diesem maximalen Betrag wird man sich umso mehr nähern, je mehr die Reaktionsführung sich in Richtung eines reversibel geführten Prozesses bewegt.

Beispiele:

A) Harnstoff wird in Wasser gelöst (bis zu einer Konzentration von 1 M): die Lösung wird kälter.
$\Delta G^{\circ} = \Delta H^{\circ} - T\Delta S^{\circ} < 0$, weil spontan. Weil Wärme aufgenommen wurde: $\Delta H^{\circ} > 0$. $\Delta S^{\circ} > 0$; dies treibt die Reaktion; daher überwiegt $-T\Delta S^{\circ}$ über ΔH°.

B) Die Reaktion ATP + AMP = 2 ADP (AMP: Adenosinmonophosphat) besteht aus zwei Teilreaktionen:

ATP $\rightarrow$ ADP + P_i $\Delta G^\circ = -30\,kJ/mol$
ADP $\rightarrow$ AMP + P_i $\Delta G^\circ = -31\,kJ/mol$

Daraus resultiert: ATP + AMP = 2 ADP, $\Delta G^\circ = 1\,kJ/mol$:
Man muß etwas Energie in das System einbringen.

C) ΔG° der Hydrolyse von ATP. $\Delta G^\circ = -30\,kJ/mol$.
ΔH° wird bestimmt zu $-20\,kJ/mol$. Daraus errechnet sich ΔS°:

$$\Delta G^\circ = \Delta H^\circ - T\Delta S^\circ$$
$$T\Delta S^\circ = \Delta H^\circ - \Delta G^\circ = -20 - (-30) = 10$$
$$\Delta S^\circ = \frac{10}{300} = 0{,}033 \quad (33\,J/Kelvin/mol)$$

D) Die Enthalpieänderung bei der Auffaltung eines Peptids, gemessen mit $250\,kJ/mol$.
ΔS gegeben mit $750\,J/Kelvin/mol$. $\Delta G = \Delta H - T\Delta S$.
Für 300 Kelvin (27° Celsius): $\Delta G = 230 - 225 > 0$;
für 310 Kelvin (37° Celsius): $\Delta G = 230 - 232 < 0$.
Bei $37^\circ C$ verläuft die Reaktion spontan ab, weil $\Delta G < 0$ ist.

E) Basenpaarung von zwei Oligonukleotid-Strängen
Zwei Einzelstränge werden aneinandergelagert, mit umgekehrter Laufrichtung, d.h. es wird aus zwei Einzelsträngen eine Doppelstruktur (Helix) ($\rightarrow$ Bild 1–15).

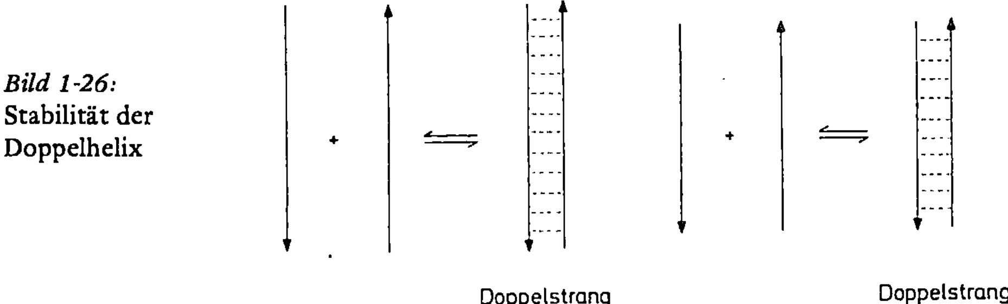

Bild 1-26:
Stabilität der
Doppelhelix

$$K = \frac{c_{Doppelhelix}}{c^2_{Einzelstrang}}$$

Fall A mit 12 Basen pro Strang   Fall B mit 10 Basen pro Strang
$K = 2 \cdot 10^5 M^{-1}$ $K = 5 \cdot 10^3 M^{-1}$
$\Delta G^\circ = RT \ln K = -30\,kJ/mol$ $\Delta G^\circ = -21\,kJ/mol$

Unterschied in ΔG°: Übergang von Fall A $\rightarrow$ Fall B: $-9\,kJ/mol$. So groß ist die Stabilisierung der Doppelhelix, wenn zwei zusätzliche Basenpaare eingeführt werden. Ein Basenpaar bringt eine Stabilisierung von $4{,}5\,kJ/mol$.

Bindung von Liganden

Beginnen wir mit Gleichgewichten bei der Bindung eines Liganden A an ein Protein E. Wir wollen den einfachsten Fall herausgreifen, daß das Protein nur *eine* Bindungsstelle besitzt. Als Beispiel dient uns die Bindung von Sauerstoff an Myoglobin. Myoglobin ist ein Protein, das nur eine Bindungsstelle für den Liganden O_2 aufweist. Myoglobin fungiert in Muskelzellen als O_2-Transporter.

Nach der Reaktionsgleichung $A + E \underset{k_2}{\overset{k_1}{\rightleftharpoons}} AE$ ergeben sich die Konstanten für die Assoziierung (K_a) bzw. Dissoziierung (K_d) mit

$$K_a = \frac{k_1}{k_2} = \frac{c_{EA}}{c_E \cdot c_A}, \quad K_d = \frac{k_2}{k_1} = \frac{c_E \cdot c_A}{c_{EA}} \tag{1-22}$$

Es ist unmittelbar einsichtig, daß die Größe der Bindungskonstante etwas über die Affinität eines Liganden zu einem Protein aussagt: ein hoher Wert für die Assoziierungskonstante (= geringer Wert für die Dissoziierungskonstante) bedeutet eine starke Bindung.

Nach Erreichen des Gleichgewichtes liegt nur noch ein Teil des ursprünglich vorhandenen Proteins in freier Form vor:

$$c_{E_t} = c_E + c_{EA} \quad (c_{E_t}, c_E: \text{ die Konzentrationen von } E_{total} \text{ und } E_{frei}) \tag{1-23}$$

Aus den Gleichungen (1–22) und (1–23) läßt sich die Konzentration des Komplexes EA bestimmen mit

$$c_{EA} = \frac{c_{E_t} \cdot c_A}{K_d + c_A} \tag{1-24}$$

Diese Gleichung (1–24) gibt bei graphischer Auftragung von $c_{EA} = f(c_A)$ eine Hyperbelfunktion. Daneben die Sättigung von Myoglobin mit O_2.

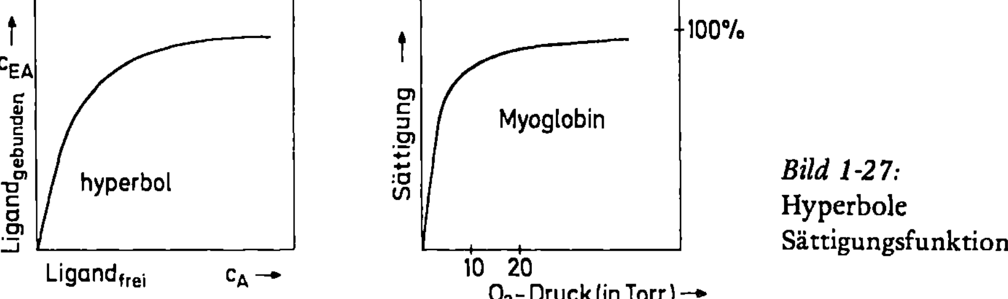

Bild 1-27:
Hyperbole
Sättigungsfunktion

Sättigungsfunktionen ähnlicher Art kann man auch in anderen Bereichen der Physik und Chemie ableiten, z. B. im Fall der Langmuir-Adsorptionsisotherme.

Etwas komplizierter wird die Abhängigkeit von gebundenen Liganden zu freien Liganden, wenn wir dazu übergehen, Proteine zu betrachten, die aus mehreren (n) identischen Untereinheiten aufgebaut sind. Diese verhalten sich wie Proteine mit mehreren Bindungsstellen. Die Zahl der freien Bindungsstellen c_F ergibt sich mit $c_F = n \cdot c_E$. Die Assoziationskonstante K_a für diese Bindungszentren ist definiert mit:

$$K_a = \frac{c_{FA}}{c_F \cdot c_A} \;(1-25); \text{ insgesamt vorhandene Bindungsstellen: } c_{F_t} = c_F + c_{FA} \tag{1-26}$$

Daraus leitet sich ab: $\quad K_a = \dfrac{c_{FA}}{(c_{F_t} - c_{FA}) \cdot c_A} \tag{1-27}$

oder die Konzentration an proteingebundenen Liganden:

$$c_{FA} = c_{A_{geb}} = \frac{K_a \cdot c_A \cdot c_{F_t}}{1 + K_a \cdot c_A} = \frac{n \cdot c_{E_t} \cdot c_A}{K_d + c_A} \tag{1-28}$$

Wir definieren eine **Sättigungsfunktion** r, nämlich die pro Makromolekül gebundenen Liganden:

$$r = \frac{c_{A_{geb}}}{c_{E_t}} = \frac{n \cdot c_A}{1/K_a + c_A} \tag{1-29}$$

Gleichung (1–29) entspricht (1–24); damit stellt sich die Abhängigkeit der Sättigungsfunktion r von c_A in Form einer Hyperbel dar.

Die vorstehende Gleichung kann man umformen zu

$$\frac{r}{c_A} = n \cdot K_a - r \cdot K_a . \tag{1-30}$$

Diese Gleichung gibt bei einer Auftragung von $\frac{r}{c_A}$ gegen r eine Gerade, aus deren Steigung man die Bindungskonstante K_a bestimmen kann; dem Abszissenabschnitt entnehmen wir den Faktor n, der die Zahl der Bindungsstellen angibt.

Die Scatchard-Auftragung (1–30) ergibt aber nicht nur die Bindungskonstante und die Zahl der Bindungsstellen — wenn wir die Verteilung von gelöstem A und gebundenem A kennen; aus der Auftragung ersieht man auch, ob es mehrere, nicht miteinander wechselwirkende Bindungsstellen gibt (gerade Linie) oder ob sich in bestimmten Bereichen der Ligandenkonzentration (c_A) die Beladungsdichte, Liganden pro Makromolekül, ändert.

Die hier abgeleiteten Gleichungen gelten nicht mehr, wenn Proteine mehrere Bindungszentren besitzen, die darüber hinaus sich noch gegenseitig beeinflussen. Ein gutes Beispiel dafür ist die Sättigung des Proteins Hämoglobin mit Sauerstoff. Ein Protein mit mehreren identischen Bindungsstellen (n) reagiert dann gleichzeitig mit dem Liganden:

$$nA + E = EA_n, \quad K_a = \frac{c_{EA_n}}{c_E \cdot c_A^{\,n}} \tag{1-31}$$

Aus dieser Gleichung ergibt sich bei der Auftragung von r gegen c_A ein Kurvenverlauf, der nicht mehr hyperbol ist, sondern im Bereich geringer Konzentrationen als sigmoid bezeichnet wird.

$$r = \frac{n \cdot c_A^{\,n}}{\frac{1}{K_a} + c_A^{\,n}} ; \quad \text{für kleine Konzentrationen } (c_A < K_d):$$

$$r = \frac{n c_A^{\,n}}{K_d + c_A^{\,n}} \cong \frac{n}{K_d} \cdot c_A^{\,n} ; \quad r = f(c_A^{\,n}). \tag{1-32}$$

Die Abhängigkeit $r = f(c_A^{\,n})$ wird damit — im Bereich niedriger Ligandenkonzentration — zu folgender Funktion:

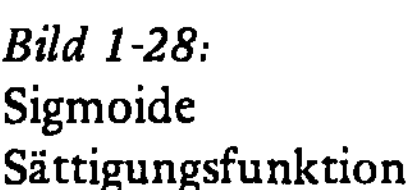
Bild 1-28:
Sigmoide
Sättigungsfunktion

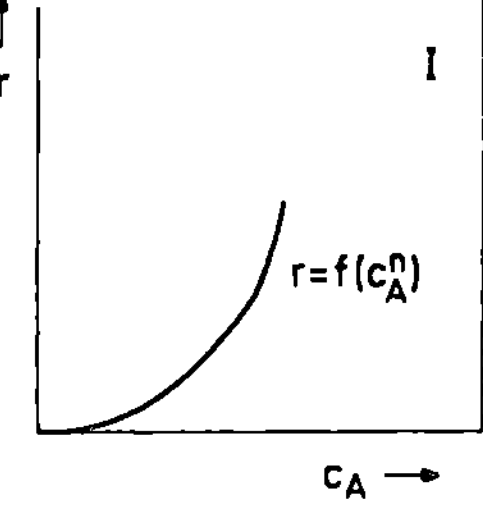

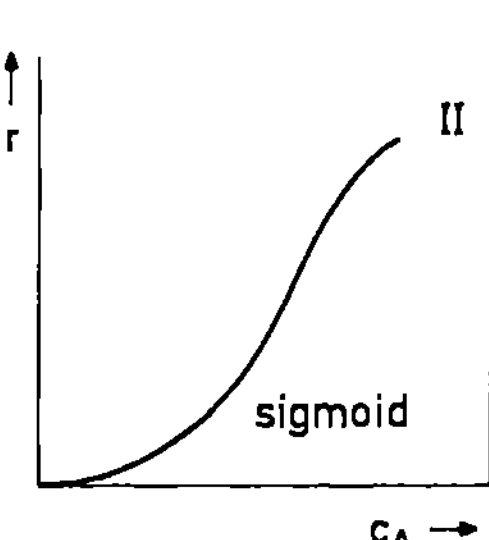

Für den Gesamtbereich der Konzentration sieht die Sättigung mit Liganden wie unter II ausgeführt aus. r entspricht dem Verhältnis der besetzten Bindungsstellen am Makromolekül zur Gesamtzahl der Bindungsstellen. Damit wird klar, daß die Abhängigkeit der Sättigung mit steigender Ligandenkonzentration von der Hyperbelfunktion (Bild 1—27) abweicht, wenn es zur Kooperation zwischen den Bindungsstellen kommt. Die Bindung von O_2 an Hämoglobin entspricht ziemlich genau dieser neuen, sigmoiden Funktion. Hämoglobin verhält sich wie ein Makromolekül mit mehreren, sich gegenseitig beeinflussenden Bindungsstellen.

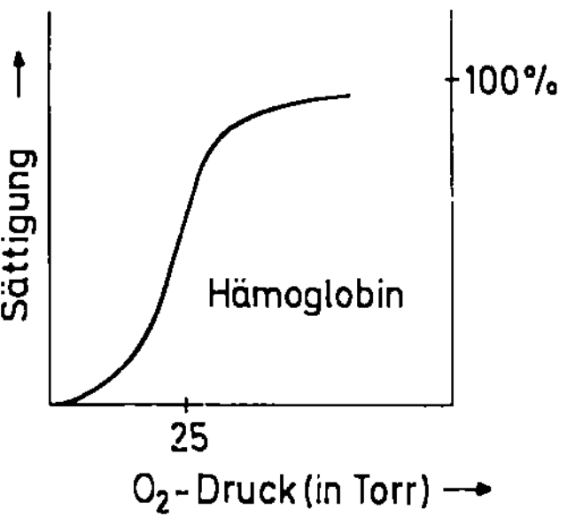

Bild 1-29:
Sigmoide Sättigung von Hämoglobin mit O_2. In ähnlicher Weise werden auch die Bindungsstellen bestimmter Enzyme mit Substraten abgesättigt. Meistens handelt es sich dabei um in ihrer Aktivität regulierbare Enzyme.

In der Lunge beträgt der Partialdruck O_2 über 100 Torr, und das Hämoglobin ist fast vollständig gesättigt mit diesem Liganden. Die Außenbereiche, die O_2 für ihre Respiration benötigen, weisen häufig weniger als 4 Torr O_2 auf; in diesem Druckbereich gibt Hämoglobin unproportional viel O_2 ab. Wenn wir diesen Vorgang nochmals durchgehen und diesmal mit niedriger O_2-Konzentration beginnen, sieht man sofort, daß im Bereich niedriger O_2-Konzentrationen die Beladung mit O_2 mehr als proportional steigt, wenn die O_2-Konzentration erhöht wird. Man spricht von einem **kooperativen Effekt** und interpretiert ihn so, daß die Bindung eines Liganden (O_2) an eine Bindungsstelle die Affinität für weitere Liganden an den übrigen Bindungsstellen des Proteins erhöht.

Raumstruktur der Proteine

Die Tatsache, daß Proteine sich als Polymere aus 20 Bausteinen zusammensetzen, die zu sehr unterschiedlichen Wechselwirkungen befähigt sind, macht verständlich, warum wir so verschiedene Raumstrukturen, eine so große Vielfalt an Proteinen in der Natur vorfinden. Die Raumstruktur ist bereits durch die Primärstruktur im wesentlichen determiniert.

Trotz der scheinbar fehlenden Übersicht gibt es einige Kriterien, die gewisse räumliche Anordnungen aufgrund geeigneter Wechselwirkungen als besonders stabil ausweisen. Wir wollen versuchen, mit einer Simplifizierung ein System und Übersichtlichkeit zu erreichen.

Kernpunkt der folgenden Überlegungen ist die durch zahlreiche Befunde gestützte Annahme, daß die eigentliche Peptidbindung zur Mesomerie befähigt ist: die π-Elektronen am Stickstoff und an der Carbonylgruppe können partiell delokalisiert werden, wodurch sich für die C-N-Bindung ein teilweiser Doppelbindungsgrad ergibt. Dies äußert sich auch in der Bindungslänge: Während die Einfachbindung C-N eines Amins 0,147 nm beträgt, ist die C-N-Bindung der Peptidbindung auf 0,132 nm verkürzt und damit kürzer als z.B. die C-N-Bindung im Pyridin. Für die Mesomerie ist Voraussetzung, daß C und N der Bindung und ihre Substituenten zu einer möglichst ebenen Anordnung kommen. Daraus ergibt sich, daß sechs C-Atome C_α, C, O, N, H und wieder ein C_α in einer Ebene liegen. Beweglichkeit ist dann nur mehr am C_α gegeben. Diese Anordnung ist energetisch stabil; eine Verdrehung von nur $10°$ wäre bereits mit einer Energiezunahme von 4 kJ/mol verbunden.

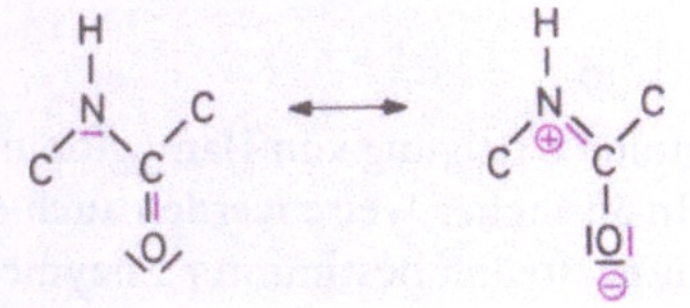

Bild 1-30:
Geometrische Anordnung
der Atome um die
Peptidbindung herum

Aus der Tatsache, daß die sechs Atome in einer Ebene liegen — hier dargestellt als ein Blatt — und daß für die weitere Stabilisierung der Peptidkette eine große Anzahl von H-Brücken notwendig ist, ergibt sich bereits zwingend eine Reihe von Raumstrukturen. Wichtig ist, daß für die H-Brücken Abstände von 0,28 nm zwischen den beiden Atomen mit hoher Elektronegativität (z.B. O und N) Voraussetzung sind.

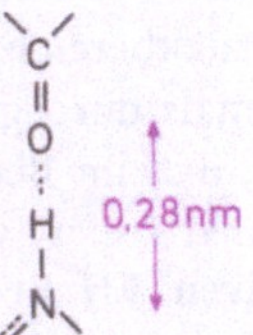

Bild 1-31:
H-Brücke zwischen der Carbonylgruppe der einen Peptidbindung
und der NH-Gruppe einer anderen
Peptidbindung

Ausgehend von der ebenen Anordnung zwischen einem C_α und dem nächsten C_α (= ein Blatt) gelangen wir durch eine sehr enge Packung dieser Blätter in Form einer Schraube (**α-Helix**) zu einer durch intramolekulare H-Brücken stabilisierten Struktur. Da ein Schraubengang 3,6 Aminosäurereste enthält, ist es möglich, den Sauerstoff der Carbonylfunktion des darüberliegenden Blattes (= 4. Blatt) zum Stickstoff des darunterliegenden Blattes (= 1. Blatt) zu überbrücken. Dies ist auf der nächsten Seite für die eng gepackte α-Helix dargestellt.

Demgegenüber stellt die **Faltblattstruktur** eine mehr gestreckte Konformation dar, bei der nur noch Wechselwirkungen (H-Brücken) *zwischen* nebeneinanderliegenden Ketten (intermolekulare H-Brücken) zur Stabilisierung beitragen. Bei der α-Helix ist die Schraubenhöhe 0,54 nm und enthält 3,6 Aminosäurereste; bei der Faltblattstruktur treffen wir alle 0,72 nm analoge Strukturen an, und dazwischen liegen zwei Aminosäurereste.

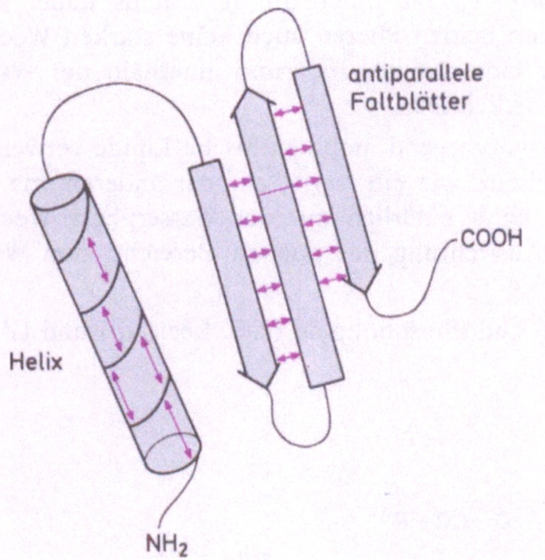

Bild 1-32: Konstruktion einer α-Helix bzw. einer β-Faltblattstruktur, wobei jedesmal von „Blättern" ausgegangen wird

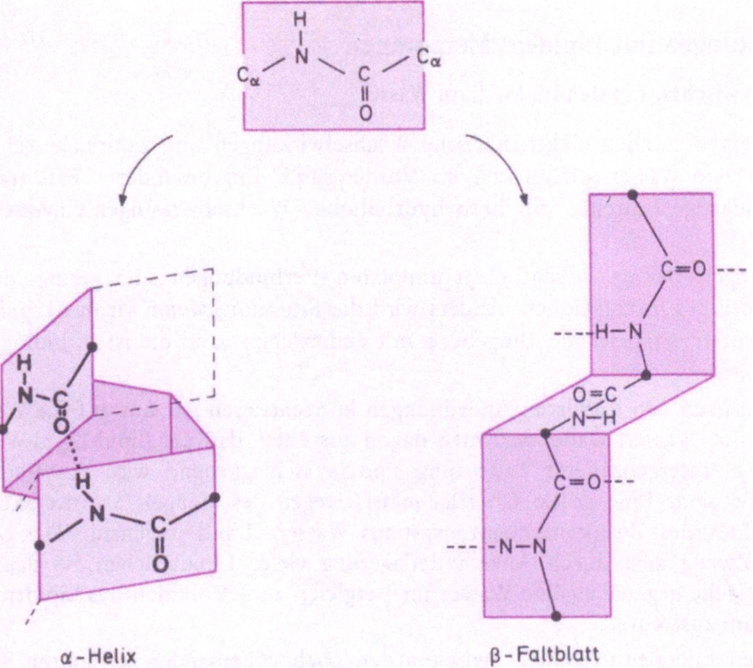

Bild 1-33: Eine Kombination von helikalen Bereichen und Faltblattstrukturen in einem fiktiven globulären Protein. Die Bereiche (Domänen) sind durch unterschiedliche Symbole gekennzeichnet. Strukturproteine wie Keratin (α-Helix) und Seidenfibroin (Faltblattstruktur) bestehen aus nur einer der beiden beschriebenen Raumstrukturen. Lösliche, meist globuläre Proteine, zu denen auch die Enzyme zählen, sind so aufgebaut, daß sowohl ein ungeordneter Knäuel als auch Teile mit α-Helix und β-Faltblattstruktur zu finden sind.

Wechselwirkungen mit Lipiden; Membranen

Beziehungen zwischen Lipiden im Medium Wasser

Bei den Proteinen standen elektrostatische Wechselwirkungen und zahlreiche schwache Interaktionen wie Wasserstoffbrücken im Vordergrund. Ein besonderer Fall trat auf, wenn wir lipidartige Proteine mit ihren hydrophoben Wechselwirkungen einzubeziehen hatten.

Wechselwirkungen bei im wesentlichen unpolaren Verbindungen sind gering, das gilt auch für Lipid-Lipid-Interaktionen. Anders wird die Situation, wenn wir das Lipid nicht isoliert betrachten, sondern die Umgebung mit einbeziehen. Und die ist in biologischen Systemen Wasser.

In den Fragen nach den stabilsten Anordnungen konzentrieren wir uns auf die Wechselbeziehung Lipid–Wasser. Dabei darf man davon ausgehen, daß die Lipid-Lipid-Wechselwirkungen von untergeordneter Bedeutung sind; ausschlaggebend wird das Verhältnis zur Solvathülle sein. Eine große Oberfläche ist, wegen des Mangels an Interaktionen, für die Stabilität des Zweikomponentensystems Wasser–Lipid ungünstig. Das System weicht dem Zwang aus: durch Aneinanderlagerung vieler Lipidteilchen, so daß letztlich die Oberfläche gegenüber dem Wasser im Vergleich zum Volumen des Lipidtropfens einem Minimum zustrebt.

Wenn man den Energieunterschied zwischen den noch voneinander getrennten Stoffen – Lipid (z.B. Xylol) und Wasser – einerseits und einer Mischung der beiden andererseits bestimmt, dominiert der entropische Anteil von $-T\Delta S = 25\,kJ/mol$. Diese Energie muß dem System zugeführt werden, da es sich um einen endergonen Prozeß handelt. Das hohe negative ΔS – das dann einen positiven Wert für $-T\Delta S$ ergibt – resultiert aus dem Übergang [ungeordnet] → [geordnet]. Da innerhalb des Lipids dabei keine Wechselwirkungen auftreten, zwischen den beiden Phasen auch keine starken Wechselwirkungen existieren können, kann nur eine Strukturänderung innerhalb der Wasserphase für den endergonen Prozeß verantwortlich sein.

In den biologischen Membranen werden vorwiegend amphipathische Lipide verwendet: sie verhalten sich auf der einen Molekülseite wie ein Lipid, auf der anderen wie eine polare Verbindung. Der polare Bereich kann natürlich mit der Wasserphase Wechselwirkungen eingehen. Dadurch ist eine Ausrichtung der polaren Bereiche zum Wasser hin thermodynamisch bevorzugt.

Vertreter dieser amphipathischen Lipide sind Phospholipide (z.B. Lecithin) und Glykolipide.

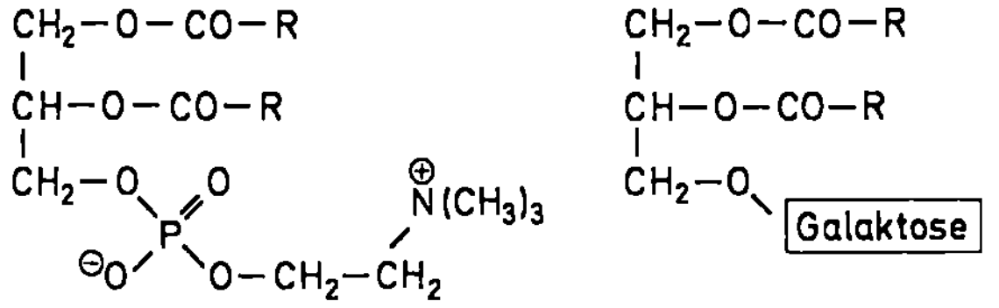

Bild 1-34:
Lecithin und Monogalaktosyldiglycerid

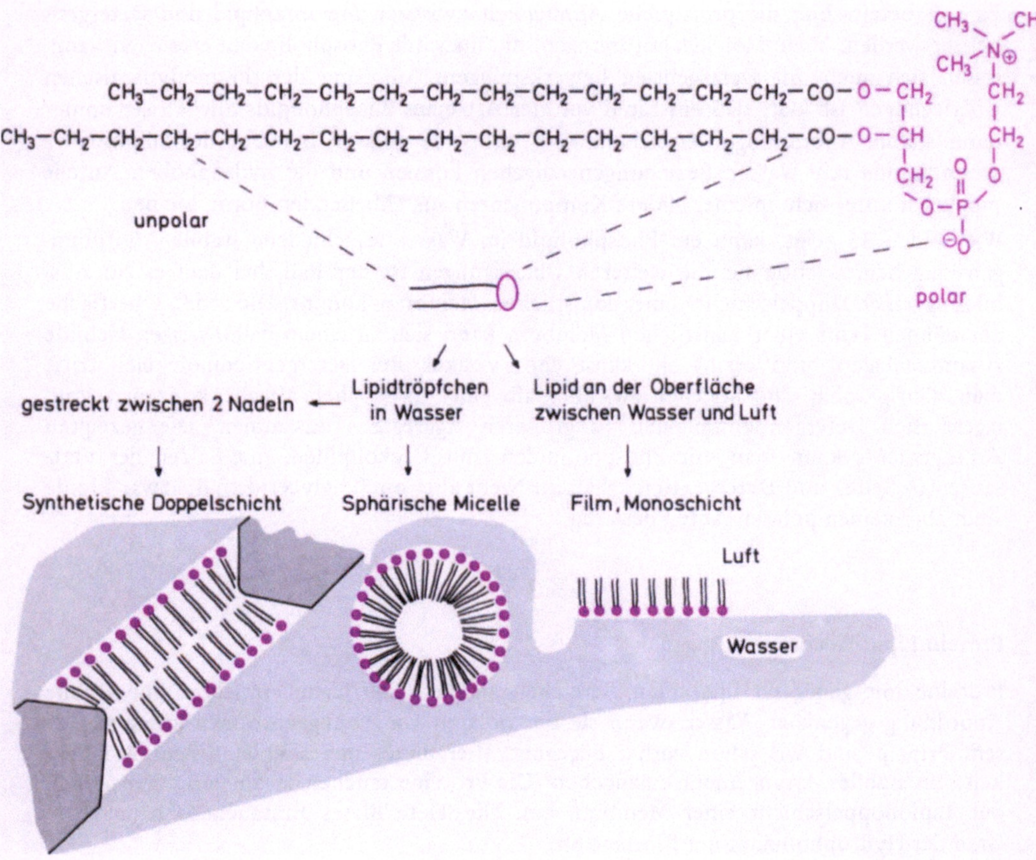

Bild 1-35: Mögliche stabile Anordnungen zwischen amphipathischen Lipiden und der wäßrigen Phase. Am Beispiel von Phosphatidylcholin wird gezeigt, wie die Tatsache, daß es sich um amphipathische Moleküle handelt — die hydrophobe Bereiche und hydrophile, dem Wasser zuordenbare Bezirke gleichzeitig besitzen —, zwangsläufig zu bestimmten Anordnungen führt. Natürliche Membranen, die Strukturen der Zelle (Organellen) umschließen, sind sehr ähnlich aufgebaut. Es sind allerdings immer verschiedene amphipathische Lipide beteiligt. Auch die Fettsäurekomponenten können stark schwanken. Niedrig schmelzende Fettsäuren sind die Ursache, wenn die Membranen besonders hohe Fluidität aufweisen. Ungesättigte Fettsäuren dominieren unter diesen Umständen.

Es soll bereits hier die prinzipielle Ähnlichkeit zwischen Membranlipid und Detergens betont werden. Viele Molekülanordnungen, die man mit Phospholipiden erreichen kann, lassen sich auch mit Detergentien bewerkstelligen. Aufgrund der thermodynamischen Überlegungen ist klar, daß ein Lipid von der Art eines Phospholipids mit Wasser immer dann stabile Anordnungen erreichen wird, wenn die polaren Bereiche des amphipathischen Lipids mit Wasser Beziehungen eingehen können und die hydrophoben Anteile möglichst unter sich, in einer andere Komponenten ausschließenden Form, bleiben.

Wie Bild 1—35 zeigt, kann ein Phospholipid im Wasser verschiedene stabile Anordnungen eingehen. Wichtig für die weiteren Überlegungen ist der Fall, bei dem es zur Ausbildung einer Doppelschicht, einer künstlichen Membran kommt. Die große Oberfläche der dünnen Haut einer künstlichen Membran kann sich zu einem ballonartigen Gebilde zusammenlagern und ergibt ein künstliches Vesikel. Bei Detergentienmolekülen trifft man häufig sphärische Micellen an; oberhalb einer „kritischen Micellenkonzentration" lagern sich Detergentienmoleküle zu größeren Aggregaten zusammen. Die gezeigten Arrangements kann man mit Phospholipiden, mit Glykolipiden, mit Salzen der Fettsäuren (= Seife) und Detergentien erhalten. Nicht aber mit Triglyceriden, die zwar Lipide sind, aber keinen polaren Anteil besitzen.

Protein-Lipid-Wechselwirkungen

Proteine mit genügend lipophilen Bereichen an der Oberfläche erreichen eine stabile Anordnung gegenüber Wasser, wenn sie der polaren Umgebung entrinnen können. Diesem Prinzip sind wir schon vorher begegnet. Hier bietet sich aber eine neue Möglichkeit, ein stabiles Arrangement einzugehen: Die Proteine tauchen in die lipophilen Zonen der Lipiddoppelschicht einer Membran ein. Die Tiefe dieses Eintauchens hängt vom Grad der Hydrophobizität der Proteine ab.

Proteine mit diesen Eigenschaften nennt man **integrale Proteine** der Membran. Für Reagentien sind sie kaum zugänglich oder nur an den Bereichen, die in die polare Region hineinragen. Dies gilt nicht für chemische Reagentien oder natürliche Komponenten einer Membran, die so hydrophob sind, daß sie die polaren Regionen meiden — die der Membran und der wäßrigen Umgebung — und die Lipidphase der Membran aufsuchen. Diese Phase können sie lateral leicht durchqueren und auch die hydrophoben Bereiche eines integralen Proteins attackieren. Analysieren kann man integrale Proteine in der Regel erst, wenn man Proteine und Lipide der Membran mit Detergentien zu Micellen aufgelöst hat. In isolierter Form präsentieren die integralen Proteine ungewöhnliche Eigenschaften, die alle daraus verständlich werden, daß eine lipophile Verbindung sich in einer wäßrigen Umgebung in einem labilen Zustand befindet: Aggregation ist eine Möglichkeit der Stabilisierung.

Die Umfaltung eines Proteins in Anwesenheit eines Detergens oder Phospholipids könnte eine andere Möglichkeit sein. Welch starken Einfluß die Grenzschicht zwischen Protein und Umgebung auf die Einstellung der stabilsten Anordnung des Proteins ausüben kann, wird im nächsten Bild drastisch demonstriert. Eine wäßrige Umgebung erlaubt eine Hydrathülle um die polaren Bezirke des Proteins. Damit wird auch die größte Stabilität des Proteins erreicht, wenn die hydrophoben Gruppen nicht in Kontakt mit H_2O kommen. Da aber Proteine auch aufgefaltet bzw. umgefaltet werden können, ist das Protein bei geänderter Umgebung in der Lage, eine andere Raumstruktur einzunehmen.

Dabei muß die Summe der freien Enthalpie von Protein und umgebendem Medium ein Minimum erreichen. In Anwesenheit des Detergens kann eine Anordnung mit Kontakten zwischen hydrophoben Domänen des Proteins und dem hydrophoben Teil des Detergens unter den geänderten Umständen Stabilität bedeuten. Verbunden damit ist eine totale Umfaltung des Proteins, so daß die hydrophoben Bereiche vor allem nach außen sehen.

Bild 1-36:
Mögliche Umfaltung eines Proteins, je nachdem, ob es von Wassermolekülen umgeben (hydratisiert) ist oder die hydrophoben Bereiche mit hydrophoben Gruppen der amphipathischen Lipide (Detergentien oder Membranlipide) wechselwirken können

An der polaren Oberfläche einer Membran können sich ebenfalls Proteine befinden; diese Proteine werden durch elektrostatische Wechselwirkungen an die Membran fixiert. Wir sprechen dann von **peripheren oder assoziierten Proteinen**. Sie können in der Regel durch Erhöhung der Salzkonzentration und die dadurch auftretende Störung der elektrostatischen Wechselwirkungen zwischen Protein und Membran wieder abgelöst werden. Ein schematisches Bild einer Membran mit integralen und peripheren Proteinen gibt Bild 1—37 wieder.

Es ist wahrscheinlich richtig anzunehmen, daß die Wechselwirkungen zwischen der hydrophoben Domäne des Proteins und den Phospholipiden stärker sind als die Interaktion zwischen Phospholipiden. Daraus ergibt sich das Bild, daß ein hydrophobes Protein in der Membran von einer Phospholipid-Schicht ummantelt ist, die relativ zum Protein wenig mobil sein dürfte. Wichtig ist aber die Feststellung, daß die restliche große fluide Phase der Lipide es zuläßt, daß die Proteine sich in der Membran bewegen. Man spricht vom Modell der beweglichen Mosaikstruktur.

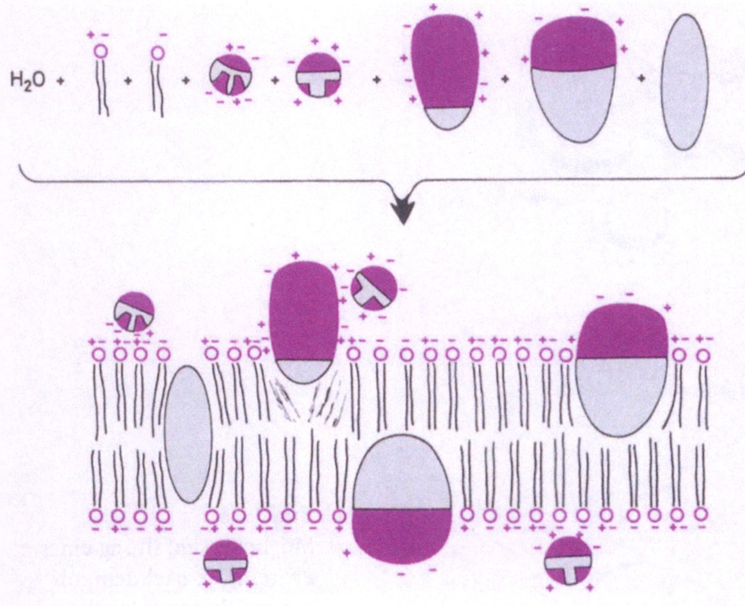

Bild 1-37: Zusammenbau der biologischen Membran aus integralen und peripheren Proteinen sowie amphipathische Lipide

Schließlich soll vorweggenommen werden, daß sich die Lipidmonoschicht im Inneren von der Monoschicht an der Außenseite der Vesikel unterscheidet und daß auch die Proteine sich in der Regel in der Membran asymmetrisch — entweder an der Außenseite oder an der Innenseite — anordnen.

Die Membran, von der die Zelle umhüllt wird, definiert den eigentlichen Raum der Zelle. Sie schließt die Zelle gegenüber der Umgebung ab und trägt aufgrund ihrer Selektivität (Semipermeabilität) hinsichtlich bestimmter Verbindungen zur Steuerung von Ein- und Austransport bei (→ Kap. 9).

In der Zellmembran treffen wir Glykoproteine als integrale Proteine an, wie dies in der folgenden Skizze angedeutet wird: ein Protein besitzt einen hydrophoben Bereich, mit dem es in der Membran verankert ist; die Hydrophilie der Domäne am N-Terminus wird durch Kohlenhydratanteile verstärkt.

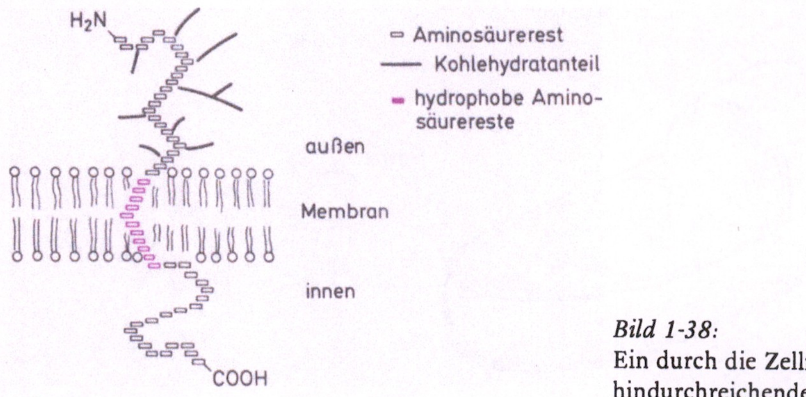

Bild 1-38:
Ein durch die Zellmembran
hindurchreichendes Protein

Membranen umgeben nicht nur die Zelle selbst, sondern bilden auch die Abgrenzung zahlreicher Teilbereiche, der Kompartimente, innerhalb der Zellen. Vom Blickpunkt des Stoffwechsels aus sind dies abgetrennte Räume, die ein gleichzeitiges Ablaufen von verschiedenen Prozessen in der Zelle zulassen, ohne daß sich die Beteiligten gegenseitig beeinflussen. Zu den Reaktionskompartimenten (Organellen) gehören die Mitochondrien, in denen der Citrat-Zyklus abläuft, und die Chloroplasten, die den gesamten Vorgang der lichtabhängigen CO_2-Fixierung in eigener Regie durchführen.

Kompartiment		Prozeß
	Subkompartiment	
Mitochondrien		Citrat-Zyklus
	Innenmembran	Elektronentransportkette mit ATP-Synthese
Chloroplasten		CO_2-Fixierung, Lipid-Synthesen
	Thylakoidmembran	Lichtgetriebene Elektronentransportkette mit ATP-Synthese
Zellkern		Nukleinsäure-Synthese
Lysosomen		Hydrolyse von polymeren Kohlenhydraten und Proteinen
Peroxisomen		Fettsäure-Abbau

Membranen besitzen energieabhängige Transportsysteme, die bestimmte Komponenten auch gegen einen Konzentrationsgradienten durch die Membran zu transportieren in der Lage sind.

Membranen dienen in einigen Fällen auch als Matrize für die geordnete Aufstellung von Enzymen. Man spricht von geordneten Enzymreihen, wenn Enzyme bereits in der Reihenfolge, in der sie ihre Funktion innerhalb einer Stoffwechselsequenz ausüben, angeordnet werden. Wichtige Beispiele dafür sind die Elektronentransportketten.

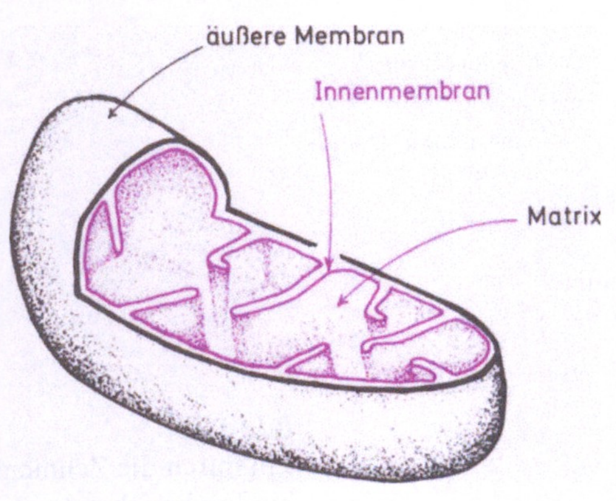

Bild 1-39: **Mitochondrion:** Rotbraune, bohnenförmige Partikel mit einer Länge von etwa 2 μm — zwei sehr unterschiedliche Membranen — Innenmenbran mit Ausstülpungen (Cristae) — eigene Nukleinsäuren — Proteinsynthesesystem, ähnlich dem der Bakterien

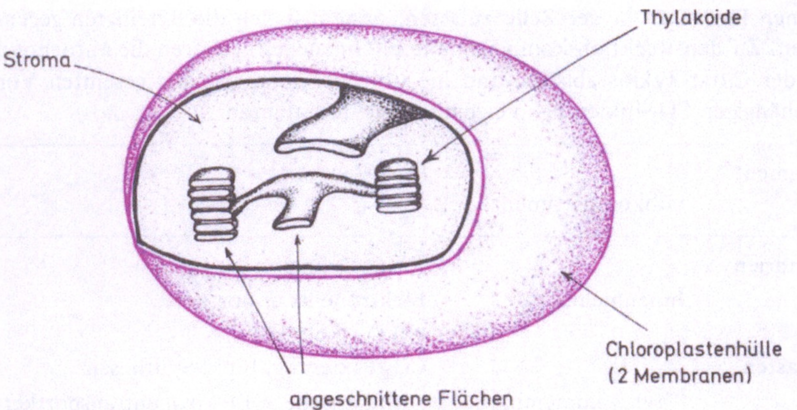

Bild 1-40: **Chloroplast:** Grüngefärbte, linsenförmige Partikel mit einem Durchmesser von 5—10 μm — von einer Carotin enthaltenden Doppelmembran umhüllt — gelöste Proteine im Stroma (Enzyme des Calvin-Zyklus) — von Membransystemen durchzogen: chlorophyllhaltige Thylakoide mit lichtsammelnden Pigmenten; Stapelung von Thylakoiden: Grana — Innenraum der Thylakoide: eigenes Subkompartiment — eigene Nukleinsäuren — eigenes Proteinsynthesesystem

OXIDOREDUKTASEN

z.B. Dehydrogenasen

TRANSFERASEN

z.B. Phosphotransferasen

HYDROLASEN

z.B. Esterasen

LYASEN

z.B. Pyruvat-Decarboxylase

z.B. Adolase

ISOMERASEN

z.B. Racemasen

L-Aminosäure ⟶ D-Aminosäure

LIGASEN

z.B. CoA-Ligasen

Kapitel 2

Enzyme als Katalysatoren

Es wurde bereits betont, daß die Arbeitsfähigkeit eines Systems davon abhängt, wie weit es von der Gleichgewichtssituation entfernt ist. Eine im Gleichgewicht befindliche Reaktion kann wieder weiter ablaufen, wenn durch Kombination mit anderen Reaktionen oder durch Entfernen des Produktes das System aus dem Gleichgewicht gebracht und damit wieder arbeitsfähig wird.

Während die Frage, ob eine Reaktion möglich ist, durch thermodynamische Daten beantwortet wird, müssen wir uns nun bei der Diskussion, ob eine Reaktion tatsächlich — d.h. in einem relativ kurzen Zeitraum — abläuft, den kinetischen Parametern zuwenden: Reaktionsgeschwindigkeit (v) und Geschwindigkeitskonstante (k). Die Reaktionsgeschwindigkeit ist proportional der Konzentration der beteiligten Komponenten:

$$A \rightarrow B \qquad\qquad v = k \cdot c_A$$
$$A + B \rightarrow C + D \qquad\qquad v = k \cdot c_A \cdot c_B \qquad\qquad (2\text{--}1)$$
$$2A + B \rightarrow C + D \qquad\qquad v = k \cdot c_A^2 \cdot c_B$$

Wir wollen mit einem Gedankenexperiment beginnen. Wenn wir A als Ausgangsstoff vorgeben, könnten — soweit es die Gleichgewichtskonstanten der Einzelreaktionen erlauben — alle folgenden Reaktionen, nämlich von A nach B, C, D und E, ablaufen.

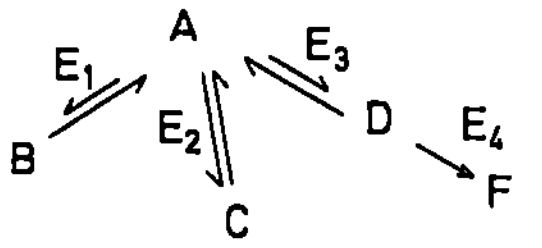

Bild 2-1:
Mehrere
vom Stoff A ausgehende
Stoffwechselwege

Vermutlich wird aber unter den gegebenen äußeren Bedingungen, nämlich wäßriges Milieu bei pH 7 und Temperaturen von $15-40\,^\circ C$, keine dieser Reaktionen mit meßbarer Geschwindigkeit zum Laufen kommen. Welche der prinzipiell vorhandenen Möglichkeiten, A umzusetzen, in einer speziellen Situation verwirklicht wird, hängt von der Zugabe eines Katalysators ab. Dieser ermöglicht durch Erhöhung der Reaktionsgeschwindigkeit die Einstellung des thermodynamischen Gleichgewichts in endlicher Zeit.

Die Zugabe des Katalysators E_1 z.B. würde dazu führen, daß B, nicht aber die anderen möglichen Produkte C, D, F entstehen. Bei Zugabe der Katalysatoren E_1, E_2, E_3 müßten alle drei Reaktionen ablaufen. Wenn z.B. durch die Bedingungen in einer Zelle die Konzentration von A sehr gering wäre, müßten die drei Enzyme um das Substrat A konkurrieren, und das Enzym mit der höchsten Affinität zu A würde dann A aus dem Medium und damit aus dem Verfügungsbereich der anderen Enzyme entfernen.

Bei Inkubation von A mit E_3 und E_4 müßten wir erwarten, daß alles A in F überführt wird. Da aber ein Enzym das thermodynamische Gleichgewicht nicht verändert, kann der Katalysator E_4 natürlich F auch nicht in D zurückführen. Der Katalysator erhöht die Reaktionsgeschwindigkeit der Hin- *und* der Rückreaktion, ändert aber nichts an den thermodynamischen Charakteristika.

Der eigentlichen Reaktion, die ein Enzym katalysieren soll, ist eine sehr spezifische Wechselwirkung und Bindung des Substrats an das Enzym vorgelagert. Diese spezifische Wechselwirkung zwischen Enzym und Substrat ist unter anderem auch deshalb möglich, weil das Enzym eine hochmolekulare Verbindung darstellt und in der Lage ist, eine genügend große Fläche auszubilden, über die hinweg die **Komplementarität** der Oberflächen der beiden Partner zum Zuge kommt. Wenn die Raumstruktur der Oberfläche zweier Verbindungen über einen großen Bereich komplementär ist, können auch schwache Wechselwirkungen zu festen Bindungen führen, weil sie bei größtmöglicher Annäherung zustandekommen und durch ihre große Zahl die nötige Stärke erreichen. Es ist auch die Vielzahl subtiler Wechselwirkungen, die wiederum eine Vielfalt an abgestuften Bindungen erlaubt.

Wir können uns ein Enzym in der Weise vorstellen, daß bei der Faltung des Proteins ein Maximum an polaren Resten nach außen zeigt und diese Gruppen dadurch Wechselwirkungen mit dem Wasser eingehen können. Das uns interessierende aktive Zentrum des Enzyms ähnelt eher einer hydrophoben Tasche, innerhalb der einige wenige für die Umsetzungen essentielle polare Gruppen exponiert sind. Das aktive Zentrum stellt einen **Mikrobereich** dar, in dem − im Vergleich zur normalen wäßrigen Lösung − ungewöhnliche Bedingungen herrschen. Aufgrund der hydrophoben Umgebung ist häufig die Solvatation der Substratmoleküle reduziert, die Dielektrizitätskonstante gering und die Situation eher die einer Verbindung mit elektrostatisch geladenen Gruppen in einem organischen, unpolaren Lösungsmittel. Das aktive Zentrum ist aber nicht nur ein abgeschirmter Bereich, was die Hydratisierung anlangt; auch sterische Hinderung und besondere Nachbareffekte weisen diesen Mikrobereich als eine eigene Phase aus. Es kommen weitere Wechselwirkungen hinzu, die das aktive Zentrum ähnlich dem stereochemischen Komplement des Übergangszustandes eines Übergangs Substrat → Produkt erscheinen lassen.

Die Struktur eines Enzyms umschließt zwei weitere, sich scheinbar ausschließende Eigenschaften ein: **Starrheit** und **Flexibilität**. Die Starrheit der Proteinstruktur muß in gewissen Bereichen groß genug sein, daß sich eine stabile Oberfläche ausbilden kann, die gegenüber dem Substrat ein Maximum an Komplementarität gewährleistet. Flexibilität ist hingegen in einem bestimmten Bereich des Enzyms notwendig: a) um zu einem gewissen Maß die Anpassung des aktiven Zentrums an das Substrat zu ermöglichen, oder b) damit das Enzym beim Gruppentransfer (sozusagen mit einem Arm) Spaltstücke von einem Zentrum zum anderen übertragen kann.

Schließlich erfordern verfeinerte Mechanismen der Enzymkatalyse, daß Enzyme zur **Allosterie** befähigt sind: die Bereitschaft, Konfigurationsänderungen durchzumachen, als Ergebnis der Änderung der äußeren Bedingungen, z.B. durch Einwirken von Liganden.

Diese Eigenschaft, die wir nur bei wenigen und dadurch besonders charakteristischen Enzymen antreffen, hat große Bedeutung bei der Regulation von Stoffwechselwegen. Mit der Änderung der Konfiguration geht eine drastische Änderung der katalytischen Aktivität einher.

Ein Modell für die Kinetik im stationären Zustand

Die einfacheren Überlegungen zur Enzymkatalyse beruhen alle auf der Annahme, daß wir Enzymaktivitäten bestimmen, wenn sich der Vorgang der Bindung des Substrats an das Enzym in einem stationären Zustand befindet. Eine sehr rasche Reaktion führt vom Enzym E und Substrat S zum Enzym-Substrat-Komplex ES:

$$E + S \xrightarrow[k_1]{\text{schnell}} ES$$

Wesentlich langsamer wird die eigentliche Energiebarriere übersprungen, nämlich die Umsetzung zu Produkt + Enzym: $ES \xrightarrow[k_3]{} EP \longrightarrow E + P$. Der prinzipielle Ablauf läßt sich mit der Formel $A \xrightarrow[k_1]{} B \xrightarrow[k_3]{} C$ beschreiben, wobei der Ausgangszustand mit A zusammengefaßt ist, B dem Komplex ES und C dem Endzustand entspricht. Den Verlauf einer derartigen Folgereaktion beschreibt Bild 2—2.

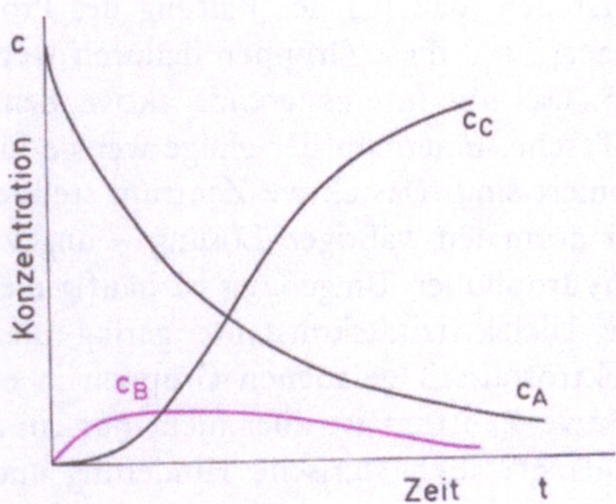

Bild 2-2:
Verlauf der
Konzentrationsänderungen
für die Stoffe A, B, C
bei einer Folgereaktion

Durch die Wahl der geeigneten Parameter ($k_1 \gg k_3$) gelangen wir zu einem Kurvenverlauf, bei dem der Mittelbereich stark auseinandergezogen ist; mit einem langen Zeitraum, in dem c_B (= c_{ES}) konstant bleibt $\left(\dfrac{dc_{ES}}{dt} = 0 \right)$. In diesem Bereich, einem stationären Zustand, in dem Zufluß und Abfluß an ES sich die Waage halten, gelten die Gesetzmäßigkeiten, über die im Detail zu sprechen ist.

Für das Verständnis eines **Fließgleichgewichtes** oder stationären Gleichgewichtes (steady state) wollen wir uns des Bildes eines aufgestauten Sees bedienen, in den ein Fluß eine bestimmte Menge Wasser pro Zeiteinheit einbringt. Gleichzeitig soll auf der Seite des Staudammes eine Dosiereinrichtung existieren; sie erlaubt, durch Öffnen und Schließen eine variable Menge an Wasser abfließen zu lassen, wobei die Absicht dahintersteht, das Niveau des Sees auf konstanter Höhe zu halten. Wenn es gelingt, den Abfluß an Wasser so zu regulieren, daß er genau den Zufluß kompensiert, dann bleibt das Niveau des Sees gleich hoch; die Menge an Wasser im See bleibt gleich, wir haben ein stationäres dynamisches Gleichgewicht vorliegen.

Die Größe, die in der Folgereaktion im Falle einer Enzymreaktion konstant gehalten wird, ist die Konzentration an Enzym-Substrat-Komplex, c_{ES}. Das gesamte System ist dabei nicht im Gleichgewicht, weil Substrat kontinuierlich in das Produkt überführt wird, genauso wie das Wasser, das in den See einfließt, kontinuierlich aus ihm wieder ausfließt; aber die Konzentration an ES bleibt konstant.

Während $K_d = \dfrac{c_E \cdot c_S}{c_{ES}}$ ($\rightarrow$ Gl. 1—22) die Situation im Gleichgewicht beschreibt, muß man für den Zustand des Fließgleichgewichtes mit $K_m = \dfrac{c_E \cdot c_S}{c_{ES}}$ eine neue Konstante, eine scheinbare Dissoziationskonstante, für den stationären Zustand definieren.

Die beiden Konstanten K_d und K_m lassen sich insofern vergleichen als:

$$K_d = \frac{k_2}{k_1}, \qquad K_m = \frac{k_2 + k_3}{k_1} \tag{2—2}$$

Da hier eine zusätzliche Route für das Verschwinden des ES-Komplexes zur Verfügung steht, muß die scheinbare Dissoziationskonstante K_m größer sein als die Gleichgewichtskonstante K_d.

Voraussetzung für die weiteren Überlegungen v äre, daß k_3 sehr klein ist — im Vergleich zu k_2 und k_1 —, so daß wir die Reaktion des Enzym-Substrat-Komplexes zu Enzym und Produkt als den geschwindigkeitsbestimmenden Schritt bezeichnen können. Wenn wir nun für diesen stationären Zustand die bereits abgeleitete Gleichung (1—24) für die Gleichgewichtssituation heranziehen und statt der Konstante K_d die Konstante K_m einsetzen, erhalten wir folgende Beziehung; sie gibt die Abhängigkeit der Konzentration des Enzym-Substrat-Komplexes im steady state von der Substratkonzentration wieder. Wenn wir weiterhin einführen: $v = k_3 \cdot c_{ES}$ und $v_{max} = k_3 \cdot c_{Et}$, erhalten wir schließlich die **Michaelis-Menten-Gleichung**

$$v = \frac{v_{max} \cdot c_S}{K_m + c_S} \quad \text{oder} \quad v = \frac{v_{max}}{1 + \dfrac{K_m}{c_S}} \qquad y = \frac{a}{1 + \dfrac{b}{x^1}} \tag{2—3}$$

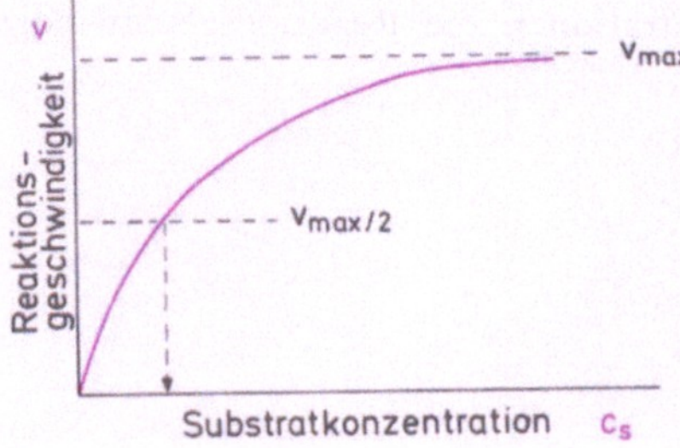

Bild 2-3:
Graphische Darstellung der Michaelis-Menten-Gleichung
(v gegen c_S)

Die graphische Auftragung ergibt eine Sättigungsfunktion, die beim Punkt $y = \dfrac{v_{max}}{2}$ zu der Lösung führt: $x (= c_S) = K_m$. Den Bereich niedriger Substratkonzentrationen ($c_S < K_m$) beschreibt eine lineare Beziehung (Reaktion 1. Ordnung = von der Konzentration nur eines Partners abhängig):

$$v = \frac{v_{max} \cdot c_S}{K_m + c_S} \cong \frac{v_{max} \cdot c_S}{K_m} \qquad v = \text{prop.}\, c_S . \tag{2—4}$$

Aus der Sättigungsfunktion (1−32) resultiert im Falle eines Enzyms mit *mehreren* Bindungsstellen:

$$v = \frac{v_{max}}{1 + \frac{K}{c_S^n}} \qquad y = \frac{a}{1 + \frac{b}{x^n}} \; ; \qquad \text{für } c_S < K \text{ wird v prop. } c_S^n. \qquad (2-5)$$

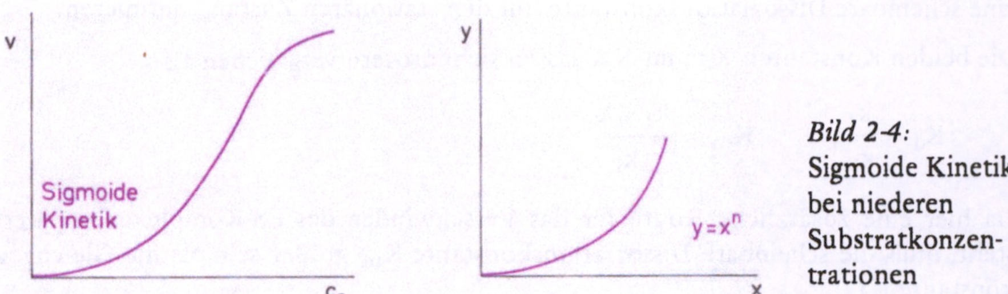

Bild 2-4:
Sigmoide Kinetik bei niederen Substratkonzentrationen

Damit ähnelt der Kurvenverlauf dem Verlauf der kooperativen Bindung (→ Bild 1−28).

Die Konstante K_m wird sich unter der Voraussetzung, daß $k_3 \ll k_1$ ist, dem Wert von K_d nähern. Damit erfährt sie als Dissoziationskonstante des ES-Komplexes eine gewisse physikalische Interpretation. Ein hoher Wert ($K_m \approx 10^{-2}M$) spricht für eine starke Dissoziation und damit für eine geringe Affinität des Substrats zum Enzym. Ein Wert $K_m \approx 10^{-5}M$ ist gleichbedeutend mit einer starken spezifischen Wechselbeziehung der Partner.

Für die experimentelle Bestimmung des K_m-Wertes wird die Gleichung (2−3) in die folgende Form (Lineweaver-Burk-Auftragung) umgewandelt:

$$\frac{1}{v} = \frac{K_m}{v_{max}} \cdot \frac{1}{c_S} + \frac{1}{v_{max}} \qquad y = ax + b \qquad y = \frac{1}{v} \qquad x = \frac{1}{c_S} \qquad (2-6)$$

Aus der graphischen Auftragung kann man unmittelbar K_m und v_{max} ablesen, wenn man vorher für verschiedene Substratkonzentrationen die Reaktionsgeschwindigkeiten gemessen hat.

Bild 2-5:
Bestimmung von K_m und v_{max}

Die Einheit der „Aktivität" eines Enzyms wird in erzieltem Umsatz pro Zeit angegeben.

$$1 \text{ Katal} = \frac{1 \text{ Mol Umsatz}}{\text{Sekunde}} \qquad \text{Spezifische Aktivität:} \quad \frac{\text{katal}}{\text{kg}}$$

Enzyme erniedrigen die Aktivierungsenthalpie

Die Tatsache, daß Katalysatoren die Geschwindigkeit einer Reaktion erhöhen, bedeutet, daß sie die Geschwindigkeitskonstante k erhöhen, denn

$$v = k \cdot c_A \quad \text{oder} \quad v = k \cdot c_A \cdot c_B \qquad (2-7)$$

Diese Geschwindigkeitskonstante k ist, wie empirisch abgeleitet wurde, von der Temperatur und einer Energiegröße (E) abhängig. Zu einem ähnlichen Ergebnis führt die Stoßtheorie, die eigentlich an Gasen entwickelt wurde. Danach sollten verschiedene Moleküle eines Stoffes verschiedene Geschwindigkeiten und damit auch verschiedene Energien besitzen. Wenn ein Molekül eine gewisse Mindestenergie durch Zusammenstoß mit anderen Molekülen erreicht hat, kommt es zur Reaktion.

$e^{-\frac{E}{RT}}$ beschreibt den Bruchteil der Stöße, bei denen die Energie der aufeinanderprallenden Moleküle die kritische Energieschwelle übersteigt. Damit ergibt sich der Anteil der in bezug auf eine stattfindende Reaktion „erfolgreichen" Stöße. Z: Zahl der Stöße; P: sterischer Faktor (nicht alle Stöße mit ausreichender Energie führen auch tatsächlich zur Reaktion.

$$k = P \cdot Z \cdot e^{-\frac{E}{RT}} \qquad (2-8)$$

Um eine bildliche Erklärung für die Größe E zu finden, wollen wir uns die Energieprofile der katalysierten und der unkatalysierten Reaktion A → B ansehen. Die Gleichgewichtslage der Gesamtreaktion wird beschrieben durch: $-\Delta G_{Reaktion} = RT \ln K$. Für die Geschwindigkeit der Reaktion von A weg ist aber die Höhe des Energieberges ausschlaggebend.

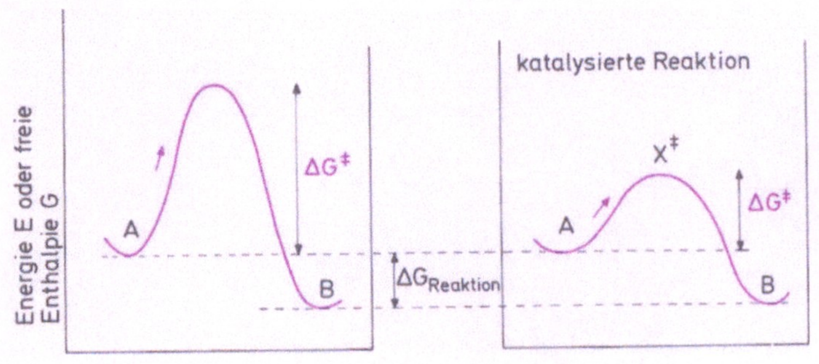

Bild 2-6: Reaktionsverlauf bei nicht-katalysierter und katalysierter Reaktion

Zu einem sehr ähnlichen Ergebnis kommt die Theorie der absoluten Reaktionsgeschwindigkeit

$$v = \frac{kT}{h} \cdot c_X^{\ddagger}$$

k: Boltzmann-Konstante
h: Plancksches Wirkungsquantum
$c_X^{\ddagger}$: Konzentration an Übergangszustand

$$k = \frac{kT}{h} \cdot e^{\frac{-\Delta G^{\ddagger}}{RT}} \qquad (2-9)$$

Dies bedeutet, daß die Geschwindigkeitskonstante zunimmt, wenn die Aktivierungsenergie (freie Enthalpie der Aktivierung $\Delta G^{\ddagger}$) erniedrigt wird.

Die Bindungsenergien bei der Anlagerung des Substrats an das Enzym können so stark sein, daß damit ungewöhnliche Prozesse stattfinden. So verändert z.B. die Energie, die durch die Bindung des Phosphats an das aktive Zentrum eines phosphatabspaltenden Enzyms frei wird, die sonst thermodynamisch ungünstige Reaktion des Phosphats zum Serin-Ester; aus der bimolekularen Reaktion wird eine intramolekulare und damit thermodynamisch günstige Reaktion. In ähnlicher Weise kann durch freiwerdende Bindungsenergie die Synthese eines gemischten Anhydrids, Aspartylphosphat, erreicht werden.

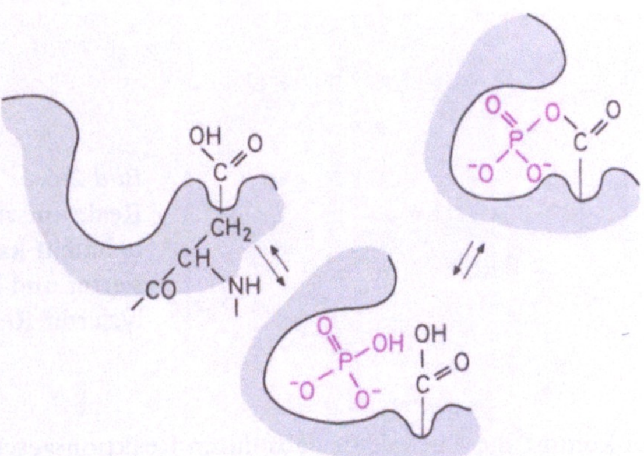

Bild 2-7: Bildung eines Phosphorsäureesters durch Umsetzung zwischen einem Serinrest und einem besonders reaktionsfähigen Phosphat

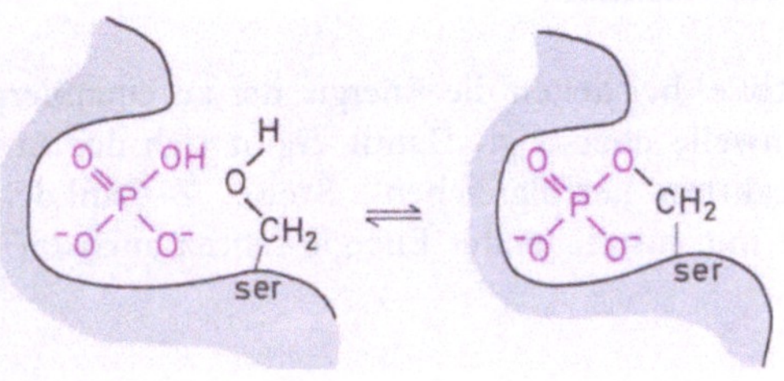

Bild 2-8: Entstehung eines sehr reaktionsfähigen Phosphats. Diese Zwischenstufe auf dem Weg zum gemischten Anhydrid resultiert aus einer Konformationsänderung im Bereich des aktiven Zentrums.

Normalerweise wird ein Acylphosphat durch Übertragung des terminalen Phosphatrestes aus dem ATP auf eine Carboxylgruppe hergestellt. Ein derartiges Acylphosphat wird durch Wasser schnell hydrolysiert, mit einer hohen Hydrolysekonstante von 10^8M. In speziellen Fällen wird aber die Bindung von freiem Phosphat an ein Protein soviel Bindungsenergie freisetzen, daß eine Konfiguration entsteht, die einem energiereichen Phosphat entspricht; dann kann ohne weitere Energiezufuhr enzymgebundenes Acylphosphat entstehen.

Aus der Gleichung
$$k = A \cdot e^{\frac{-\Delta G^{\ddagger}}{RT}} = A \cdot e^{\frac{-\Delta H^{\ddagger}}{RT}} \cdot e^{\frac{\Delta S^{\ddagger}}{R}} \qquad (2-10)$$

dürfen wir sowohl Einflüsse der Aktivierungsenergie $\Delta H^{\ddagger}$ als auch der Aktivierungsentropie $\Delta S^{\ddagger}$ auf die Reaktionsgeschwindigkeit erwarten.

Die Enzymkatalyse unterscheidet sich in einigen wesentlichen Punkten von der allgemeinen chemischen Katalyse. Das Enzym geht vor der eigentlichen Aktivierung zum Übergangszustand — und somit vor der Umsetzung zum Produkt — mit dem Substrat eine nicht-kovalente Bindung ein. Es entsteht ein sogenannter Enzym-Substrat-Komplex.

Enzyme können die Energie, die beim Eingehen der nicht-kovalenten Bindung zum Enzym-Substrat-Komplex frei wird, für die Erniedrigung von $\Delta G^{\ddagger}$ und damit zur Beschleunigung der Reaktion verwenden. Darüber hinaus haben viele Enzyme spezielle Mechanismen für die Reaktionsführung über den Sattel des Übergangszustandes entwickelt, wobei auf dem Weg über eine Reihe von Zwischenstufen mit kovalent oder nicht-kovalent gebundenem Substrat nur kleine Enthalpiedifferenzen zu überwinden sind.

Die Stärke der Bindung eines Substrats an das Enzym ist meßbar und wird wiedergegeben in der Dissoziationskonstante des Enzym-Substrat-Komplexes. Die Dissoziation $ES \rightarrow E + S$ mit einer $K_d = \frac{c_E \cdot c_S}{c_{ES}}$ von 2×10^{-5}M bedeutet ein $\Delta G_0^o = -RT \cdot \ln K_d = 29$ kJ/mol.

Dies ist eine beachtliche Energie, die mit der Bildung des Enzym-Substrat-Komplexes frei wird. Andere Überlegungen haben aber gezeigt, daß die tatsächlich freiwerdende Energie bei der Komplexbildung noch wesentlich höher zu veranschlagen ist. Dieser Anteil scheint aber nicht in der Dissoziationskonstante K_d auf, weil ein Teil der freiwerdenden Energie sofort als Triebkraft für die weitere Katalyse verwendet wird. Die Energiebereitstellung ist unmittelbar gekoppelt mit der Destabilisierung des Substrats, was letztlich zur Erniedrigung von $\Delta G^{\ddagger}$ und zur Beschleunigung der Katalyse beiträgt.

Bevor es aber so weit kommt, induziert das Substrat eine Konformationsänderung am Enzym. Man sollte sich vorstellen, daß das Enzym zu Beginn der Katalyse in einer inaktiven Form vorliegt; die Gruppen im aktiven Zentrum befinden sich noch nicht in den richtigen Positionen. Mit der Bindung des Substrats an einem Erkennungsort innerhalb des aktiven Zentrums und den daraus resultierenden Wechselwirkungen erzwingt es eine Konformationsänderung im Protein, die die Ausbildung des korrekten aktiven Zentrums zur Folge hat. Während das inaktive Enzym noch nicht die volle Komplementarität zum Substrat oder Übergangszustand aufweist, ist die Komplementarität im Enzym-Substrat-Komplex vollständig.

Eine schematische Darstellung dieser Teilprozesse innerhalb der Enzymkatalyse gibt das Bild auf der folgenden Seite. Der Übergangszustand $X^{\ddagger}$ entspricht der in Bild 2-6 gezeigten Paßhöhe.

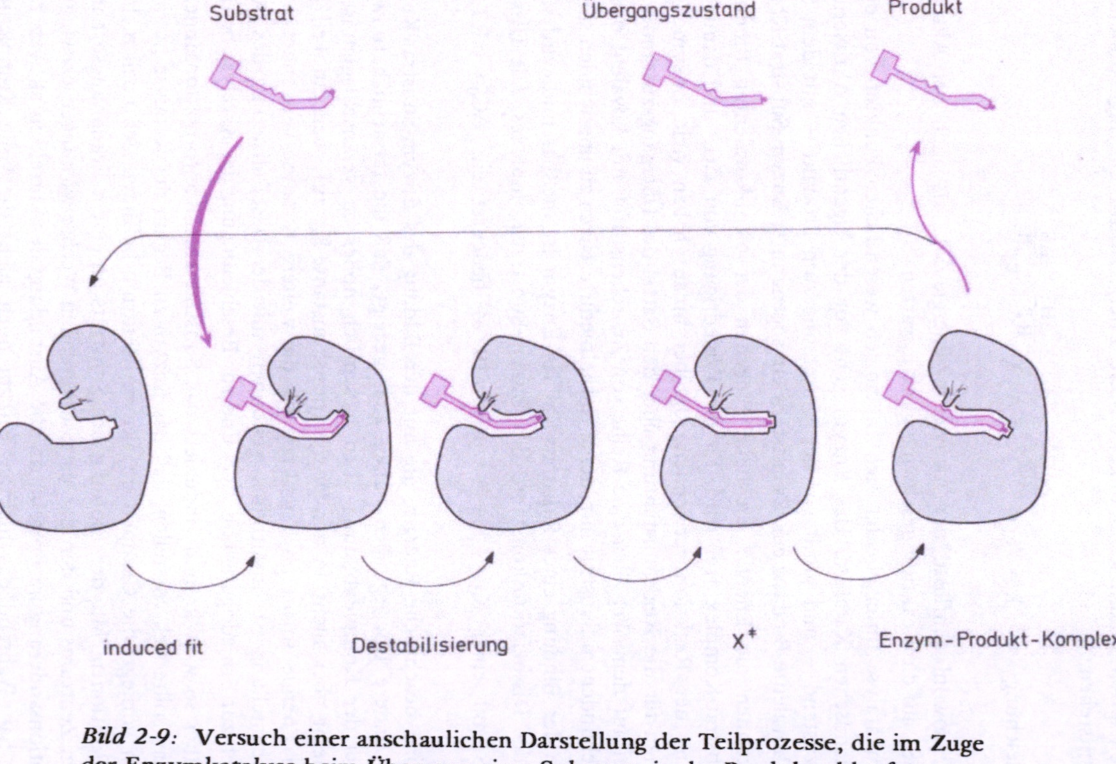

Bild 2-9: Versuch einer anschaulichen Darstellung der Teilprozesse, die im Zuge der Enzymkatalyse beim Übergang eines Substrats in das Produkt ablaufen

Bild 2–9 zeigt die Bindung des Substrats an das Enzym und die damit verbundene Induktion der Komplementarität (induced fit). In der Proteinkonformation ist offenbar noch genug Energie gespeichert, die es erlaubt, in einem zweiten Prozeß das Enzym zu entspannen und gleichzeitig das Substrat in einen Spannungszustand zu versetzen. Man kann sich das so vorstellen, daß ein weiterer Teil der Energie der Komplexbildung (Bindungsenergie) zur Verfügung steht und unmittelbar für die Destabilisierung des Substrats verwendet wird. Das Enzym befindet sich nun in einem niedrigen Energieniveau, das Substrat hingegen in einem energiereichen Zustand, der dem Übergangszustand sehr nahe kommt.

Der Mechanismus bewirkt, daß der Antrieb für die Destabilisierung des Substrats im Bereich des Reaktionszentrums aus der Verwendung der Bindungsenergie gegenüber nichtreaktiven Gruppen des Substrats stammt. Die freiwerdenden Bindungsenergien sind erforderlich, um für die Abnahme der Entropie zu bezahlen. Da das Substrat sehr starr an das Enzym gebunden, „verankert" wird, müssen translatorische und rotatorische Bewegungen eingefroren werden. Auch dies verlangt starke Komplementarität und große Strukturen für genügend Wechselwirkung. Die Destabilisierung ist vorwiegend in Form von Enthalpie zu sehen — ebenfalls von der Bindungsenergie getrieben — und bedeutet Desolvatisierung und geometrische, elektrostatische Destabilisierung des Substrats im aktiven Zentrum.

Wir wollen die Überlegungen mit einem Energiediagramm, das sowohl entropische als auch vorwiegend enthalpische Effekte berücksichtigt, beenden. Wir betrachten dazu die freie Enthalpie ΔG als aus zwei unabhängigen Teilen zusammengesetzt, der Enthalpie ΔH und der Entropiegröße $-T\Delta S$: $\Delta G = \Delta H - T\Delta S$.

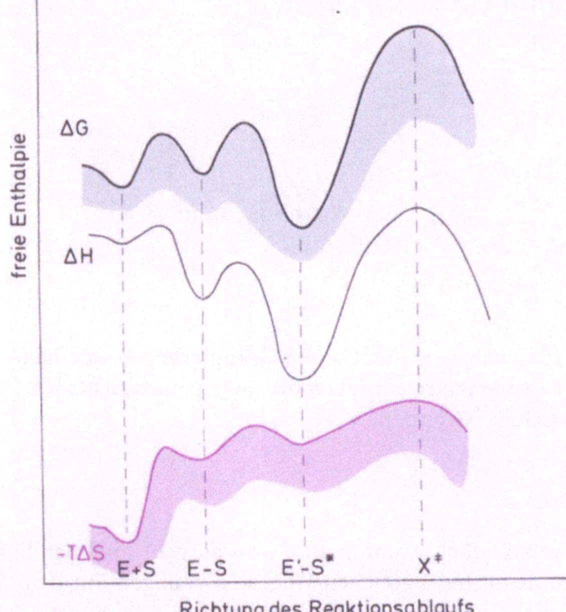

Bild 2-10:
Zerlegung des Überganges von $E + S \rightarrow\rightarrow X^{\ddagger}$ in ein Energieprofil, das die Ordnungsarbeit ($-T\Delta S$) als auch die Enthalpie ΔH berücksichtigt

Man sieht aus Bild 2–10, daß die Zusammenführung von E + S — besonders dann, wenn es eine Reaktion mit mehreren Substraten ist — eine starke entropische Komponente besitzt. Wir müssen Arbeit leisten, um einen höheren Grad an Ordnung zu erhalten. Da $\Delta S = S_2 - S_1 = S_{geordnet} - S_{weniger\,geordnet} < 0$, muß $-T\Delta S$ eine positive Größe für die Bildung des Enzym-Substrat-Komplexes darstellen. Daß aber trotzdem die freie Enthalpie dieses Prozesses nicht ungünstig für die Katalyse liegt, kommt durch das hohe negative ΔH bei der Bindung zustande. Weitere Bindungsenthalpie wird frei, wenn das Enzym aus dem gespannten Zustand E in die entspannte Form E' übergeht. Dabei ändert sich die Entropie nur wenig, da es bestenfalls zur festeren Bindung des Substrats kommt, aber keine aufwendige Ordnungsarbeit geleistet wird. Was nun noch an freier Energie notwendig ist, um den Übergangszustand zu erreichen, ist vergleichsweise wenig. Durch Verwendung der Bindungsenergie konnte das Substrat bereits vorher in eine dem Übergangszustand X ähnliche Form gebracht werden.

Die Bindung des Substrats an das Enzym durch mehr als einen Bindungsbereich

Moleküle mit einer Struktur Caabc (C: Kohlenstoffatom, dessen Eigenschaften untersucht werden sollen; a = a: zwei identische Substituenten; b, c: weitere Substituenten) bezeichnet man als prochiral; sie besitzen noch kein Asymmetriezentrum, können aber durch einfache Substitution, z.B. durch Austausch von a durch d, in eine chirale (= asymmetrische) Verbindung überführt werden. Interessant ist — und für den Mechanismus von Stoffwechselumsetzungen von Bedeutung — , daß Enzyme zwischen den zwei identischen Substituenten an einem prochiralen Zentrum eines Substrats unterscheiden können.

Citronensäure ist eine symmetrische Verbindung mit einer Symmetrieebene. Trotzdem unterscheidet das Enzym zwischen den beiden -CH$_2$-COOH(-)Gruppen und führt nur eine der beiden Gruppen in die -CHOH-COOH(-)Gruppe über.

Bild 2-11: Unterscheidung zwischen zwei identischen Gruppierungen an einem prochiralen Zentrum. Das Citronensäure umsetzende Enzym unterscheidet zwischen den beiden -CH$_2$-COOH-Gruppen.

Das Verhalten des Enzyms wird verständlich, wenn man davon ausgeht, daß das Enzym auf der Fläche des aktiven Zentrums in drei Bereichen Wechselwirkungen mit dem Substrat eingeht (**Dreipunktauflage**). Falls wir für diese Dreipunktauflage die Substituenten a, b und c verwenden, bleibt immer nur *eine* Möglichkeit, das Substrat zu binden; der

2. Substituent bleibt frei und zugänglich für Modifikationen. Wenn c: COOH, b: OH, a_2: CH_2COOH, bleibt nur mehr die in Bild 2–11 gezeichnete Gruppe a_1 (CH_2-COOH) für den Angriff des Enzyms übrig.

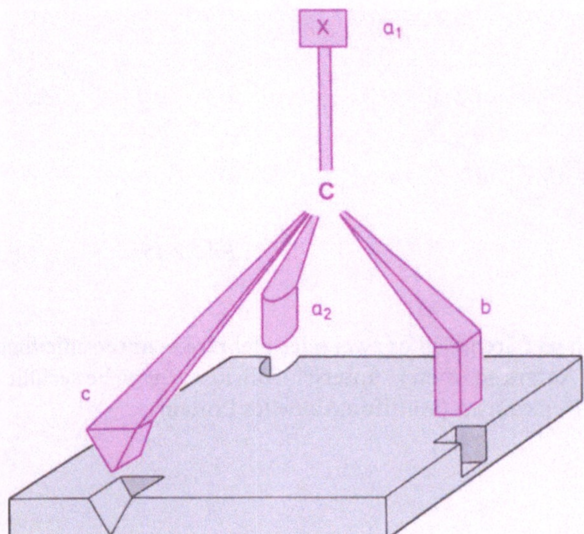

Bild 2-12:
Schematische Darstellung, wie man durch Dreipunktauflage, auch bei Anwesenheit zweier identischer Gruppen, die „richtige" Gruppe von oben her erkennen kann

Oligomere Enzyme

Enzyme haben in der Regel ein Molekulargewicht zwischen 30000 und einigen Millionen, und es gibt dabei eine Reihe von interessanten Kombinationsmöglichkeiten, wie Polypeptideinheiten zu einem großen katalytisch aktiven Enzym zusammengelagert werden können.

a) Häufig ist die monomere Form nicht katalytisch aktiv, und erst beim Zusammenlagern von zwei oder vier identischen Untereinheiten kommt es zur Bildung des aktiven Enzyms (Dimeres, Tetrameres).

Bild 2-13

b) Ein Enzym besteht aus mehreren unterschiedlichen Untereinheiten, die jeweils verschiedene Funktionen erfüllen.

Bild 2-14

c) **Multienzymkomplexe** setzen sich aus mehreren Enzymen zusammen, wobei keine kovalente Verbindung erfolgt. Da aber das Produkt des 1. Enzyms zugleich das Substrat des 2. Enzyms usw. ist, wird an diesem Komplex A in D überführt, ohne daß B oder C in das umgebende Medium gelangen. Man spricht davon, daß der Weg von A nach D wie in einem engen Kanal abläuft.

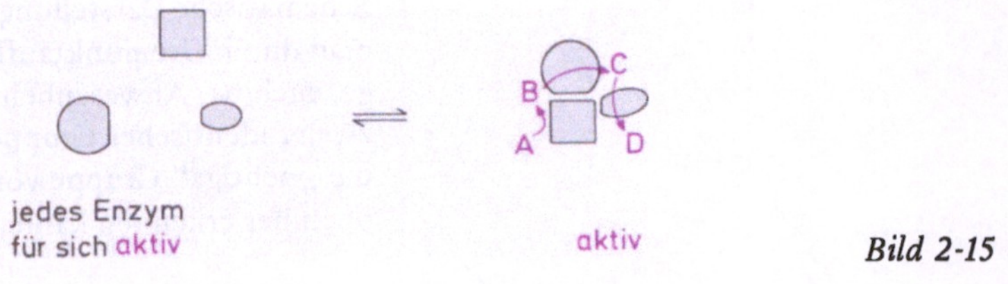

Bild 2-15

d) Ein einziges Peptid kann sich so falten, daß es zwei oder mehrere — unterschiedliche — aktive Zentren ausbildet. Aufgrund dieser unterschiedlichen Bereiche erfüllt das Enzym gleichzeitig mehrere Funktionen (**Multifunktionelles Protein**).

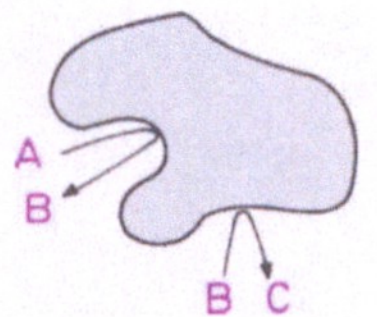

Bild 2-16: Aufbau mehrerer aktiver Zentren durch Faltung eines einzigen Peptidstranges. Das Bild gibt nur die Oberfläche und die beiden aktiven Zentren des Proteins wieder. Man muß sich innerhalb der Begrenzung zahlreiche Helices und Faltblattstrukturen vorstellen.

Isoenzyme

Enzyme, deren multiple molekulare Formen in unterschiedlichen Organen in demselben Organismus identische Reaktionen katalysieren, werden als Isoenzyme bezeichnet. Bekannt ist, daß die Lactat-Dehydrogenase in fünf verschiedenen Formen im Herz- und Skelettmuskel von Vertebraten vorkommt; alle fünf Enzyme werden aus zwei Grundeinheiten zusammengesetzt. Im Herzmuskel dominiert eine Lactat-Dehydrogenase, deren Untereinheit mit H bezeichnet wird. Die Form M finden wir in den meisten Skelettmuskeln. Da alle Lactat-Dehydrogenasen aus vier Untereinheiten bestehen, ergeben sich durch Kombination von H und M fünf unterschiedliche Formen: H_4, H_3M, H_2M_2, HM_3, M_4.

Zum Beispiel trifft man in unterschiedlichen Organen Isoenzyme an, die alle demselben Kompartiment — aber verschiedenen Zellen — angehören. Darüber hinaus existiert die Möglichkeit, daß verschiedene Enzyme, die aber die gleiche Reaktion katalysieren, in unterschiedlichen Kompartimenten einer bestimmten Zelle vorkommen.

Coenzyme

Enzyme erzielen als Katalysatoren deshalb eine so beträchtliche Verminderung der Aktivierungsenthalpie, weil sie durch die partielle Flexibilität ihres Gerüstes eine Reihe von geeigneten Übergangskonformationen einnehmen können; dies erleichtert die Erreichung des Übergangszustandes. Enzyme bedienen sich aber für diese Aufgabe nicht nur der Möglichkeiten, die in ihrer Proteinstruktur und den vielen Konformationsmöglichkeiten liegen, sondern ziehen für bestimmte Aufgaben auch andere chemische Verbindungen zur Unterstützung heran. Sie verwenden das Prinzip einer besonderen Reaktionsführung, um die beteiligten Komponenten nicht über einen energieaufwendigen Weg von Ausgangsstoff zu Produkt zu bringen. Durch die Einbeziehung anderer, nicht proteinartiger Strukturen erweitert der Katalysator sein Repertoire an Möglichkeiten.

Diese in der Katalyse mitwirkenden, aber nicht proteinartigen Verbindungen besitzen zum Enzym hohe Affinität. Man bezeichnet sie als Coenzyme. Sie unterstützen das Enzym bei der Bindung der Substrate und bei der Vorbereitung des Substrats für den Weg über den Übergangszustand. Coenzyme können Gruppen übertragen, beteiligen sich an Redoxreaktionen und sollten eigentlich — wenn sie in die Reaktionsgleichung mit eingehen — als Cosubstrate eingestuft werden.

Für die Dehydrierung eines sekundären Alkohols zum Keton — nach der Gleichung R-CHOH-R → R-CO-R — ist ein Akzeptor für H notwendig. Dies ist nicht ein anderes Carbonylderivat, sondern eine von der Natur speziell dafür maßgeschneiderte organische Verbindung, die man aufgrund der starken Wechselwirkungen fast als einen Teil des Enzyms betrachten kann: NAD^+.

NAD^+ ist für uns zunächst einmal eine Abkürzung; der für den Umsatz wichtige Teil ist ein Pyridin-Derivat, das durch 1,4-Addition von Elektronen — oder durch das formale Angreifen eines Hydridions am C-4 — in eine chinoide Struktur übergeht.

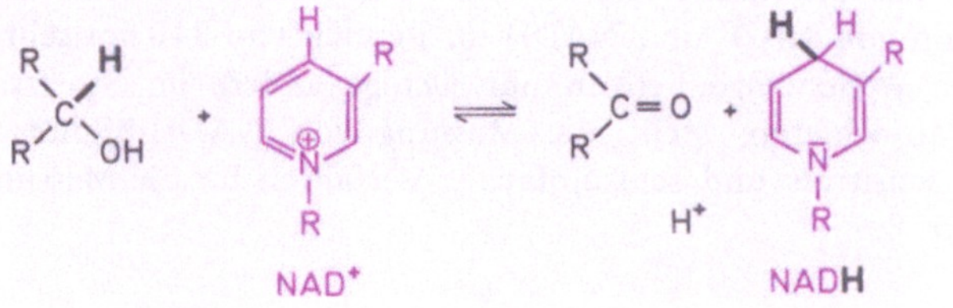

Bild 2-17:
Oxidation eines
sekundären Alkohols
mit NAD^+

Für die offizielle Nomenklatur des Coenzyms müssen wir uns in Erinnerung rufen, was ein Nukleotid und was ein Dinukleotid ist.

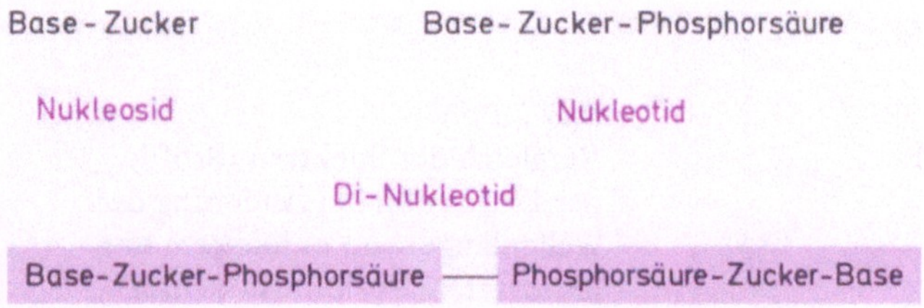

Bild 2-18

Die Abkürzung NAD$^+$ steht für **Nicotinamid-Adenin-Dinukleotid**; mit der Formel

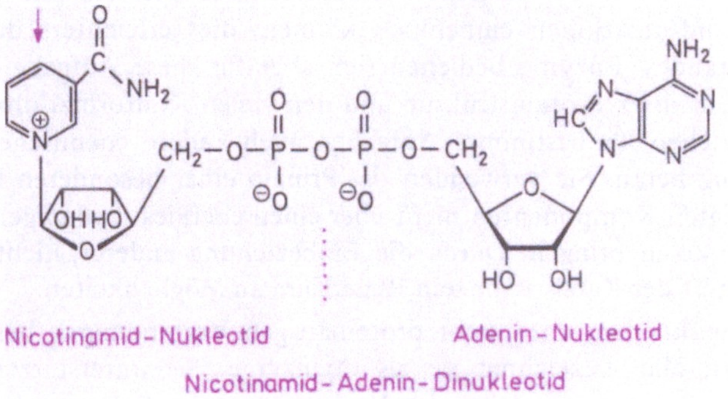

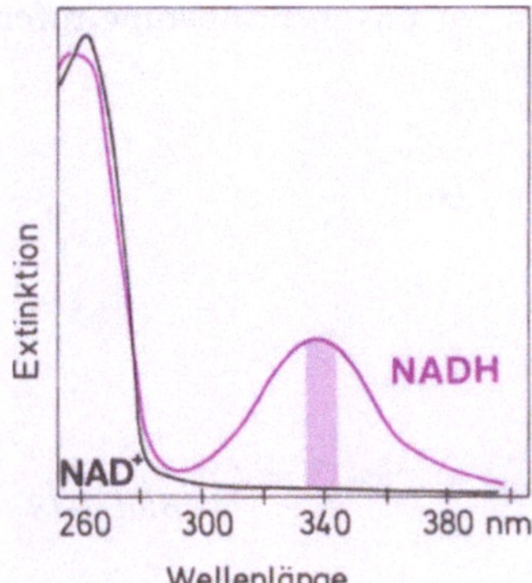

Bild 2-19: NAD$^+$

Die Verbindung besteht aus einem Pyridin-Derivat (Amid der Nicotinsäure), D-Ribose (am C-1 β-glykosidisch gebunden), Phosphorsäure (mit einer Esterbindung zum C-5 der Ribose; mit Anhydridbindung zur zweiten Phosphorsäure), D-Ribose und einem Purin-Derivat (Adenin).

Eng verwandt mit NAD$^+$ ist das phosphorylierte Derivat **NADP$^+$**. Es besitzt an der dem Adenin zugewandten Riboseseite, an der 2′-Hydroxylgruppe eine Phosphorsäure-Gruppe, esterartig verbunden. Diese geringfügige Änderung in der Struktur des Coenzyms wird von den Enzymen — Dehydrogenasen, die Wasserstoff übertragen — erkannt; es gibt Dehydrogenasen, die nur NAD$^+$ als H-Akzeptor verwenden, andere Dehydrogenasen arbeiten spezifisch mit NADP$^+$.

Wichtige Konsequenzen für das praktische Arbeiten mit Dehydrogenasen hat die Tatsache, daß sich das Spektrum von NAD$^+$ und NADH im Bereich von 340 nm sehr stark unterscheidet. Da in diesem Wellenlängenbereich nur wenige andere im Stoffwechsel befindliche Verbindungen absorbieren, stellt die Messung von NADH-Bildung oder -Verbrauch bei 340 nm ein sensitives und sehr einfaches Verfahren für die Messung der Reaktionsgeschwindigkeit dar.

Bild 2-20:
Vergleich der Spektren (Profile der Extinktion bei Änderung der Wellenlänge) von oxidiertem und reduziertem Pyridin-Nukleotid

Dieses Verfahren ist wegen der Einfachheit so attraktiv, daß der Biochemiker versucht, andere Reaktionen mit einer Dehydrogenase zu koppeln. Dadurch wird selbst eine Reaktion, die ansonsten nur schwer zu verfolgen wäre, schnell testbar.

Der Prozeß $X + Y = U + Z$ soll ein Vorgang sein, bei dem die einzelnen Edukte und Produkte weder „einmalige" Absorptionsbande besitzen noch über leicht kolorimetrisch erfaßbare Gruppen verfügen. Ein derartiges Gemisch müßte nach einer enzymkatalysierten Reaktion, z.B. durch aufwendige chromatographische Verfahren, getrennt werden. Einfacher ist die Reaktion zu verfolgen, wenn eine Dehydrogenase-Reaktion damit verbunden wird. Durch Zugabe von NADH und durch Einsatz des Hilfsenzyms E_H kann auch die Reaktion $X + Y = U + Z$ von E_X katalysiert, getestet werden.

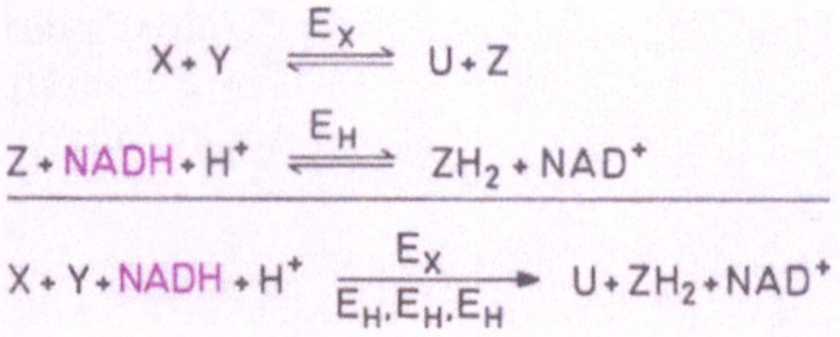

$$X + Y \;\underset{}{\overset{E_X}{\rightleftharpoons}}\; U + Z$$

$$Z + NADH + H^+ \;\underset{}{\overset{E_H}{\rightleftharpoons}}\; ZH_2 + NAD^+$$

$$X + Y + NADH + H^+ \;\xrightarrow[E_H \cdot E_H \cdot E_H]{E_X}\; U + ZH_2 + NAD^+$$

Bild 2-21: Gekoppelter Test. Die katalytische Aktivität des Hilfsenzyms E_H darf dabei natürlich nicht geschwindigkeitsbestimmend sein.

Das Absorptionsverhalten und die Konzentration einer Verbindung lassen sich mit Hilfe des Lambert-Beerschen Gesetzes in Verbindung setzen; die **Extinktion** ist: $E = \epsilon \cdot c \cdot d$.

ϵ = Extinktionskoeffizient, c = Konzentration in Mol pro Liter, d = Wegstrecke des Lichts in der Küvette.

Die Extinktion $E = \log \frac{I_0}{I}$ ergibt sich aus den Intensitäten des Lichts, das durch eine — in einer Küvette befindlichen — Lösung durchgeschickt wird. I_0 ist die Intensität des Lichts, die ein Detektor nach Durchwandern der Küvette bestimmen kann; die verringerte Intensität I trifft im Detektor ein, wenn sich in der Küvette die Lösung der absorbierenden Verbindung befindet. Sowohl die Lage der Absorptionsbande (wiedergegeben als nm) als auch die Stärke der Absorption (z.B. bezogen auf $1\,M = \epsilon$) bei einer bestimmten Wellenlänge sind Charakteristika für bestimmte Verbindungen.

Eine andere wichtige Verbindung, die uns beim Stoffwechsel der Essigsäure und anderer Alkansäuren entgegentreten wird, ist **Coenzym A**. Als Thiol kann es mit Carbonsäuren Thioester bilden, die sozusagen die aktivierte Form der jeweiligen Carbonsäure darstellen.

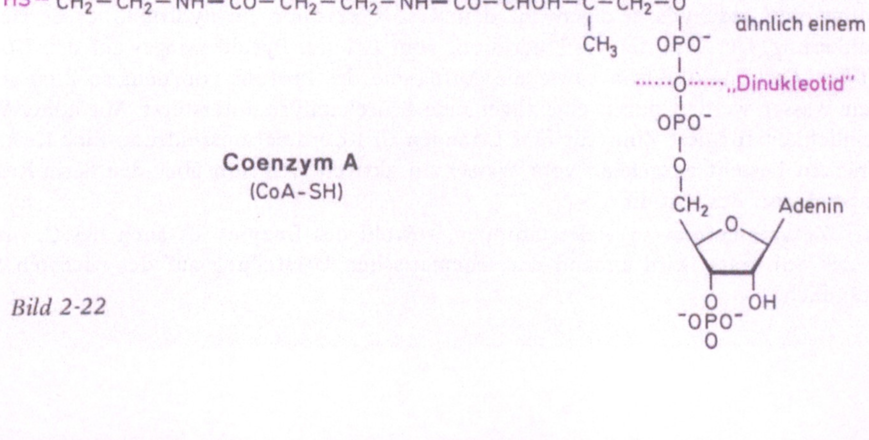

Bild 2-22

Pyridoxalphosphat kann aufgrund seiner Aldehydfunktion mit Aminosäuren Schiffsche Basen bilden. Die Mesomeriestabilisierung — vor allem unter Einbeziehung des Pyridiniumringes — erlaubt, das Coenzym als eine Art Elektronen-Senke für die Stabilisierung der Carbanionen zu sehen. Die Carbanionen können am C_α oder C_β der Carbonsäuren auftreten, die über die Aminogruppe mit dem Coenzym verbunden sind. Pyridoxalphosphat kann nicht nur zu Abspaltungen der C_α-Gruppe beitragen, sondern auch Eliminierungen am C_β unterstützen.

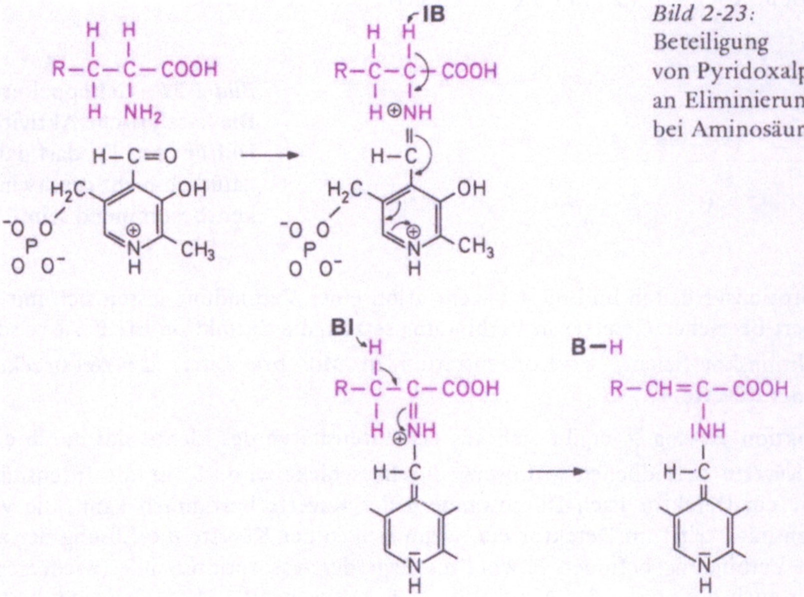

Bild 2-23: Beteiligung von Pyridoxalphosphat an Eliminierungen bei Aminosäuren

Im letzten Beispiel wollen wir über die Interaktion zwischen Coenzym und Substrat hinausgehen und uns die konzertierte Aktion von Enzym, Coenzym und Substrat anhand der **Alkohol-Dehydrogenase-Reaktion** möglichst plastisch vorstellen.

Zuerst bindet NADH an das Enzym und induziert eine Verschiebung der Elektronenverteilung im Wasser-Molekül, das an das zentrale Zink-Atom assoziiert ist. Dann kann die Bindung des Aldehyds erfolgen; für den Rest R existiert ein hydrophober Bereich als Verankerung. Der Transfer des Hydridions vom C-4 des Pyridin-Ringes auf den Kohlenstoff der Carbonylfunktion sowie die Aufnahme des Protons von dem an Zink gebundenen Wasser werden durch eine allgemeine Säurekatalyse unterstützt. Mit hoher Wahrscheinlichkeit fungiert Zink mit fünf Liganden als Koordinationszentrum. Eine Kette von H-Brücken besteht ausgehend vom Wasser im aktiven Zentrum über den Serin-Rest bis zum Stickstoff des Histidins.

Dieses Zusammenspiel so vieler Gruppen, sowohl des Enzyms als auch des Coenzyms und des Substrats, wird anhand der schematischen Darstellung auf der nächsten Seite verständlich.

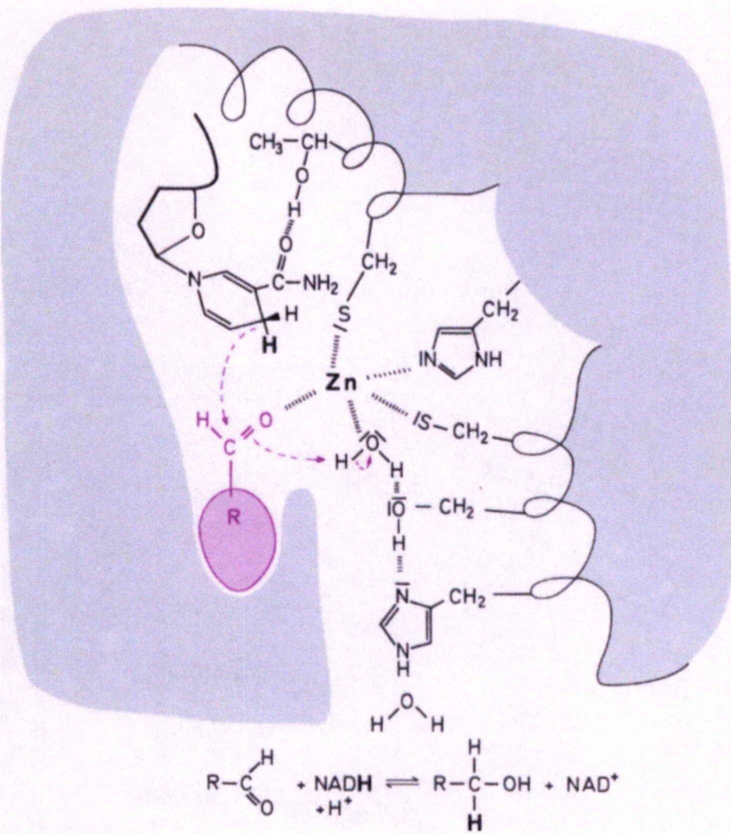

$$R-C\underset{O}{\overset{H}{|}} + NADH + H^+ \rightleftharpoons R-C\underset{H}{\overset{H}{|}}-OH + NAD^+$$

Bild 2-24: Bindung des Coenzyms und des Substrats am aktiven Zentrum der Alkohol-Dehydrogenase

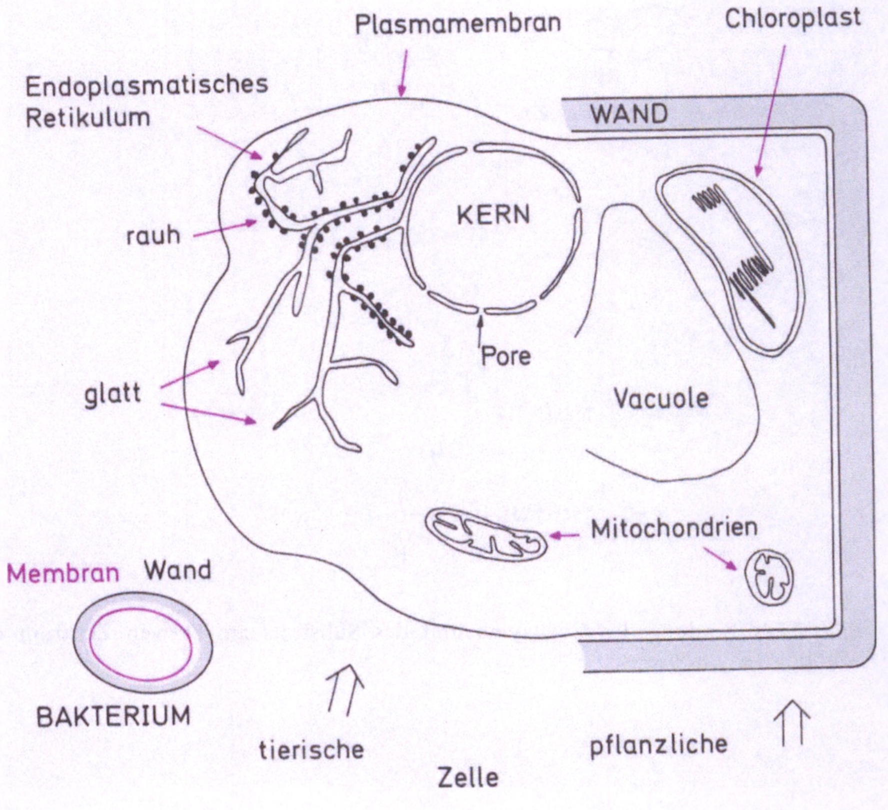

Plasmamembran
Chloroplast
Endoplasmatisches
Retikulum
WAND
KERN
rauh
glatt
Pore
Vacuole
Mitochondrien
Membran
Wand
BAKTERIUM
tierische
Zelle
pflanzliche

Kapitel 3

Die Zelle benötigt Adenosintriphoshat

Adenosintriphosphat (ATP) ist für die Zelle *das* Mittel, um Prozesse, die aufgrund ihrer thermodynamischen Eigenschaften nicht spontan ablaufen können, über einen Umweg doch zu erzwingen. Manchmal wird die Energie von ATP zunächst verwendet, um ein anderes Nukleosidtriphosphat (NTP) zu synthetisieren, und erst dieses ist dann der eigentliche Partner in der Stoffwechselreaktion. Die potentielle Energie, die in der P-O-P-Bindung des Triphosphats steckt, wird sichtbar, wenn diese Bindung hydrolytisch gespalten wird: $\Delta G_0' = -32\,\text{kJ/mol}$.

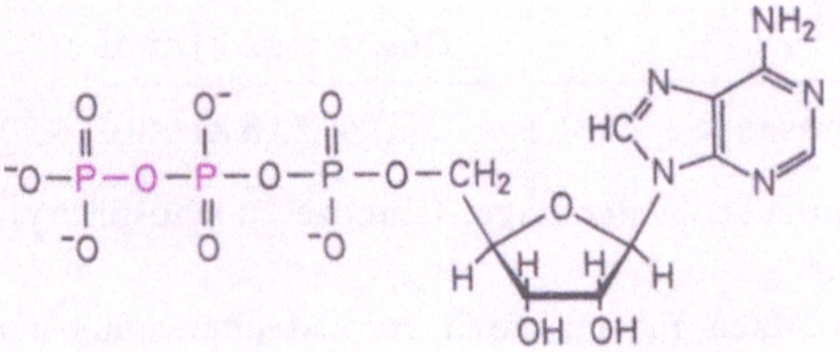

Bild 3-1: Adenosintriphosphat (ATP)

ATP treibt Schlüsselreaktionen des Stoffwechsels

Im Stoffwechsel sind zwei etwas unterschiedliche Prinzipien verwirklicht, wenn ein aus thermodynamischen Gründen ungünstiger oder in der gewünschten Richtung fast irreversibler Schritt möglich gemacht werden soll. Das eine Prinzip (**Prinzip 1**) sieht vor, die ungünstige Reaktion mit einer stark exergonen Reaktion zu koppeln. Wichtig ist — bei dieser Art der Überlegung — , folgendes immer im Auge zu behalten: Formal können wir die thermodynamischen Parameter der gewünschten Reaktion (= R1) und der exergonen Hilfsreaktion (= R 2) getrennt vergleichen; es muß aber immer klar bleiben, daß die Energie der Hilfsreaktion R 2 nicht tatsächlich in Form von Wärme freiwerden darf, wie man vielleicht aus dem hohen negativen ΔG schließen möchte; die Energie muß im Enzym derart konserviert werden, daß damit die Reaktion R1 getrieben werden kann. Es handelt sich dann nicht mehr um die einfache Umkehr der Reaktion R1.

Die Hydrolyse eines Phosphorsäureesters (z.B. Glucose-6-phosphat) bewegt sich praktisch vollständig auf die rechte Seite der Gleichung zu. $\Delta G_0' = -14\,\text{kJ/mol}$. Nach $\Delta G = -RT \ln K$ ergibt dies eine Gleichgewichtskonstante $K = 10^{10}$. Selbst mit einer 0,1 M-Lösung von Glucose und HPO_4^{2-} (= P_i) läßt sich damit nur eine 40 μM-Lösung an Glucose-6-phosphat erzielen.

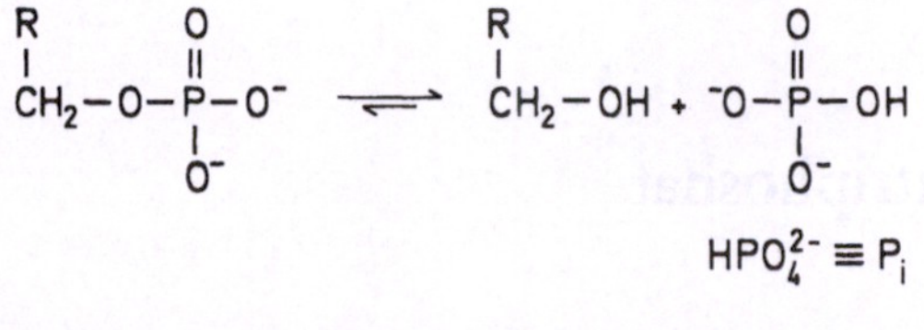

$$\mathrm{CH_2-O-P-O^-} \rightleftharpoons \mathrm{CH_2-OH} + {}^-\mathrm{O-P-OH}$$

$$HPO_4^{2-} \equiv P_i$$

Bild 3-2: Hydrolyse eines Phosphorsäureesters
(Phosphatase-Reaktion)

Für die Umkehr dieser Reaktion, die Phosphorylierung von Glucose zu Glucose-6-phosphat und damit die Einschleusung des freien Zuckers in die Stoffwechselwege, muß eine stark exergone Reaktion, die Umsetzung ATP → ADP + P_i mit der ersten Reaktion gekoppelt werden. Allgemein bezeichnet man den folgenden Reaktionstyp als Kinase-Reaktion.

$$\text{Glucose} + \text{ATP} = \text{Glucose-6-phosphat} + \text{ADP}$$

Diese Reaktion können wir formal zerlegen in:

Glucose + Phosphat = Glucose-6-phosphat	$\Delta G_0' = +14\,\text{kJ/mol}$
ATP = ADP + P_i	$\Delta G_0' = -32\,\text{kJ/mol}$
Glucose + ATP = Glucose-6-phosphat + ADP	$\Delta G_0' = -18\,\text{kJ/mol}$

Damit ist die Zelle unter Aufbietung von ATP in der Lage, Glucose zu phosphorylieren und z.B. in die Glykolyse einzuschleusen.

Diese Betrachtungsweise darf aber nicht dazu führen, auch vom Mechanismus her die Hydrolyse von ATP zu ADP + P_i und die Phosphorylierung der Glucose als getrennte Prozesse zu betrachten. Die Prozesse sind vielmehr „energetisch" gekoppelt. Dies bedeutet, daß die formal in der Diphosphatbindung des ATP steckende Energie zuerst auf das Enzym übertragen werden und dort konserviert bleiben muß, bis das so „energetisierte" Enzym seinerseits den Phosphatrest auf Glucose überträgt.

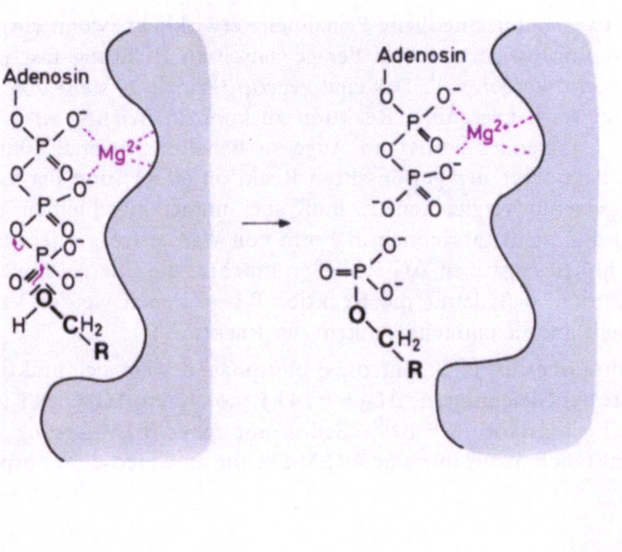

Bild 3-3:
Kinase-Reaktion. Wie in vielen ähnlichen Prozessen wird Mg^{2+} als Aktivator benötigt.

Bildung von Phosphoenolpyruvat

Im Falle der Hydrolyse des Phosphorsäureesters der Enolform der Brenztraubensäure wird wesentlich mehr Energie frei als bei der Hydrolyse von Glucose-6-phosphat: $\Delta G_0' = -62\,\mathrm{kJ/mol}$.

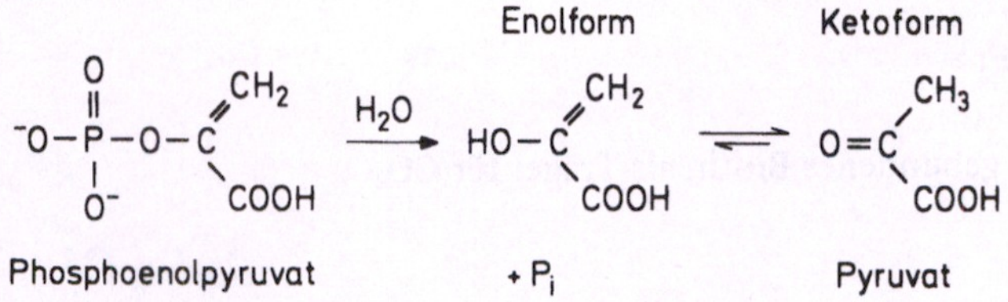

Enolform   Ketoform

Phosphoenolpyruvat   + P$_i$ Pyruvat   *Bild 3-4*

Dieser hohe Wert an $\Delta G_0'$ stellt eine zu hohe Barriere für die Rückreaktion dar, so daß auch nach einer Kopplung mit dem Übergang ATP → ADP + P$_i$ die Reaktion noch nicht reversibel gestaltet werden kann.

$$\text{Phosphoenolpyruvat} \rightarrow \text{Pyruvat} + \text{HPO}_4^{2-} \qquad \Delta G_0' = -62\,\mathrm{kJ/mol}$$
$$\text{ADP} + \text{HPO}_4^{2-} = \text{ATP} \qquad \Delta G_0' = +32\,\mathrm{kJ/mol}$$

$$\text{Phosphoenolpyruvat} + \text{ADP} = \text{Pyruvat} + \text{ATP} \qquad \Delta G_0' = -30\,\mathrm{kJ/mol}$$

Da die Rückreaktion von Pyruvat zu Phosphoenolpyruvat so nicht durchzuführen ist, muß ein anderes Prinzip zur Anwendung kommen (**Prinzip 2**): Die Reaktion wird über einen weiteren Umweg geführt, wobei die notwendige Energie im Zuge von zwei von ATP abhängigen Schritten aufgebracht wird.

Aufwendung von Energie (ATP) führt zu einem reaktionsfähigen Kohlensäurederivat; und damit wird Pyruvat carboxyliert. Es entsteht eine β-Ketosäure, Oxalessigsäure. Der zweite Schritt umfaßt — unter ATP- (oder GTP-)Einsatz — den Übergang von Oxalacetat in Phosphoenolpyruvat.

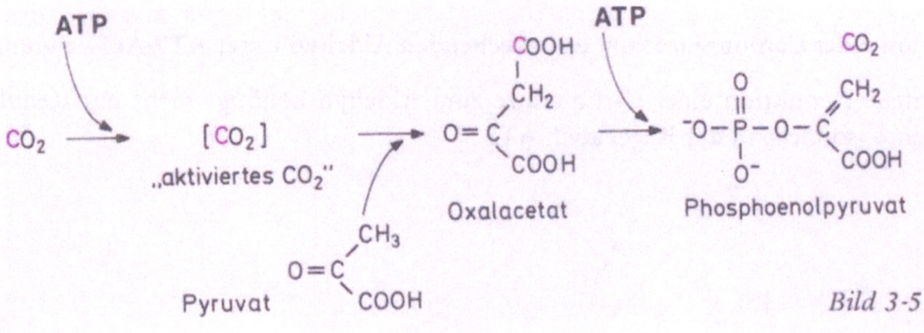

ATP   ATP

CO$_2$ [CO$_2$]   CO$_2$
„aktiviertes CO$_2$"   Oxalacetat   Phosphoenolpyruvat

Pyruvat   *Bild 3-5*

Für die Carboxylierung wird vorher unter ATP-Aufwendung ein reaktives Kohlensäurederivat, Carboxybiotin, hergestellt. Biotin fungiert bei der Pyruvat-Carboxylase als prosthetische Gruppe am Enzym. Dies ist eine nicht aus Peptiden aufgebaute Gruppierung, die kovalent mit dem Protein verbunden ist.

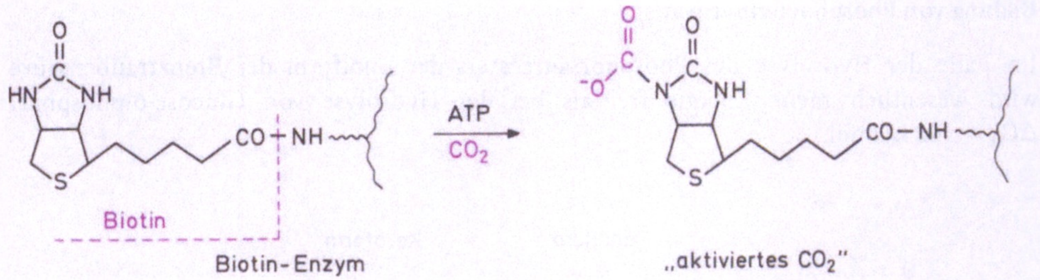

Bild 3-6: Kovalent gebundenes Biotin als Träger für CO$_2$

Die weitere Reaktion, von Oxalacetat zu Phosphoenolpyruvat, kostet noch einmal ATP und ist schwach endergon: $\Delta G_0' = + 3$ kJ/mol.

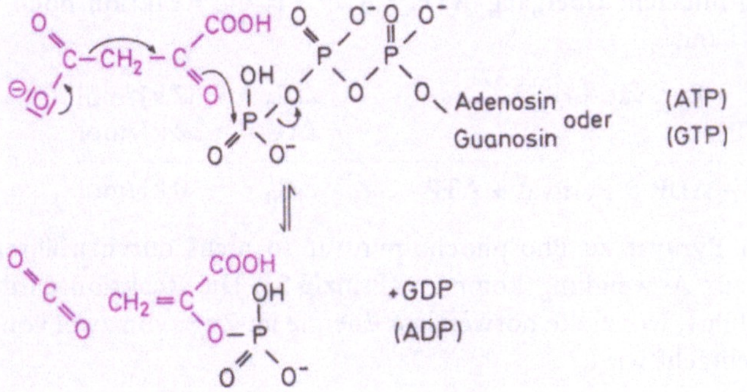

Bild 3-7

Damit haben wir nun über den Umweg (Oxalacetat) erreicht, daß Pyruvat auf die — energetisch hohe — Stufe des Phosphoenolpyruvats angehoben worden ist.

Reduktion einer Carbonsäure zum entsprechenden Aldehyd unter ATP-Aufwendung

Die formale Reduktion einer Carbonsäure zum Aldehyd benötigt nicht nur Reduktionsäquivalente, sondern in der Regel auch ATP.

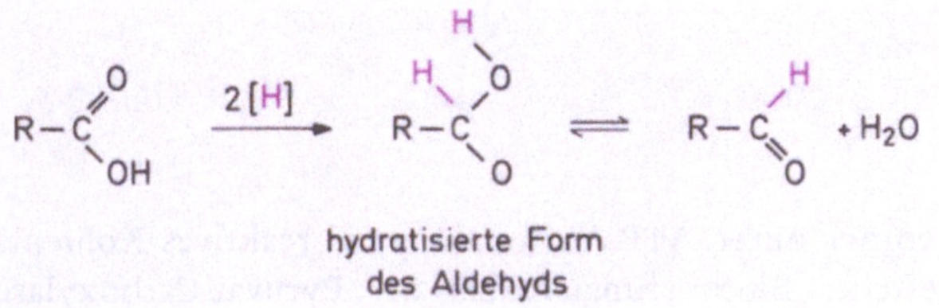

Bild 3-8

Das wichtigste Beispiel für einen derartigen Reaktionsschritt findet sich in einem Prozeß, der sowohl in der Glykolyse als auch bei Gluconeogenese und Photoassimilierung eine wichtige Rolle spielt: dem Übergang von Glycerin*säure*-phosphat in Glycerin*aldehyd*-phosphat.

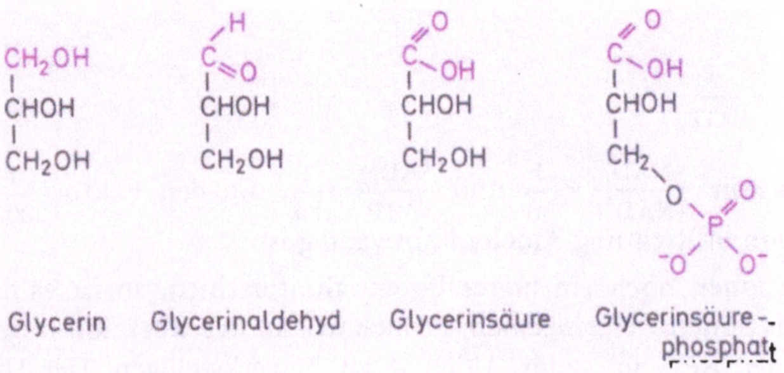

Glycerin   Glycerinaldehyd   Glycerinsäure   Glycerinsäure-phosphat

Bild 3-9

Der Gesamtprozeß von der Säure zum Aldehyd verläuft in zwei Schritten: der erste Schritt unter Aufwendung von ATP, der zweite Schritt durch Einbeziehen eines Reduktionsmittels. Als Zwischenprodukt der Aldehyd-Synthese erkennen wir ein gemischtes Anhydrid (aus Carbonsäure und Phosphorsäure).

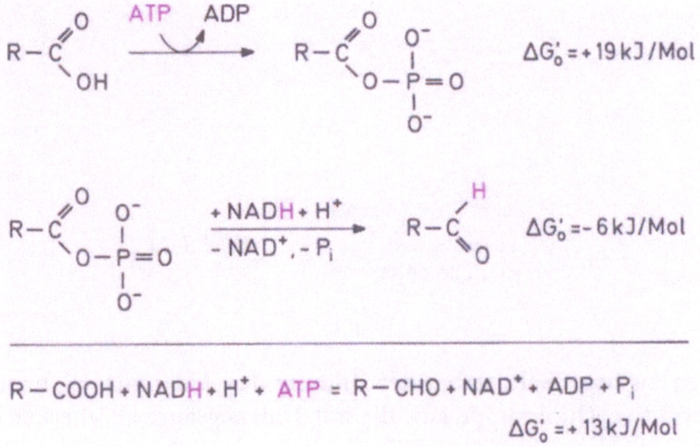

$\Delta G_0' = +19 \, kJ/Mol$

$\Delta G_0' = -6 \, kJ/Mol$

Bild 3-10:
Reduktion der Säure zum Aldehyd in zwei Schritten

$$R - COOH + NADH + H^+ + ATP = R - CHO + NAD^+ + ADP + P_i$$

$$\Delta G_0' = +13 \, kJ/Mol$$

Die Reduktion der Carbonsäure zum Aldehyd ist mit $\Delta G_0' = +13 \, kJ/mol$ noch immer — trotz ATP-Zusatzes — endergon. Erst durch Einbeziehung dieser Doppelreaktion in ein Fließgleichgewicht, das die Konzentration des Ausgangsstoffes konstant halten kann und ständig das Produkt aus dem Gleichgewicht entfernt, kann diese Reaktion in Richtung Synthese des Aldehyds ablaufen. Wenn zum Beispiel die Konzentration des Produktes durch Folgereaktionen auf $\frac{1}{200}$ reduziert wird, erhält man ein $\Delta G'$:

$$\Delta G' = \Delta G_0' + RT \ln \frac{c_{Produkt}}{c_{Ausgangsstoff}}$$

$$2,3 \cdot RT \log \frac{c_{Produkt}}{c_{Ausgangsstoff}} = 2,3 \cdot 2,5 \cdot 10^{-2,3} = -13 \, kJ/mol.$$

Damit wird der Term für die Konzentrationsabhängigkeit etwa so hoch wie das $\Delta G_0'$; und die Reaktion ist in der Nähe des Punktes, wo sie freiwillig abläuft. Da in den Konzentrationsterm eine Reihe von Verbindungen eingeht, kann man entweder durch Änderung des Verhältnisses von NAD^+ zu NADH oder des Verhältnisses von ADP zu ATP erreichen, daß der absolute Wert des Konzentrationsterms den des $\Delta G_0'$ übersteigt. Damit wird $\Delta G_0' < 0$.

$$K' = \frac{c_{Aldehyd} \cdot c_{NAD^+} \cdot c_{ADP} \cdot c_{P_i}}{c_{Säure} \cdot c_{NADH} \cdot c_{ATP}} .$$

Hier genügt ein Verhältnis von $\dfrac{c_{NAD^+}}{c_{NADH}} = \dfrac{1}{20}$ und $\dfrac{c_{ADP}}{c_{ATP}} = \dfrac{1}{10}$, um den Faktor $\dfrac{1}{200}$ zu erreichen, der für die Reaktion in Richtung Aldehyd notwendig ist.

War bei Standardkonzentrationen noch ein hoher Potentialunterschied, so ist es durch Beeinflussung der Konzentrationen der einzelnen Teilnehmer an der Reaktion möglich, den freiwilligen Fortgang der Reaktion zum Aldehyd zu bewerkstelligen. Der Unterschied des Verlaufs der freien Enthalpie beim Vergleich „Standardbedingungen"−„Bedingungen im Fließgleichgewicht der Zelle" ist nicht zu übersehen. Es wird erinnert, daß wir hier versuchen, mit Hilfe der Thermodynamik reversibler Prozesse etwas zu beschreiben, was eigentlich in das Gebiet der Thermodynamik irreversibler Vorgänge gehört.

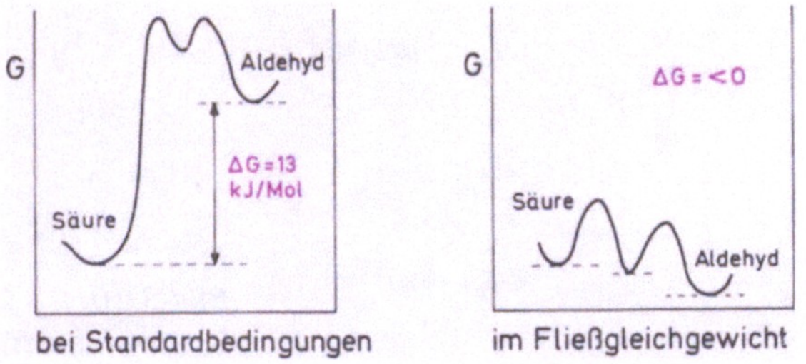

Bild 3-11

Die Dehydrogenase für den zweiten Schritt bei der Bildung des Aldehyds zeichnet sich durch eine ungewöhnlich reaktive Thiolgruppe aus, die mit Jodessigsäure alkylierbar ist.

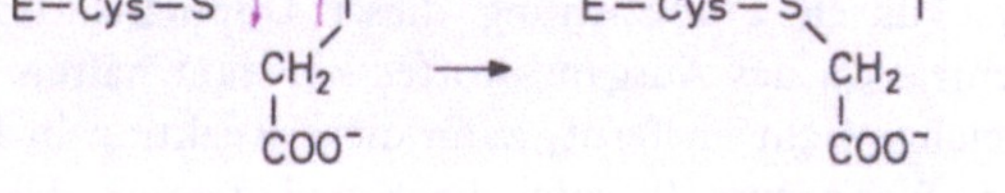

Bild 3-12

Unter Einbeziehung dieser Thiolgruppe läßt sich für die Dehydrogenase ein Prozeß mit kovalent gebundenen Zwischenstufen formulieren, bei dem das gemischte Anhydrid, Acyl-Phosphat, über mehrere Stufen in den Aldehyd überführt wird. Im Zuge der Reaktion reduziert NADH einen Thioester zum Thioacetal, womit die Stufe des Aldehyds erreicht ist.

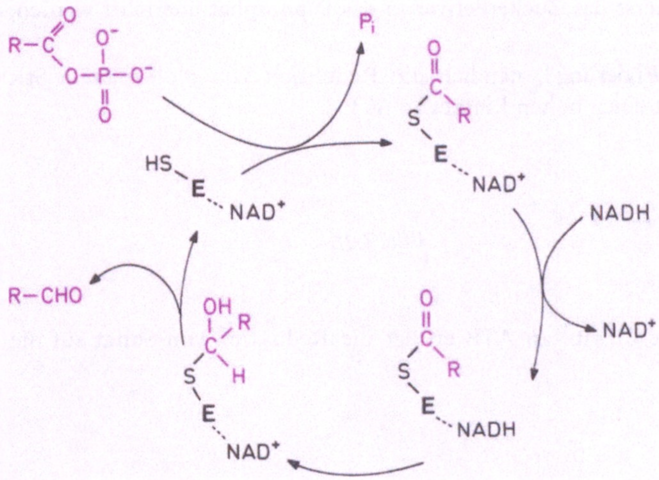

Bild 3-13: Acylphosphat als Substrat der eigentlichen Dehydrogenase-Reaktion

Die Reaktion einer Säure zum entsprechenden Aldehyd verläuft in ähnlicher Weise auch bei der Biosynthese von Aminosäuren, z. B. ausgehend von Asparaginsäure.

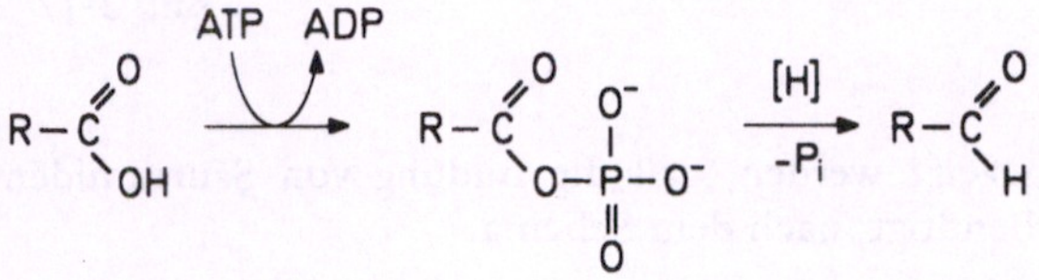

Bild 3-14

Das Diphosphat bestimmter Zucker, z.B. von Ribose, ist Ausgangsstoff für die Bildung von **N-glykosidischen Bindungen**. Dies kann durch Reaktion mit Ammoniak geschehen oder mit dem Amino-Stickstoff eines Pyrimidins oder eines Purinderivats, wie die nächste Abbildung zeigt.

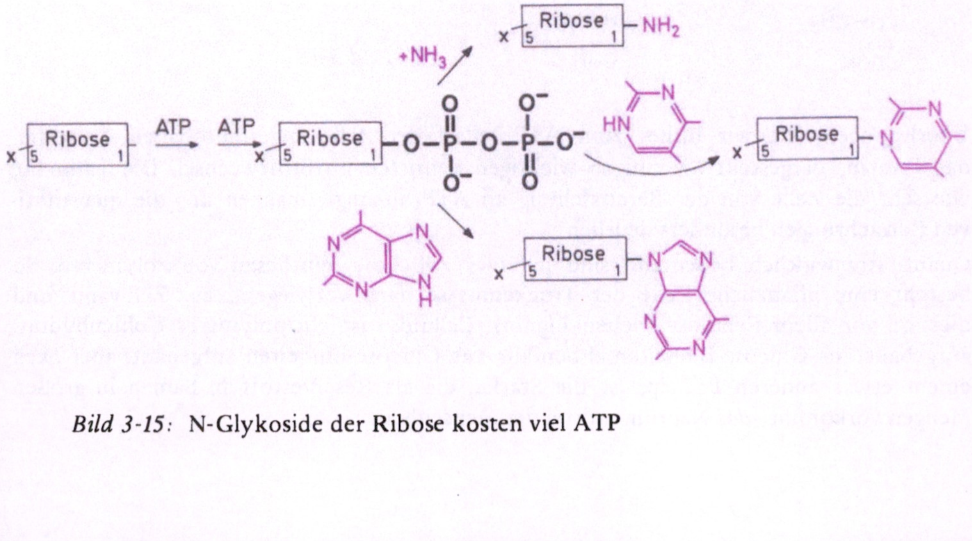

Bild 3-15: N-Glykoside der Ribose kosten viel ATP

In jedem Fall muß zuerst das Zuckerderivat in das Diphosphat überführt werden, wozu ATP benötigt wird.

Auch die „**Stickstoff-Fixierung**", nämlich die Reduktion von molekularem Stickstoff zu Ammoniak, verlangt einen hohen Einsatz an ATP.

$$IN \equiv NI \quad \xrightarrow[8H^+, 6e]{3\,ATP} \quad 2NH_4^+$$

Bild 3-16

In ähnlicher Weise mit Einsatz an ATP erfolgt die Reduktion von Sulfat auf die Stufe des Sulfids.

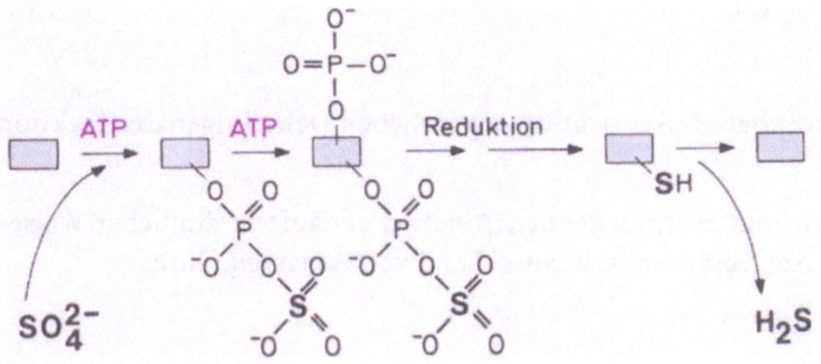

Bild 3-17

Mit dem letzten Beispiel soll gezeigt werden, daß die Bildung von Säureamiden, z.B. von Glutamin, ebenfalls Energie benötigt, nach dem Schema:

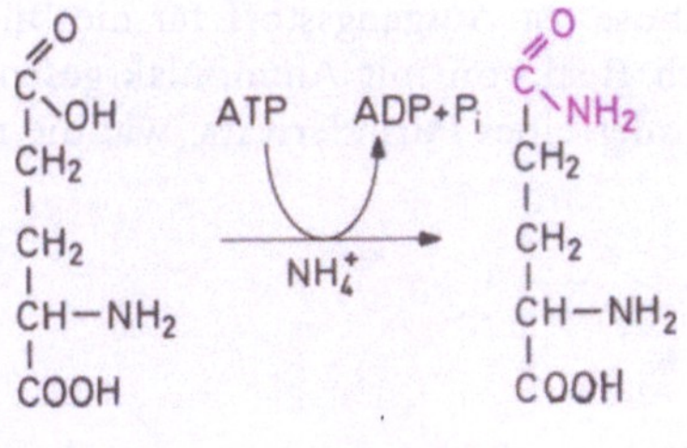

Bild 3-18

Überlegungen, die wir bisher zum ATP-Bedarf der Zelle angestellt haben, betreffen das Prinzip, dargestellt an einigen wichtigen Schritten im Stoffwechsel. Die Tatsache, wie sehr die Zelle von der Bereitstellung an ATP abhängt, machen uns die **quantitativen Betrachtungen** besonders deutlich.

Quantitativ wirklich bedeutend sind in einer Zelle die Synthesen von Polymeren. So besteht eine pflanzliche Zelle der Trockenmasse nach vorwiegend aus Zellwand; und dies ist vor allem Cellulose (neben Lignin). Cellulose ist ein polymeres Kohlenhydrat, aufgebaut aus Glucose-Einheiten. Ebenfalls aus Glucose-Einheiten aufgebaut, aber nach einem etwas anderen Prinzip, ist die Stärke, die als Reservestoff in Samen in großen Mengen vorkommt: *das* Nahrungsmittel der Menschheit.

Auch Lipide können als Speicherformen vorkommen; nehmen wir die pflanzlichen Fette, die heute aus unserem Leben nicht mehr wegzudenken sind. Lipide sind aber auch Strukturelemente in Membranen. Sie werden formal durch Polymerisation, und zwar aus der Essigsäure, aufgebaut.

Schließlich sind Aminosäuren und Nukleotide Bausteine für andere Polymerisationen, nämlich der Proteinsynthese einerseits und der Nukleinsäuresynthese andererseits.

Die Synthese aller dieser Polymeren verlangt Energie, wobei die Kettenverlängerung nach dem allgemeinen Schema vor sich geht: Ein Baustein wird durch ATP aktiviert — in ein energiereiches Derivat überführt — und dann erst an das bereits wachsende Oligomere angehängt.

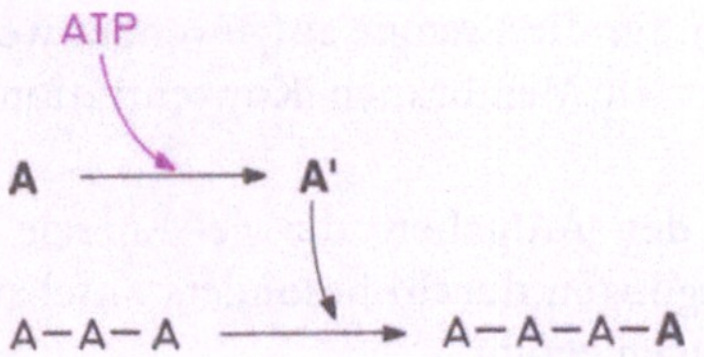

Bild 3-19

Im Detail sieht dies folgendermaßen aus:

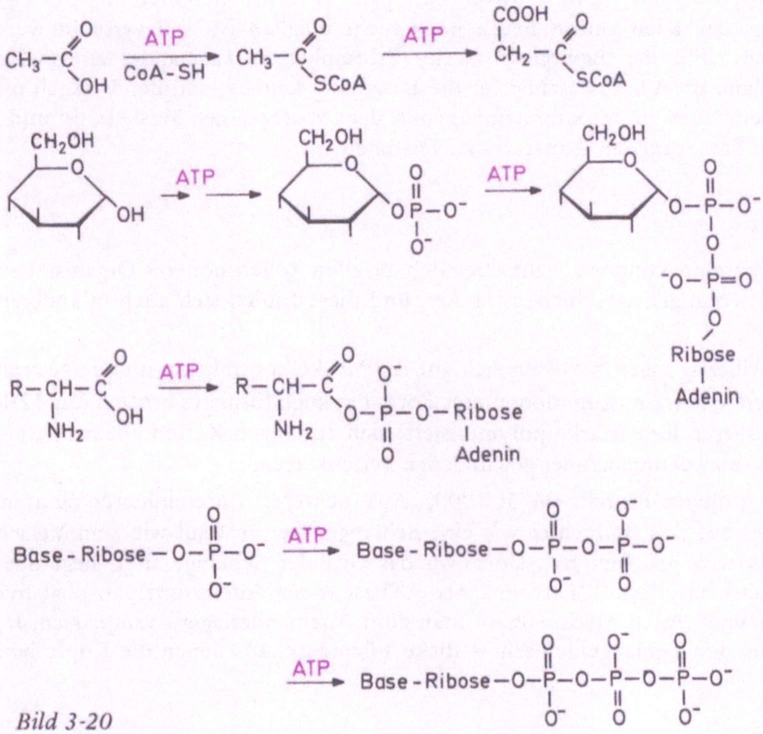

Bild 3-20

Bei der Lipidsynthese muß die Essigsäure in einen Thioester, mit Coenzym A als Thiolalkohol, überführt und dann noch carboxyliert werden. Es ist bekannt, daß ein Malonsäureester ein besseres Mittel für Esterkondensationen ist als ein Essigsäureester selbst. Wie wir später sehen, ist auch ein Thioester reaktiver als ein Sauerstoffester. Das MalonylS-CoA stellt die reaktive Spezies (A') für die Polymerisation dar.

Bei der Synthese polymerer Kohlenhydrate muß das Monomere (eine Hexose, z.B. Glucose) in ein energiereiches Phosphat und dann weiter auf die Stufe des nukleotidgebundenen Zuckers (entspricht A') gebracht werden.

Aktivierte Aminosäuren (als gemischte Anhydride) sind Substrate bei der Biosynthese der Proteine; Nukleosidtriphosphate stellen das Ausgangsmaterial beim Polymerisationsvorgang dar, der zu Nukleinsäuren führt.

Transportvorgänge zählen zu den weiteren Prozessen, für die Energie aufgewendet werden muß. Nicht selten werden durch aktiven Transport an Membranen Konzentrationsgradienten von 1 : 1000 aufgebaut.

Aber nicht nur Synthesen zählen für die Zelle zu den Aufgaben, die viel Energie — in Form von ATP — verlangen. Jede Zelle führt Bewegungen durch; besonders anschaulich wird uns dies im Falle der Muskelkontraktion vor Augen geführt.

ATP liefert die Energie für Muskelarbeit

Für das Verständnis von Muskelkontraktion und Muskelrelaxation wollen wir zuerst die Eigenschaften der beiden Proteine, die hier die Hauptrolle spielen, genauer ansehen: nämlich Myosin und Actin. Obwohl eine ganz korrekte Beschreibung des eigentlichen Vorgangs der Kontraktion heute noch nicht möglich ist, soll versucht werden, ein vereinfachtes Bild der Bewegung zweier Proteinketten zueinander zu gewinnen. Nachdem wir dann die Voraussetzung für die Bewegung kennen, soll der Versuch unternommen werden, alles im Zusammenhang mit dem Aufbau der Muskelzelle und mit dem Prinzip der Steuerung des Apparates zu verstehen.

Myosin und Actin

Diese beiden Proteine kommen wahrscheinlich in allen Zellen höherer Organismen vor; denn es gibt Bewegungen verschiedenster Art, und diese finden sich auch in anderen als den Muskelzellen.

Die folgenden Überlegungen beziehen sich auf die Muskelkontraktion im quergestreiften Muskel des Skeletts. Actin ist in monomerer Form ein kugelförmiges Protein (M_r 42000), das aber bei höherer Ionenstärke polymerisiert, sich zu langen Ketten aneinanderlagert; genauer gesagt, zu zwei umeinander gewundenen Perlenketten.

Myosin ist ein größeres Protein (M_r 500000). Aus mehreren Untereinheiten zusammengebaut, wirkt es auf den Betrachter wie eine Schlange, die ihr Maul wie zum Verschlingen einer Maus weit geöffnet hat. Dort, wo das Gift der Schlange sitzt, liegt im Fall des Myosins das katalytische Zentrum einer ATPase, eines Adenosintriphosphat hydrolysierenden Enzyms. Auch Myosin kann man zum Aneinanderlagern veranlassen. Dabei entstehen — aus den Schlangenleibern — dicke Filamente, aus denen die Köpfe herausragen.

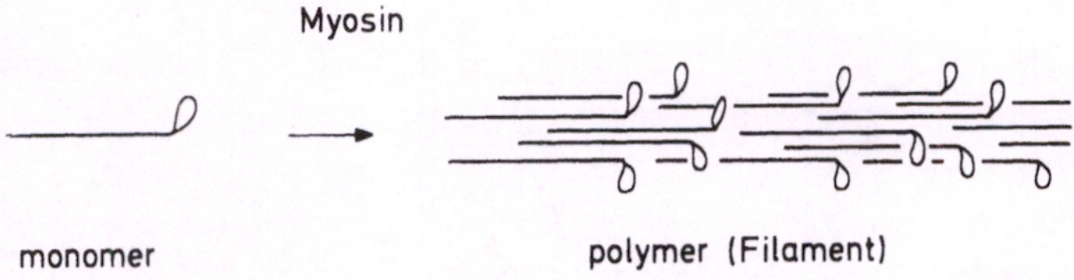

Bild 3-21: Aneinanderlagerung von Myosin

Im Reagenzglas kann man zeigen, daß beim Zusammengießen einer Actin- und einer Myosinlösung eine hochviskose Mischung entsteht, die den Komplex Actomyosin repräsentiert. ATP-Zugabe führt dazu, daß die Viskosität der Lösung wieder stark abnimmt. ATP spaltet also wieder den Komplex in Actin und Myosin. Die ATPase-Aktivität des Myosins kann durch Actin stark gesteigert werden. Actin beschleunigt dabei die Freisetzung der Produkte der Reaktion, die Ablösung von ADP und Phosphat vom aktiven Zentrum des Myosins.

Die Bewegung des dicken Myosin-Filaments relativ zum dünnen Actin-Filament

Bei dieser Bewegung wird Energie am Kopf eines jeden Myosin-Moleküls umgesetzt. Die im ATP konservierte chemische Energie wird nicht einfach durch Hydrolyse als Wärme freigegeben, sondern führt innerhalb des Proteingerüstes zu einer gespannten „energiereichen" Anordnung: Konformationsenergie wird kurzfristig aufgestaut. Das Wie kennen wir nicht; aber man könnte sich vorstellen, daß nach der Abspaltung des Phosphats sowohl ADP als auch Phosphat noch in räumlicher Nähe im Protein gebunden sind und die starken Abstoßungskräfte der beiden negativen Ladungen eine Aufweitung am Proteingerüst bewirken. Dies wäre ein vorübergehend energiereicher Zustand.

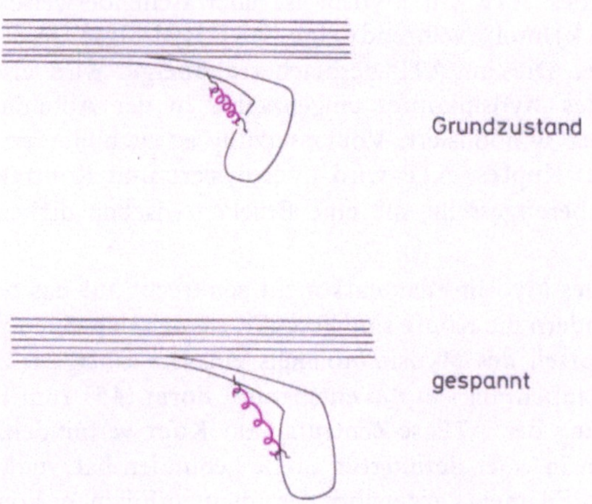

Bild 3-22: Schematische Darstellung des Überganges zum „gespannten" Zustand, in dem der Myosinkopf bis auf die 90°-Stellung deformiert wird

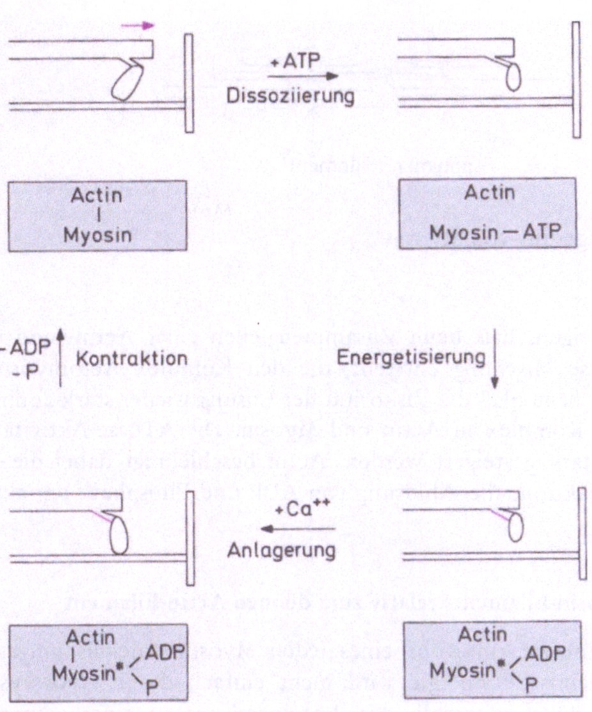

Bild 3-23: Kontakt eines Myosinkopfes mit der
darunter liegenden Actinkette

Die Bindung von ATP an Myosin ist ein exothermer Vorgang ($\Delta H = -90$ kJ/mol, $\Delta G = -70$ kJ/mol). Die Spaltung des ATP am Myosin ist überraschenderweise endotherm; und zwar mit $\Delta H = +83$ kJ/mol, während eine ATP-Hydrolyse in Lösung $\Delta H = -23$ kJ/mol freisetzen würde. Die im ATP gespeicherte Energie wird also fast vollständig für die „Spannung" des Myosinkopfes eingebracht. In der Abbildung ist dies durch eine stark gedehnte Feder symbolisiert. Voraussetzung ist auch hier die Flexibilität des Proteins im Bereich des Kopfes. ATP wird hydrolysiert und Kontraktionsenergie in der Nähe der Position bereitgestellt, die eine Brücke zwischen dickem und dünnem Filament bildet.

Im Grundzustand sind die Köpfe des Myosin-Filaments nicht senkrecht auf das benachbarte dünne Filament gerichtet, sondern die Köpfe sind gesenkt, sie nehmen einen Winkel von etwa 45° gegenüber dem Hauptteil des Myosin-Moleküls ein. Der Übergang der gespannten Form (90° zum dicken Hauptstrang) in die entspannte Form (45° zum Hauptstrang) ist somit mit einer Bewegung des ATPase-Zentrums am Kopf verbunden. Falls dieser Kopf auch gleichzeitig Actin in einer definierten Stelle gebunden hat, muß es zu einer relativen Bewegung des dicken Filaments gegenüber dem dünnen Filament kommen. Die Größe der Bewegung läßt sich unter gewissen Annahmen (z.B. daß die Energie in einem Schritt abgegeben wird) abschätzen, sie entspricht mit etwa 7 nm dem Abstand von einem Actin-Molekül zum nächsten.

Die Muskelfaser

Die Fähigkeit zur aktiven Bewegung scheint eine Grundeigenschaft lebender Zellen zu sein. Für viele Teilfunktionen der Bewegung, z.B. für die Bewegung von Organellen, Chromosomen, sowie manchmal auch für den Transport bestimmter Stoffe innerhalb der Zelle, werden Mikrotubuli verwendet. Mikrotubuli sind ein zur Bewegung befähigtes Röhrensystem, das vor allem durch Aneinanderlagerung vieler Moleküle eines globulären Proteins (Tubulin) gebildet wird.

Im Gegensatz zu diesem Bewegungssystem der Einzelzelle kennen wir das spezialisierte Gewebe, das ausschließlich für die Bewegung bestimmt ist, die Muskeln. Ein Muskel ist aus zahlreichen Bündeln von Muskelfasern aufgebaut, die ihrerseits aus vielen Myofibrillen bestehen. Innerhalb einer Myofibrille wechseln Zonen mit dicken Filamenten und Zonen, in denen die dicken Filamente in die dünnen Filamente hineinragen, einander ab.

Die gerade beschriebene Bewegung von Myosin (dickes Filament) gegenüber Actin (dünnes Filament) ist ein einzelner Prozeß innerhalb der zahlreichen Prozesse, bei denen viele Myosinköpfe sich von Actin zu Actin weiterarbeiten. Im großen Rahmen gesehen bedeutet dies: das Hineinbewegen der dicken Filamente zwischen zwei dünne.

Eine Teilaufnahme (Bild 3—24) zeigt einen Doppelvierer ohne Steuermann in einem engen Kanal. Die weitausgelegten Ruder entsprechen den herausragenden Köpfen des polymeren Myosins.

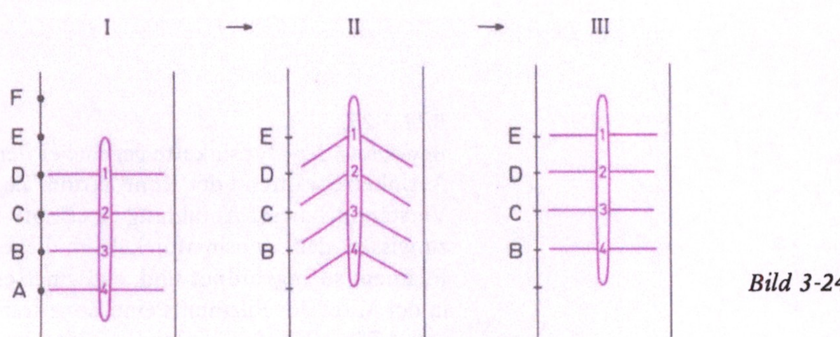

Bild 3-24

Dieser Vergleich ist natürlich nicht in jeder Hinsicht korrekt; er berücksichtigt z.B. nicht die Tatsache, daß der Myosinkopf und die Actinkette abwechselnd Bindungen eingehen und wieder lösen.

Wir wollen festhalten, daß sich die Länge der dicken und dünnen Filamente während der Muskelkontraktion nicht ändert. Während die Myosinketten nur in Kontakt mit Actinketten sind, erkennt man im Elektronenmikroskop, daß die Actinketten an einem senkrecht zu ihnen verlaufenden Band verankert sind.

Bild 3—25 soll nun in einem etwas größeren Rahmen das Eintauchen der dicken Filamente zwischen die dünnen Filamente veranschaulichen. Das Ganze zeigt gleichzeitig ein kurzes Stück einer langen Myofibrille, die ihrerseits ein Strang unter vielen Strängen einer Muskelfaser ist.

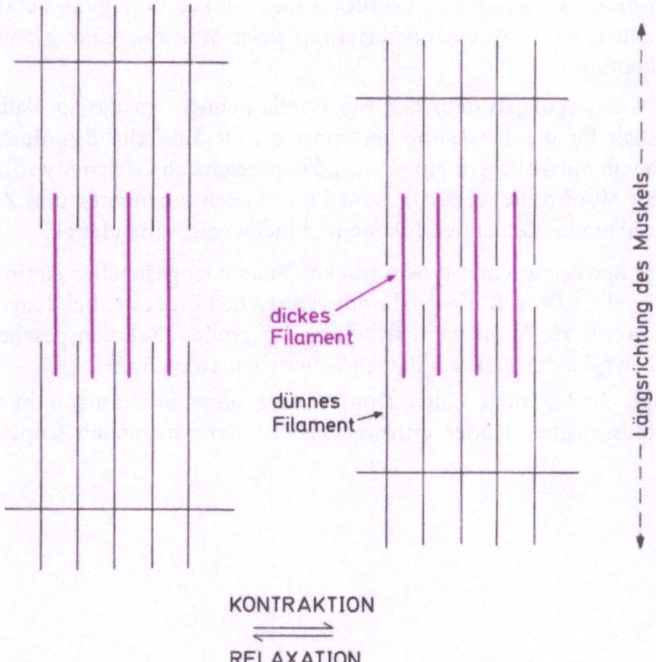

Bild 3-25:
Bewegung der Myosinkette gegenüber der Actinkette während der Kontraktion. Zum Verständnis dieser Abbildung ist es notwendig zu wissen, daß Myosin-Moleküle im dicken Filament so angeordnet sind, daß einerseits in der Mitte des Filaments eine Zone frei von ATPase-Köpfen bleibt und andererseits das Hineinziehen des Actins von beiden Enden des dicken Filaments her — von oben und von unten — geschehen kann. Dies wird im links stehenden Bild 3-26 verdeutlicht. Das dünne Actin-Filament ist rot gezeichnet.

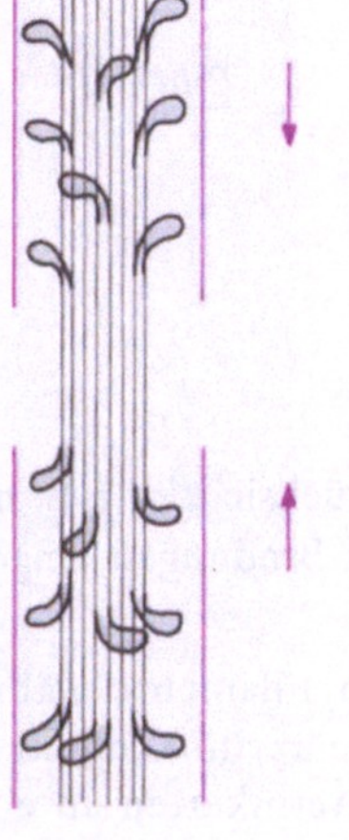

Bild 3-26

Regulation der Muskelkontraktion

Ein Nervenimpuls führt in der Muskelzelle zu einer Freisetzung von Calciumionen, die vorher in einem anderen Kompartiment der Zelle gespeichert waren. Ca^{2+} wird — nachdem es über einen komplexen Mechanismus die Kontraktion ausgelöst hat — durch eine Pumpe, ein energieabhängiges Transportsystem, wieder in das Vorratsgefäß zurückgeschafft.

In Ruhestellung sind die Actinmoleküle im dünnen Filament für das Myosin nicht zugänglich; sie sind blockiert, und zwar durch einen dünnen Faden Tropomyosin, dessen Moleküle, Kopf zu Schwanz zusammengelagert, einen langen Faden ergeben, der sich um die doppelte Helix des polymeren Actins herumlagert. Ca^{2+} wirkt aber nicht direkt auf das Tropomyosin, sondern über ein weiteres Kontrollprotein: den Troponinkomplex. Wenn Ca^{2+} von der einen Untereinheit des Komplexes gebunden wird, entfernt eine andere Untereinheit des Komplexes das bis dahin gebundene Tropomyosin. Da vorher ein Tropomyosin sieben Actinmoleküle gebunden hatte, werden mit der Entfernung des Tropomyosins sieben Moleküle Actin aktiviert. Actin wird frei und zugänglich für das Myosin, und dies ist die Voraussetzung für die Muskelkontraktion. Die Abbildung gibt einen Querschnitt wieder, senkrecht zur Actinfaser. Wir erkennen die zwei Actinmoleküle aus beiden Strängen, das Tropomyosin und den Troponinkomplex, die in der Ruhephase den Zutritt des Myosins verhindern.

Bild 3-27

Die Beispiele sollten zeigen, daß ATP als Triebkraft für alle Bewegungen und als Reagens für Synthesen unumgänglich ist. Darüber hinaus erlaubt sich die Zelle, wichtige Syntheseschritte über energieaufwendige, zusätzliche Stufen zu führen, mit dem Vorteil, den Vorgang besser regeln und kontrollieren zu können.

Beträchtliche Energiemengen in Form von ATP werden in bestimmten Zellen (Nerven, Muskel) für den Betrieb der Ionenpumpen (→ S. 85) benötigt.

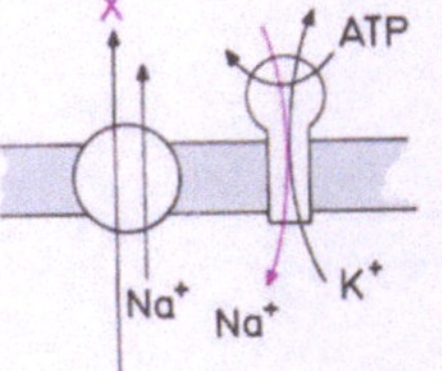

Elektrogenes Pumpen von H⁺
gerichteter Elektronentransport führt zu H⁺-Translokation
H⁺-Gradient verwendet für ATP-Synthese
ATP
ET
H⁺   H⁺

ATP-verbrauchende Pumpe ⟶ Ionengradient

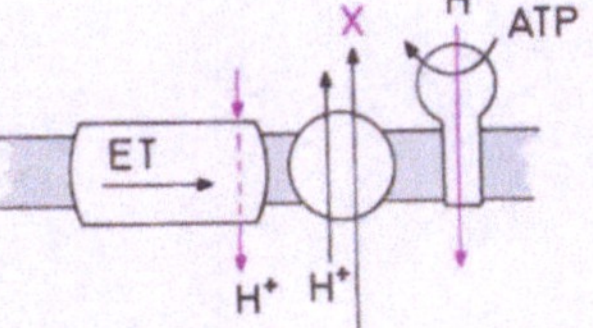

H⁺-Gradient (Prokaryont)
Na⁺-Gradient (Eukaryont)
Transport (Symport)
von Nährstoffen
X   H⁺   ATP
ET
H⁺   H⁺
X   ATP
Na⁺   Na⁺   K⁺

Kapitel 4

Aufbau und Konservierung von chemischer Energie in Form von Adenosintriphosphat

Die Erzeugung von schnell wieder verfügbarer Energie, chemisch konserviert, erfolgt in biologischen Systemen durch den Prozeß

$$\text{Adenosin-diphosphat} \quad + \quad \text{anorganisches Phosphat} \quad \rightarrow \quad \text{Adenosintriphosphat}$$

Daß im ATP in dieser Weise hohe Energie gespeichert wurde, wird sichtbar, wenn wir ATP zu ADP + P_i hydrolysieren. Dabei wird viel Wärme freigesetzt; dies entspricht einem hohen negativen ΔG.

Der Vorgang der ATP-Synthese findet an Membranen statt: a) an der inneren Mitochondrienmembran und b) am Membransystem der Chloroplasten, den sogenannten Thylakoiden. Getrieben wird der stark endergone Prozeß der ATP-Synthese durch eine Elektronentransportkette (ET-Kette). Diese verwendet energiereiche, reduzierte Verbindungen und steuert den für die optimale Energiekonservierung günstigen Verlauf derartig, daß beim ET nur kleine Energiepakete in Stufenprozessen abgegeben werden. ET-Ketten sind die Voraussetzung für Aufbau und Konservierung biologisch schnell verfügbarer chemischer Energie, nämlich in Form von ATP. Wir wollen den Gesamtprozeß formal zerlegen:

a) ein gerichteter ET in der Membran führt zu einem pH-Gradienten zwischen den Räumen, die durch die Membran getrennt sind; und

b) der pH-Gradient ist verwendbar für die ATP-Synthese.

Komponenten der ET-Kette, Prinzip des Transfers von Redoxäquivalenten

Am Elektronentransport nehmen Komponenten teil, die an oder in einer Membran so angeordnet sind, daß Elektronen von einer Komponente zur nächsten — entlang eines Potentialgefälles — fließen können. Die Komponenten selbst beteiligen sich in ihrer Funktion als Redoxpaar, sie können je nach Elektronenangebot in reduzierter oder bei Elektronenabzug in oxidierter Form vorliegen. Das Prinzip

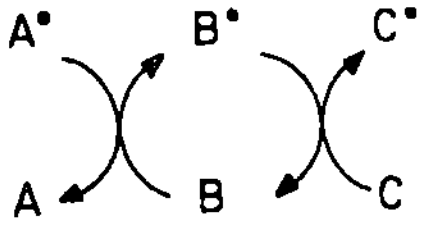

Bild 4-1

soll andeuten, daß Elektronen von A (A in reduzierter Form) auf B übertragen werden, wodurch A selbst in die oxidierte Form und B in die reduzierte Form gebracht wird. In ähnlicher Weise reduziert B_{red} die Form C_{ox}, wobei B_{ox} und C_{red} produziert werden. Voraussetzung dafür, daß es zu einem stark gerichteten Fluß der Elektronen von A nach C kommt, ist die Lage der Gleichgewichte innerhalb der Redoxpaare A_{red}/A_{ox} sowie B_{red}/B_{ox} und C_{red}/C_{ox}.

Stellt sich z.B. zwischen A_{red} und A_{ox} ein Gleichgewicht erst dann ein, wenn sich vom gesamten A bereits 90 % in der oxidierten Form befinden, dann wird verständlich, daß ein von außen erst einmal reduziertes A so lange Elektronen abzugeben sucht, bis A_{ox} innerhalb des Redoxpaares A_{ox}/A_{red} im Verhältnis 10:1 dominiert. Dieser Prozeß kann aber nur ablaufen, wenn ein zweites Redoxpaar mitspielt, das die von A abgegebenen Elektronen aufnimmt und dessen Gleichgewicht (B_{red}/B_{ox}) auf der Seite der reduzierten Form liegt. Ein Redoxpaar, das bereit ist, Elektronen aufzunehmen, also eine Elektronenaffinität besitzt, übt einen Elektronensog aus, während A_{red}/A_{ox} — solange es vom Gleichgewicht entfernt ist — einen Elektronendruck bewirkt.

Wie stark der Elektronendruck ist, den ein Redoxpaar gegenüber einem anderen Redoxpaar produziert, hängt zuerst einmal vom Unterschied ihrer Normalpotentiale ab. Das Normalpotential (E_0), eine Standardgröße, bei der die beiden Formen des Redoxpaares (also A_{ox} und A_{red}) mit der Konzentration c = 1 molar eingehen, ist ein Maß für die Reduktionskraft des Redoxpaares. Ein hohes negatives Potential ist gleichbedeutend mit einem starken Elektronendruck und damit hoher Reduktionskraft. Das tatsächliche Potential wird aber erst mit dem Heranziehen eines zusätzlichen Terms beschrieben, womit auch die tatsächlichen Konzentrationen an A_{ox} und A_{red} eingehen.

Das elektrochemische Potential eines Redoxpaares setzt sich somit zusammen aus:

$$E = E_0 + \frac{RT}{nF} \ln \frac{c_{ox}}{c_{red}} \tag{4-1}$$

n = Zahl der Elektronen, die übertragen werden;
F = Faraday-Konstante; R = Gaskonstante; T = absolute Temperatur.

Wenn nun das zweite Redoxpaar (B_{red}/B_{ox}), das die Elektronen aufzunehmen bereit ist, ein wesentlich weniger negatives (= positiveres) Redoxpotential besitzt, stellt die Potentialdifferenz (Spannung) zwischen dem ersten Redoxpaar (A_{red}/A_{ox}) und dem zweiten Redoxpaar (B_{red}/B_{ox}) einen hohen Wert dar. Die Reaktion besitzt dann eine besonders hohe Triebkraft (elektromotorische Kraft ΔE_0), was gleichbedeutend mit einem hohen negativen ΔG der Gesamtreaktion ist.

$$E_2 - E_1 = \Delta E = -\frac{1}{nF} \cdot \Delta G \qquad G_0 = -n.F.E_0 \tag{4-2}$$

Auf der Basis ihrer E_0-Werte (also bei Standardkonzentrationen, c = 1) lassen sich die Redoxpaare auf einer Skala anordnen. Die folgende Tabelle enthält aber nicht die E_0-Werte selbst, sondern sogenannte E_0'-Werte. Diese sind um 420 mV in Richtung negativer Potentiale verschoben und ergeben sich ausschließlich dadurch, daß nicht pH = 0 ($c_{H^+} = 1$), sondern der physiologische pH = 7, für die Definition des Bezugspunktes, des Potentials der Wasserstoffelektrode ($H_2/2H^+$), herangezogen wird.

Redoxpaar	E_0' (mV)
Zn/Zn^{++}	-1180
$Ferredoxin_{red}/Ferredoxin_{ox}$	$- 430$
$H_2/2H^+$	$- 420$
$NADH + H^+/NAD^+$	$- 320$
Hydrochinon/Chinon	$+ 100$
Cytochrom c_{red}/Cytochrom c_{ox}	$+ 250$
Fe^{2+}/Fe^{3+}	$+ 770$
$H_2O/\frac{1}{2}O_2$	$+ 810$

Im Falle von ET-Ketten in biologischen Membranen ist eine von außen an die Membran herantransportierte reduzierte Verbindung mit hohem negativem Redoxpotential verantwortlich dafür, daß die erste Komponente der Kette (A in unserem Beispiel) immer wieder reduziert wird. Dieses Redoxäquivalent, das die ET-Kette am Laufen hält, kann durch Abbau organischer Verbindungen bereitgestellt oder aber durch photochemische Prozesse an der Membran selbst erzeugt werden.

Der Elektronenfluß von $A \rightarrow B \rightarrow C$ in der Membran ist nun nicht Selbstzweck, sondern Teil einer Maschinerie, welche die beim ET bereitgestellte Energie konserviert und letztlich für die ATP-Bildung zur Verfügung hält.

Wieviel Energie zur Verfügung steht, wenn Elektronen von A nach B überfließen, und ob diese Energie ausreicht, um den stark endergonen Prozeß der ATP-Bildung zu treiben, ersehen wir aus der folgenden Abschätzung.

ATP-Bildung (aus $ADP + P_i$) benötigt: $\Delta G_0'$ (bei pH 7) = 34 kJ/mol. Auf die Redoxskala übertragen, bedeutet dies einen Potentialsprung für den Übergang von einem Elektron (n = 1) von

$$-\Delta G_0' = nF\Delta E_0' = 96 \cdot n \cdot \Delta E_0' \qquad \Delta E_0' = -\frac{\Delta G_0'}{96 \cdot 1} = 0,35 \, V \qquad (4-3)$$

Das heißt, daß die Übertragung eines Elektrons von einer Verbindung A auf die Verbindung B dann ausreichen würde, 1 ATP zu bilden, wenn die Normalpotentiale der beiden Verbindungen mindestens 350 mV auseinanderlägen.

Bei der Atmungskette liegen zwischen dem Potential des ersten Redoxpaares ($NADH/NAD^+$, $E_0' = -320$ mV) und dem Potential des letzten Redoxpaares ($1/2 \, O_2/O^{2-}$, $E_0' = +810$ mV) 1130 mV. Es ist ferner in den folgenden Überlegungen daran zu erinnern, daß nicht 1 Elektron, sondern 4 Elektronen die Kette durchfließen müssen, um zuletzt $1 \, O_2$ zu $2 \, H_2O$ zu reduzieren.

Bisher haben wir in abstrakten Formen von Redoxpaaren gesprochen (z. B. A_{red}/A_{ox}). Um die reale Situation anschaulich zu machen, zeigt das folgende Schema einen Ausschnitt aus der ET-Kette der Mitochondrien.

Dabei dürfen wir im ersten Teil der ET-Kette der Mitochondrien nicht explizit von Elektronenübergängen sprechen, sondern allgemein von Übertragung von Redoxäquivalenten. Die hier gezeichnete erste Komponente ist nicht Teil der an der Membran aufgereihten Kette, sondern eine lösliche Verbindung. Sie schafft die Elektronen aus dem Bereich der in Lösung ablaufenden Reaktionen heran und überträgt sie auf die immobilisierte Kette an der Membran. **NADH** gibt formal ein Hydridion ab (H^- ist äquivalent mit $H^+ + 2e$).

Bild 4-2

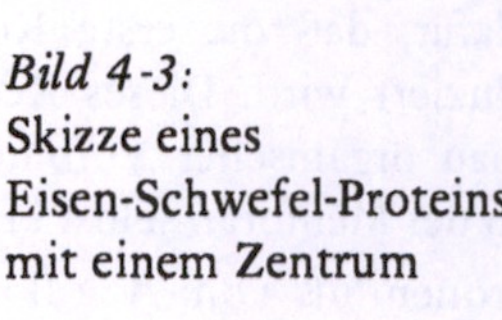

Bild 4-3:
Skizze eines
Eisen-Schwefel-Proteins
mit einem Zentrum

Ein **Flavin** übernimmt die Redoxäquivalente, und unter Mitwirkung eines Fe-S-Proteins, über dessen Beteiligung am Transfer wir noch wenig wissen, landen die Elektronen und H^+ auf einem weiteren Redoxsystem. Akzeptor ist ein **Benzochinon**. Durch dessen Reduktion entsteht ein Hydrochinon. Das Redoxgleichgewicht zwischen Chinon und Hydrochinon und die Rolle der Protonen werden wie folgt formuliert:

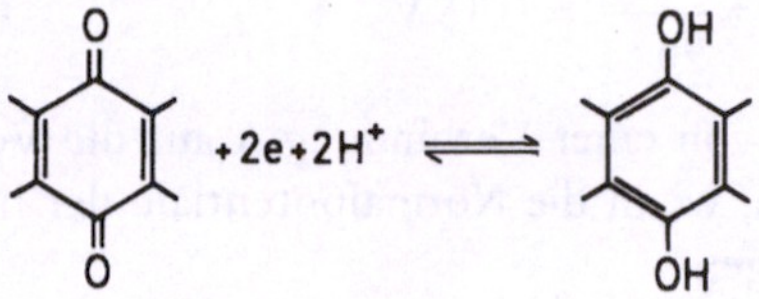

Bild 4-4

In ET-Ketten finden sich vor allem Benzochinone, wie Ubichinon in Mitochondrien und Plastochinon in Thylakoiden, aber auch Naphthochinone (Vitamin K).
Schließlich sei mit **Cytochrom c** ein Chromoprotein mit einem Porphyringerüst angeführt.

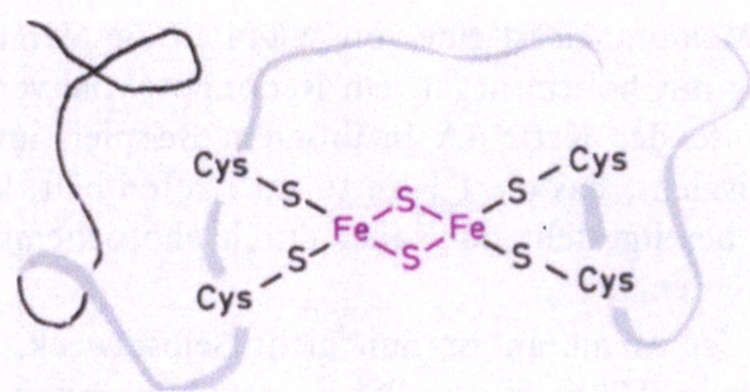

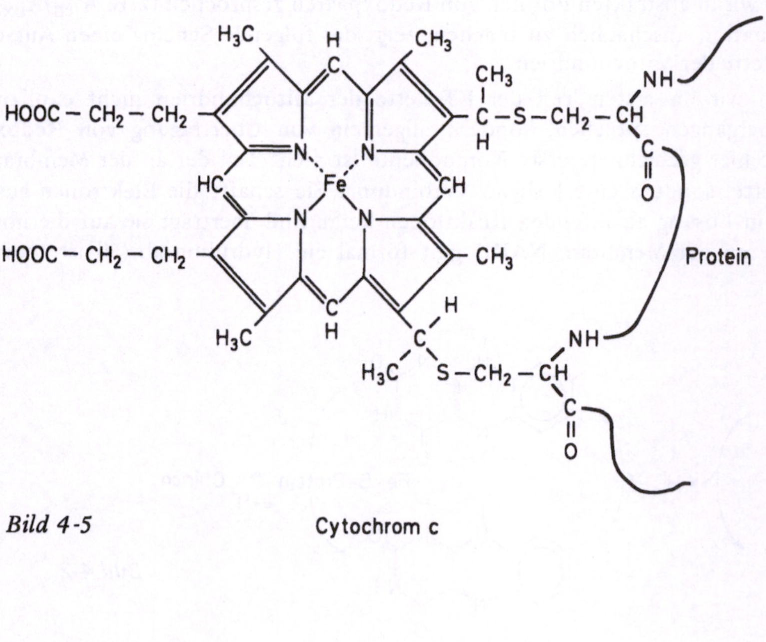

Bild 4-5   Cytochrom c

Der gerichtete Elektronentransport in einer Membran führt zum Aufbau eines Protonengradienten an dieser Membran

Nicht mehr nur die Komponenten selbst, sondern auch ihre Anordnung innerhalb der Membran, müssen wir in den Vordergrund stellen, wenn wir nun die Entstehung — und später die Verwendung — des Protonengradienten verstehen wollen. Wir müssen die beiden Reaktionsräume betrachten, die durch die Membran voneinander getrennt sind. Die Membran sehen wir als impermeabel für Protonen an. In der Folge sprechen wir von außen und innen bzw. von Raum A und Raum B. „Innen" bezeichnet im besonderen Fall, nämlich bei der Mitochondrienmembran, den Matrixraum der Organellen, „außen" den dem Cytoplasma zugewendeten Bereich. Das Prinzip des gerichteten ET liegt darin, daß Elektronen, entsprechend dem Potential der räumlich aneinandergelagerten Komponenten, vom hohen negativen Teil zum positiven Ende der Kette fließen. Weil aber die Komponenten der ET-Kette auf verschiedenen Seiten der Membran liegen, ist es nicht verwunderlich, daß Elektronen im Verlaufe dieses Flusses von einer Seite der Membran zur anderen gelangen.

Wie könnte ein Protonengradient und — was identisch mit dieser Fragestellung ist — wie könnte eine pH-Differenz zwischen den beiden Räumen zustandekommen?

Teil I des nachfolgenden Bildes zeigt eine **Schleife** (loop). Hier fließen Elektronen von der A-Seite (Donor a) auf die B-Seite und anschließend wieder zurück zur A-Seite. Die Elektronen kehren somit wieder auf die Seite zurück, auf der der Fluß begonnen hat: sie beschreiben eine Schleife. H^+ wird über diesen Mechanismus von innen nach außen transportiert, wenn Elektronen beim ersten Teil der Schleife H^+ mitziehen, beim zweiten Teil aber nicht.

Dieses Bild (Teil I) gilt vorerst für die mitochondriale Membran. Wenn wir aber Innen- und Außenseite vertauschen und als Elektronendonor einen in der Membran ablaufenden Prozeß annehmen (Donor b), wird das Prinzip auch auf den ET in den Thylakoiden der Chloroplasten anwendbar. Die Ladungstrennung durch das PS II beliefert — wie wir später sehen werden — den loop von der Membran her mit Elektronen.

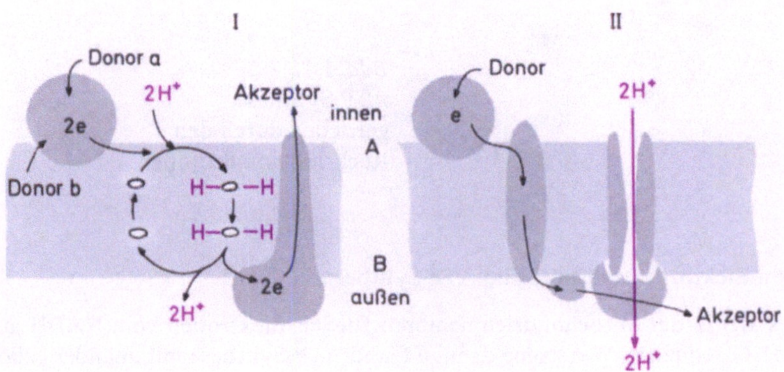

Bild 4-6: Gegenüberstellung zweier Möglichkeiten, wie Protonen im Verlaufe des ET durch die Membran gelangen können

Teil II deutet schematisch an, daß Elektronen beim Fluß über Proteine, die die Membran durchspannen, an der Außenseite ein Protein erreichen, das als H^+-**Pumpe** funktioniert. Die Elektronen müssen genügend Energie mitbringen, um das Protein in seiner Konfiguration so modifizieren zu können, daß es ein Tor bildet und damit nicht nur den Fluß von H^+ (innen → außen) erlaubt, sondern diesen Prozeß auch noch treibt. Wir implizieren, daß im Prinzip das Redoxpotential der Elektronen geeignet ist, von diesem sicher sehr kompliziert aufgebauten Protein aufgenommen zu werden; mit dem Resultat, daß H^+ gepumpt wird.

Wir fassen zusammen: Chemische Energie wird zum Transport von H^+ und damit zum Aufbau eines Konzentrationsgradienten (= Energiekonservierung) verwendet. Die Maschinerie dazu ist ein gerichteter ET. Die Frage, ob H^+ über eine Elektronenschleife durch die Membran gebracht wird oder ob ein Transmembranprotein (z.B. Cytochrom-Oxidase) als eine durch Elektronenfluß getriebene Protonenpumpe arbeitet, ist vorerst noch offen.

Chemisches Potential — konserviert im pH-Gradienten — ist die treibende Kraft für die ATP-Synthese

Das für die ATP-Synthese verantwortliche Enzymsystem, die in der Membran verankerte ATP-Synthase, ist aus mehreren Untereinheiten zusammengesetzt, die mit verschiedenen Aufgaben betraut sind. Darunter finden wir auch hydrophobe Peptide (F_0), die die Membran durchspannen und einen Kanal bilden, durch den Protonen fließen können. Der Rückfluß der Protonen von außen nach innen läuft parallel zum Potentialgefälle. Getrieben durch das chemische Potential des H^+-Gradienten, kann durch das Enzym selbst — in einem noch unbekannten Mechanismus — chemische Energie als Konformations-Spannungsenergie gespeichert werden. Der Abbau der Spannungsenergie ist gekoppelt mit der Phosphorylierung von ADP zu ATP.

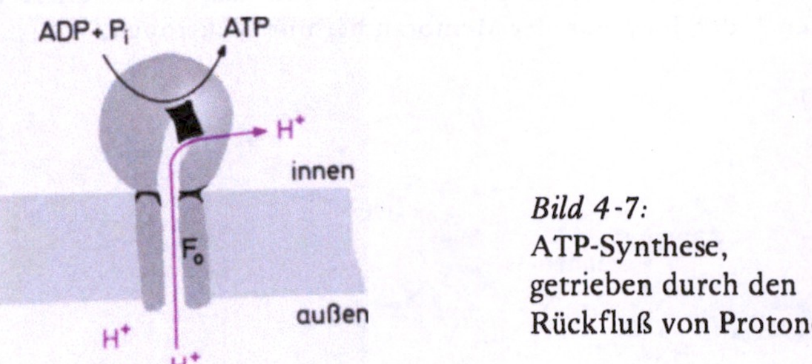

Bild 4-7:
ATP-Synthese,
getrieben durch den
Rückfluß von Protonen

Kopplung von Elektronentransport und ATP-Synthese

Während des ET in der Mitochondrienmembran fließen Elektronen vom NADH auf O_2. O_2 wird zu H_2O reduziert. Wie streng dabei ET und ATP-Synthese miteinander gekoppelt sind, soll das folgende Experiment deutlich machen. Wenn zu Mitochondrien ein Reduktionsmittel gegeben wird (I) — dies ist gleichbedeutend mit einem Einfüttern von Redoxäquivalenten in die ET-Kette — , ist nur eine schwache Reaktion feststellbar (I nach II); die Elektronen fließen nur in geringem Maße zum Sauerstoff, der damit aus dem Reaktionsmedium entfernt wird. Erst wenn — bei II — auch noch die Substrate für die ATP-

Synthese, nämlich ADP und Phosphat, zugegeben werden, läuft der gesamte Prozeß mit der erwarteten Geschwindigkeit ab: O_2 wird verbraucht. Es gibt Chemikalien, die eine Kopplung zwischen ET und ATP-Synthese aufheben; bei Zugabe dieser Entkoppler läuft der ET und damit die O_2-Reduktion bereits in Abwesenheit von ADP und Phosphat ab (rote Linie bei I).

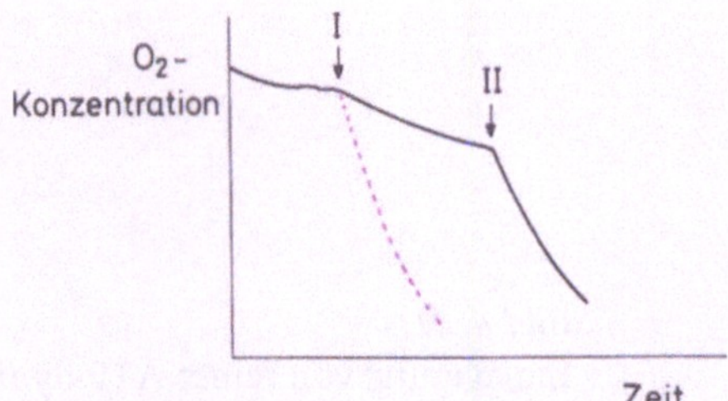

Bild 4-8:
Kopplung und
Entkopplung des ET von
der ATP-Synthese

Da die Mitochondrieninnenmembran zahlreiche Komponenten enthält und eine Vielzahl von Reaktionen abläuft, war es an diesem System lange Zeit kaum möglich, die Kopplung des ET mit der ATP-Synthese über den Mechanismus der Bildung und der Verwendung eines pH-Gradienten zu beweisen. Elegant kann man dies aber demonstrieren, indem man ein reines System, das einen pH-Gradienten aufbauen kann, sowie eine homogene ATP-Synthase gemeinsam in künstliche Lipidvesikel einbaut.

Das Agens dazu ist ein Protein mit einer chromophoren Gruppe, das **Bakteriorhodopsin**, das aus der Zellmembran eines photosynthetisierenden Bakteriums (halophiles Archebacterium) gewonnen werden kann. Dort wirkt dieses Chromoprotein als eine Protonenpumpe mit der Aufgabe, einen genügend hohen Protonengradienten für den aktiven Transport von Ionen aufzubauen.

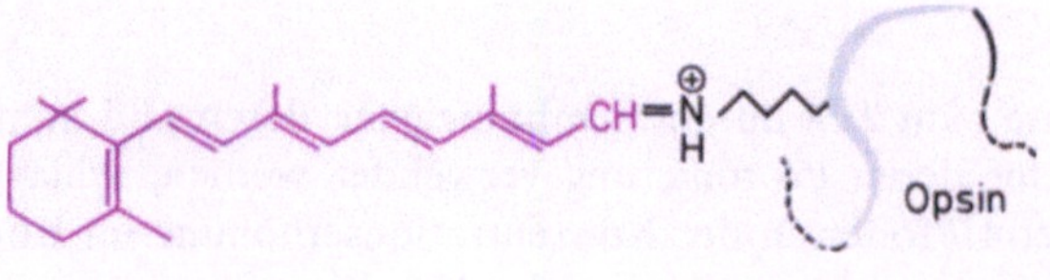

Bild 4-9:
Bakteriorhodopsin

Der Mechanismus des Pumpens von Protonen von einer Seite der Membran zur anderen kann durch Protonierung und Deprotonierung des Stickstoffs des Bakteriorhodopsins erreicht werden, wie das nächste Bild zeigt.

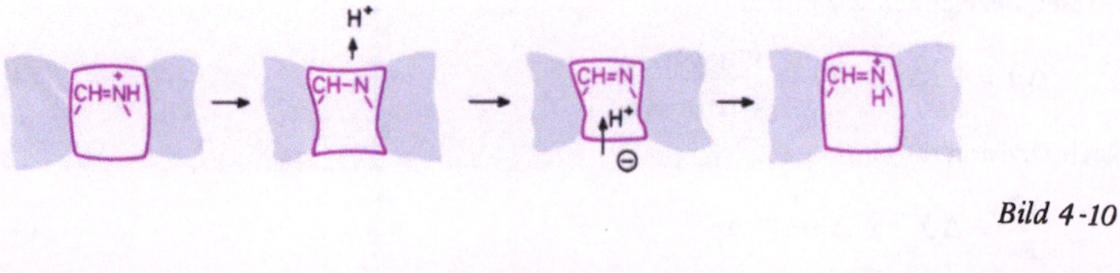

Bild 4-10

Dieses System — es besteht nur aus einem Protein — ist besonders einfach und übersichtlich und kann für die Erzeugung des Protonengradienten als Beispiel herangezogen werden.

Das nächste Bild zeigt nun unser Demonstrationsobjekt, ein künstliches System: Bakteriorhodopsin wurde integriert in eine Membran, die auch noch ATP-Synthase enthält. Mit diesem System ist es möglich, durch Licht einen Protonengradienten aufzubauen und gleichzeitig die Synthese von ATP aus ADP + Phosphat nachzuweisen.

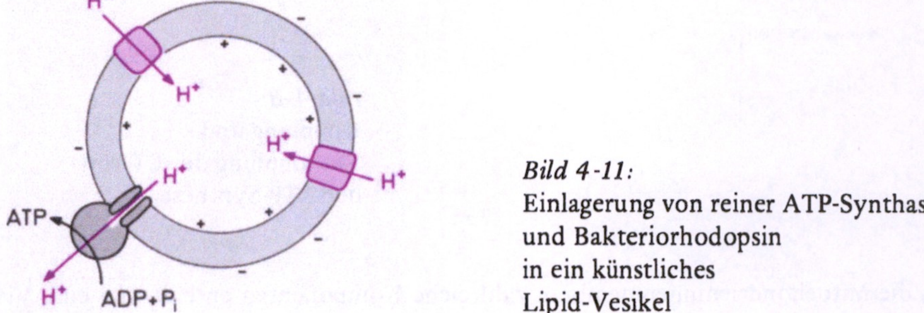

Bild 4-11:
Einlagerung von reiner ATP-Synthase
und Bakteriorhodopsin
in ein künstliches
Lipid-Vesikel

Daß wir mit einem pH-Gradienten allein die Potentialdifferenz an der Membran nicht vollständig beschreiben können, sollen uns die nächsten Überlegungen klarmachen. Wir könnten uns vorstellen, daß alle H^+, die durch den gerichteten ET in der Membran auf eine Seite der Membran (= B-Seite) geschafft wurden, über diesen Reaktionsraum, dieses Kompartiment, gleichmäßig verteilt wären. Die Potentialdifferenz ΔE an der Membran zwischen A- und B-Seite wäre nur abhängig von der Konzentration an H^+ innen bzw. außen.

$$\Delta E = \frac{RT}{F} \cdot \ln \frac{(c_{H^+})_{\text{A-Seite}}}{(c_{H^+})_{\text{B-Seite}}} \tag{4–5}$$

Da aber Protonen auf der B-Seite zum Teil durch membraneigene Basen und immobilisierte Anionen abgefangen und für deren Protonierung verwendet werden, schlägt sich nur noch ein Teil der Menge der H^+-Ionen in der Konzentrationserhöhung im Kompartiment B selbst nieder. Die Protonierung der Innenseite der Membran führt aber zwangsläufig zu einer elektrischen Potentialdifferenz an der Membran zwischen der nach A gerichteten Seite und der nach B gerichteten Seite. Das Grundpotential setzt sich deshalb nicht nur aus dem eigentlichen chemischen Potential μ zusammen, sondern aus der Summe μ plus dem elektrischen Membranpotential ψ. Die Summe aus diesen beiden Größen bezeichnen wir mit $\tilde{\mu}$.

$$\Delta\tilde{\mu} = F \cdot \Delta\psi + RT \ln \frac{(c_{H^+})_{\text{A-Seite}}}{(c_{H^+})_{\text{B-Seite}}} \tag{4–6}$$

Nach Division durch F:

$$\frac{\Delta\tilde{\mu}}{F} = \Delta\psi - z \cdot \Delta pH \equiv \Delta p \tag{4–7}$$

Diese neue Größe (Δp) wird als **protonmotorische Kraft** bezeichnet. Ein Membranpotential von $\Delta\psi = 177\,mV$ wäre äquivalent einem pH-Unterschied von 3 Einheiten (z = 60 mV).

Bisher sind wir von dem Bild ausgegangen, daß man zwei Gleichgewichtssituationen nebeneinander stellen darf: Einmal die Konzentrierung der Protonen auf der B-Seite, wobei sich die Protonen im gesamten Kompartiment verteilen können; zum anderen, abgekoppelt davon, eine ATP-Synthese, die je nach Verfügbarkeit an ADP und P_i den vorhandenen Protonengradienten für die Synthese ausnützt. Falls wir aber die beiden Prozesse in räumlicher Nähe sehen und annehmen, daß die ATP-Synthese sehr rasch die überschüssigen Protonen abfängt, ergibt sich das Bild eines durch die Geschwindigkeiten der Teilprozesse gesteuerten Vorganges. Bei dem hier als realistisch angenommenen Fließgleichgewicht stehen nur noch Teile der nach außen transportierten Protonen auf der B-Seite im Kompartiment zur Verfügung. Viele Protonen werden vielmehr über Mikrokompartimente — Protonen-bindende Bereiche an der Membran — wie über geheime Kanäle gleich zur ATP-Synthese weitergereicht. Dieses Bild dürfte die Wirklichkeit bei einer voll arbeitenden, an den ET gekoppelten ATP-Synthese am besten beschreiben.

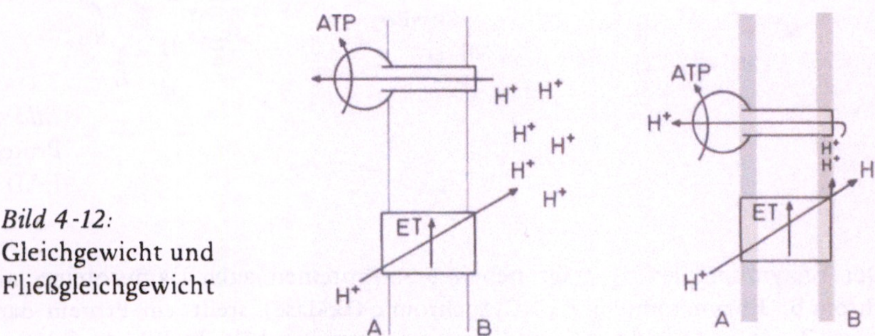

Bild 4-12:
Gleichgewicht und
Fließgleichgewicht

Spezielle Elektronentransportketten

In einer ET-Kette erfolgt ein gerichteter Transport der Elektronen von Redoxpaar zu Redoxpaar; die Richtung dieses Flusses ist durch ein von außen aufrecht gehaltenes Fließgleichgewicht gegeben. Dabei spielen auch die Normalpotentiale der Komponenten eine Rolle; denn in der ET-Kette sind die Komponenten nach fallenden Normalpotentialen, nach abnehmendem Elektronendruck, angeordnet.

Die mitochondrialen ET-Ketten, nach den Normalpotentialen geordnet:

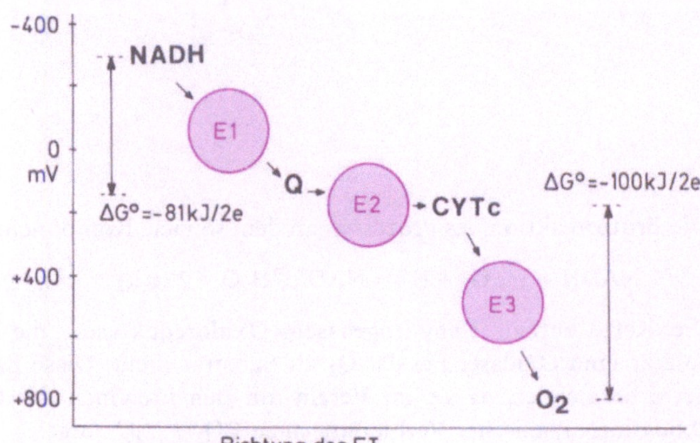

Bild 4-13

Die Elektronen durchlaufen auf dem Weg von NADH zum O_2 zwei Zwischensubstrate: Coenzym Q (= Ubichinon) und Cytochrom c. Der Elektronentransfer zwischen diesen Substraten läuft mit Hilfe komplizierter Proteinkomplexe (hier E_1, E_2, E_3) ab, die ihrerseits Redoxreaktionen eingehen.

Enzymkomplex E_1 enthält ein Flavin-Adenin-Dinukleotid (FAD), das kovalent an das Protein gebunden ist, sowie Fe-S-Proteine.

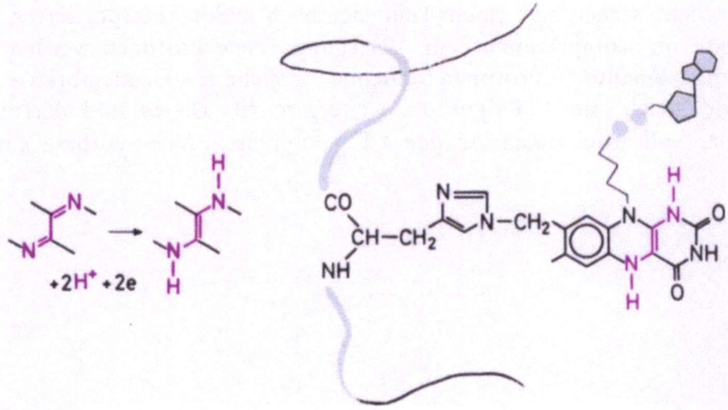

Bild 4-14: Proteingebundenes FAD

Der Enzymkomplex E_2 trägt neben Fe-S-Proteinen auch Hämproteine, nämlich Cytochrom b. Enzymkomplex E_3 (Cytochrom c-Oxidase) stellt ein Protein dar, das im aktiven Zentrum Cytochrom a und Kupferproteine enthält. In Bild 4—6, II ist Cytochrom-Oxidase als Protonenpumpe dargestellt.

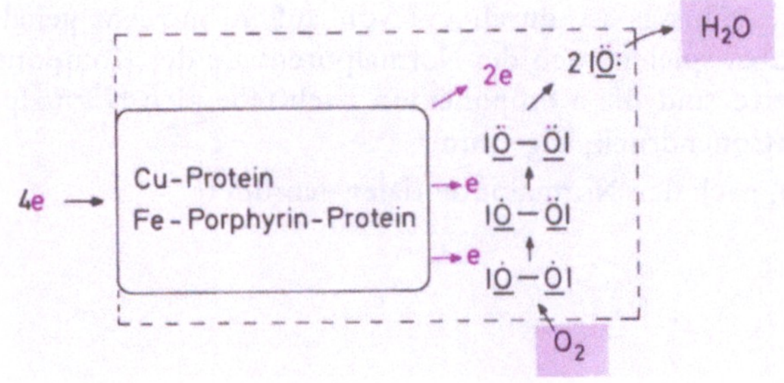

Bild 4-15: Reduktion von O_2 zu H_2O über verschiedene Sauerstoff-Spezies, die alle am Protein gebunden bleiben

Die Bruttoreaktion des Prozesses, an dem so viele Komponenten teilnehmen, lautet:

$$NADH + 1/2\,O_2 + H^+ = NAD^+ + H_2O + 220\,kJ$$

Die Kette enthält Dehydrogenasen, Oxidoreduktasen, die Elektronen übertragen, und zuletzt eine Oxidase, bei der O_2 als Substrat dient. Diese Kette wird auch als Atmungskette bezeichnet, da sie im Verein mit den Enzymen des Citronensäure-Zyklus für die Oxidation organischer Verbindungen zu $CO_2 + H_2O$ sorgt.

Bei dem lichtgetriebenen **ET in der Thylakoidmembran** werden im Zuge des Überganges von Plastochinon zu Cytochrom f (dem Cytochrom c ähnlich) ebenfalls Protonen gepumpt, so daß auch hier der resultierende Protonengradient für die ATP-Synthese ausgenützt werden kann. Unabhängig davon stellt der thylakoidale ET Elektronen auf sehr hohem negativem Niveau zur Verfügung. Diese Elektronen werden vor allem für die Reduktion von $NADP^+$ verwendet.

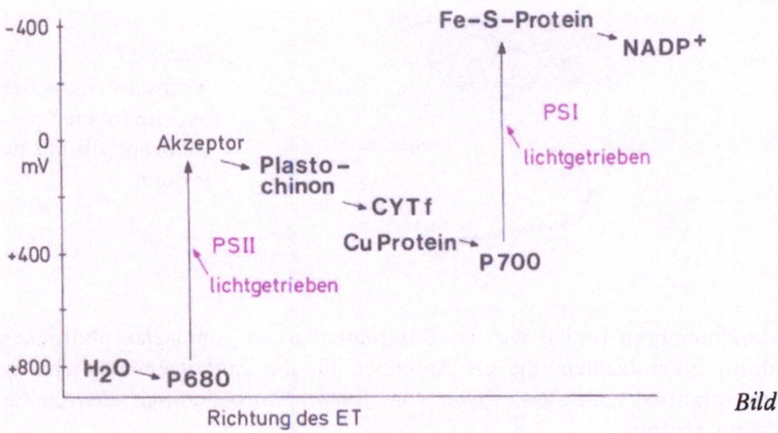

Bild 4-16

Die Bruttoreaktion für die durch Licht getriebene Entwicklung von O_2 und die Bildung von NADPH lautet:

$$H_2O = 2\,H^+ + 1/2\,O_2$$
$$NADP^+ + 2\,H^+ + 2\,e = NADPH + H^+$$
$$\overline{H_2O + NADP^+ = 1/2\,O_2 + NADPH + H^+}$$

Die thylakoidale ET-Kette enthält mehrere große, in der Membran verankerte Proteinkomplexe, so ein Manganprotein, das für die Spaltung des Wassers verantwortlich ist. Die dabei freigesetzten Elektronen werden durch einen photochemischen Prozeß auf einen Akzeptor und weiter auf Plastochinon übertragen. Dieses Chinon entspricht dem Ubichinon der Mitochondrienmembran. Die aus dem Wasser stammenden Elektronen werden später ein zweites Mal durch einen lichtgetriebenen Prozeß auf ein sehr negatives Niveau der Redoxskala gehoben. Auf diesem Niveau — in Form eines reduzierten Fe-S-Proteins — wären die Elektronen bereits in der Lage, $2\,H^+$ (aus Wasser) zu H_2 zu reduzieren; wir befinden uns hier auf einem Potential, das negativer als das Normalpotential der Wasserstoffelektrode ist. Die Elektronen fließen in der Folge über ein zweites Fe-S-Protein (Ferredoxin) und unter Katalyse eines Flavoproteins auf $NADP^+$.

Die beiden Photosysteme, mit PS I und PS II symbolisiert, lassen sich als lichtgetriebene Elektronenpumpen auffassen; sie arbeiten in zwei verschiedenen Bereichen der Spannungsreihe.

P 700, das Reaktionszentrum von Photosystem I, ist ein Chlorophyllprotein mit einer sehr speziellen Umgebung für den Porphyrinring. Diese Tatsache ist für eine Verschiebung der Absorptionsbanden zu niedriger Energie verantwortlich.

Einen Eindruck über die Struktur eines Chlorophylls soll die schematische Zeichnung vermitteln.

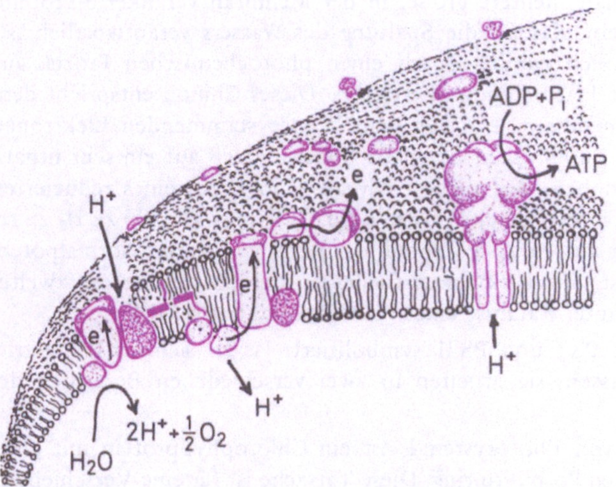

Bild 4-17:
Wechselwirkung des hydrophoben Teils des Chlorophylls mit dem Protein

In der Thylakoidmembran finden wir das Zusammenwirken von *vielen* photochemisch inaktiven Chlorophyllmolekülen, die als Antennen für das Einfangen möglichst großer Energiemengen verantwortlich sind, sowie von *einem* photochemisch aktiven Chlorophyll im Reaktionszentrum.

Im Falle der ET-Kette der Thylakoide besteht die interessante Möglichkeit, ohne Aufnahme oder Abgabe von Elektronen, über einen zyklischen Prozeß, Elektronen zu pumpen. Licht allein ist dabei die eingespeiste Energie; ein Protonengradient und ATP-Synthese sind das Resultat. Für diesen Prozeß, zyklische Photophosphorylierung genannt, ist zusätzlich noch ein Cytochrom b notwendig, das den Elektronenfluß zwischen Ferredoxin und Plastochinon überbrücken kann.

Das abschließende Bild soll ET und ATP-Synthese an der Thylakoidmembran zusammenfassen.

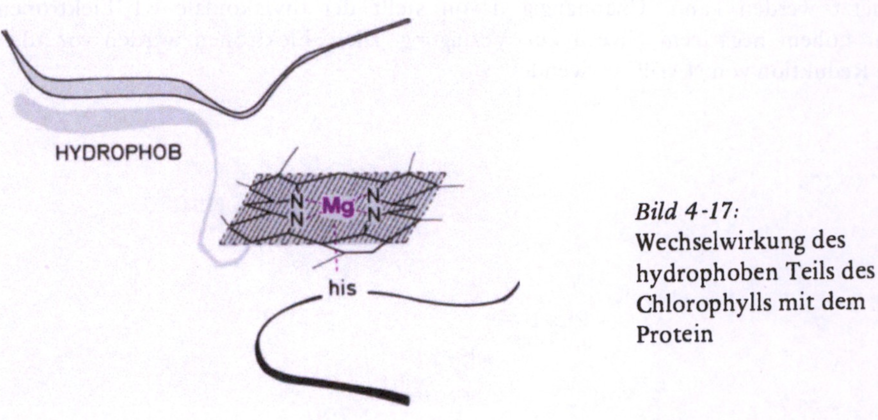

Bild 4-18:
Thylakoidmembran

ET und Photosynthese bei Bakterien: Während Blaualgen (zur Photosynthese befähigte Prokaryonten) ebenfalls zwei Photosysteme besitzen und die Elektronen dem Wasser entnehmen, sind einige andere Bakterien nur unter anaeroben Bedingungen (unter O_2-Ausschluß) in der Lage, Photosynthese durchzuführen. Als Elektronen-Donatoren fungieren dann anorganische Verbindungen wie H_2S — das zu S oxidiert wird — oder organische Verbindungen. Die zuletzt erwähnte Art der Photosynthese kommt mit einem einzigen Photosystem aus und benötigt kein wasserspaltendes Photosystem II.

In Bakterien finden wir neben dem durch Licht getriebenen ET (nur in ganz bestimmten Gruppen) und dem ET mit O_2 als terminalem Elektronen-Akzeptor, ähnlich der mitochondrialen ET-Kette, auch andere ET-Ketten. Sie stellen ungewöhnliche Elektronen-Donatoren und vor allem bisher noch nicht erwähnte terminale Elektronen-Akzeptoren in die Dienste der Elektronentransfers und damit der ATP-Bildung. Anaerobe Bakterien beschaffen sich ATP z.B. durch gerichteten Elektronenfluß von $H_2/2\,H^+$ ($E_0' = -420\,mV$) auf Fumarat, das dabei zu Succinat reduziert wird ($E_0' = +30\,mV$). Auch ein Potentialsprung von $-420\,mV$ ($H_2/2\,H^+$) auf $-240\,mV$ reicht aus, um durch Elektronenfluß über mehrere Komponenten einen Protonengradienten aufzubauen und mit einer ATP-Synthase zu koppeln. Das Normalpotential des 8-Elektronenüberganges $CO_2 \rightarrow CH_4$

$$CO_2 \xrightarrow{2\,e} HCOOH \xrightarrow{2\,e} H.CHO \xrightarrow{2\,e} CH_3OH \xrightarrow{2\,e} CH_4$$

liegt bei $-240\,mV$. Verwirklicht ist die Reduktion von CO_2 mit H_2 bei den Methanobakterien.

Verwendung von Protonengradienten für weitere Prozesse

1. Demonstration der Reversibilität des Elektronentransportes

Es ist bekannt, daß ATP oder ein Protonengradient als Triebkraft wirken können, Elektronen in der mitochondrialen ET-Kette gewisse Strecken rückwärts laufen zu lassen. Dies bedeutet eine Änderung des Fließgleichgewichts, dessen Aufrechterhaltung durch Energie von außen möglich ist. Es gelingt, NAD^+ nach Anlegen eines Protonengradienten durch die ET-Kette zu reduzieren, wenn die Elektronen dem Succinat entnommen werden und ein Fluß der Elektronen zum O_2 durch Inhibitoren unterbunden wird. Die Reduktion von NAD^+ ist dabei durch Entkoppler hemmbar.

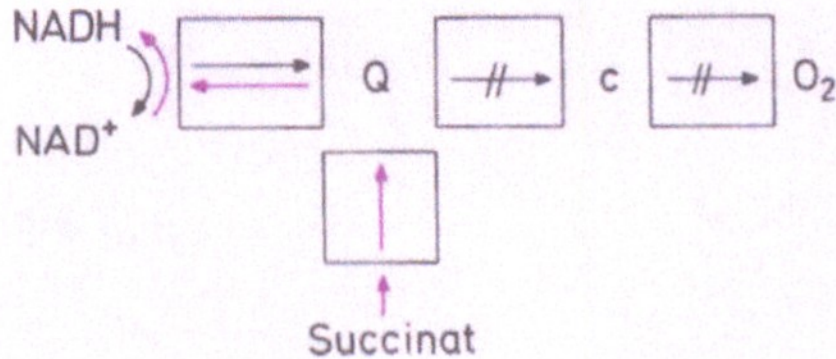

Bild 4-19: Elektronen werden vom Succinat zum NAD^+ zurückgepumpt, wenn der Weg zum O_2 blockiert wird. Coenzym Q fungiert dabei als Schaltstelle.

2. *Aktiver Transport von Ionen, Kohlenhydraten und Aminosäuren*

Die protonmotorische Kraft, also Membranpotential plus ΔpH, kann verwendet werden, um andere Ionen sowie Ionen gemeinsam mit Kohlenhydraten oder Aminosäuren gegen einen chemischen Potentialgradienten zu transportieren. Diese Art findet man z.B. an Membranen von Bakterien oder tierischen Zellen, aber auch beim Export oder Import von Ionen in oder aus Organellen.

Die Unterscheidung zwischen aktivem und passivem Transport ergibt sich aus thermodynamischer Sicht. Wenn keine Energie aufgewendet werden muß und z.B. einem Ion durch den Transportmechanismus erlaubt wird, von einem Kompartiment mit hoher Konzentration in einen Bereich mit niedriger Konzentration zu fließen, geschieht dies aus energetischer Sicht „passiv"; das Ion gleitet den Energieberg hinab. Anders der aktive Transport, bei dem Ionen den Berg hinaufbewegt werden. Der Berg kann sich als elektrochemischer Potentialberg oder als chemisches Potential eines Ionengradienten herausstellen. Für den aktiven Transport muß dann verständlicherweise zusätzliche Energie bereitgestellt werden. Häufig dient dazu der an Ort und Stelle erzeugte Protonengradient. Membranen, die keinen aus gerichtetem Elektronentransport erzeugten Protonengradienten zur Verfügung haben, können das notwendige Potential durch Verwertung anderer Energie aufbauen; nämlich durch die Triebkraft der ATP-Spaltung.

Wichtige Komponenten von Transportsystemen sind Bindungsproteine. Ihre Selektivität beruht auf ihren hohen Affinitäten zu der zu transportierenden Verbindung; dies sowie die Kinetik der Beladung können mit Hilfe der bereits abgeleiteten Gleichung (1—30) und den dazugehörenden Überlegungen behandelt werden.

Bindungsstelle, Protein-Pore und Schließmechanismus (ein Tor, das auf- und zugemacht werden kann) sind die chemischen Komponenten der Transportmaschinerie. Falls es sich um einen aktiven Transport handelt, kommt noch eine Pumpe hinzu.

Für den aktiven Transport von Ionen kann man sich folgende Kette von Prozessen vorstellen; sie ist als Umkehr der ATP-Synthese formuliert:

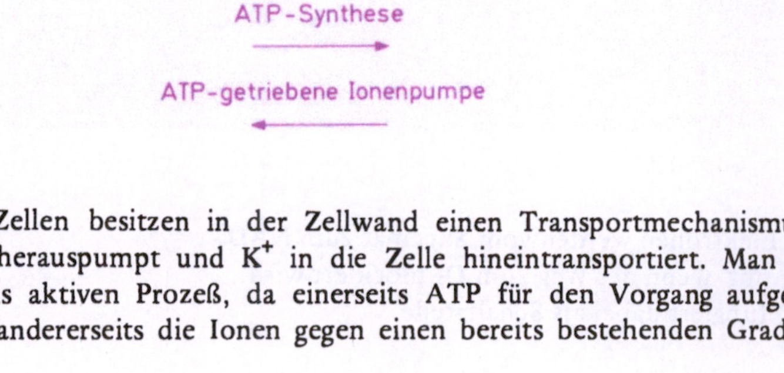

Bild 4-20

Tierische Zellen besitzen in der Zellwand einen Transportmechanismus, der Na^+ aus der Zelle herauspumpt und K^+ in die Zelle hineintransportiert. Man bezeichnet den Vorgang als aktiven Prozeß, da einerseits ATP für den Vorgang aufgewendet werden muß und andererseits die Ionen gegen einen bereits bestehenden Gradienten gepumpt werden.

Aber dieser aktive Transport ist auch umkehrbar: Zellen mit einem sehr niedrigen ATP-Spiegel werden in eine Na^+-reiche und K^+-arme Außenlösung gebracht; dann läßt sich ein Einstrom von Na^+ und ein Ausstrom von K^+ aus der Zelle feststellen; dabei entsteht ATP aus ADP und Phosphat.

Wenn an einer Membran durch den gerichteten Elektronentransport oder durch Energetisierung mit Hilfe der ATP-Spaltung ein Ionenpotential geschaffen wird, kann dies mit einem zweiten Prozeß — daher „sekundär aktiver Transport" — gekoppelt werden. Ein Beispiel dieser Art ist die Kopplung des Gradienten von H^+ (oder Na^+) und des dazugehörenden Membranpotentials mit dem Cotransport („Symport") von Zuckern plus H^+ (oder Na^+) in die Zelle: dabei wird der Zucker innerhalb der Zelle akkumuliert:

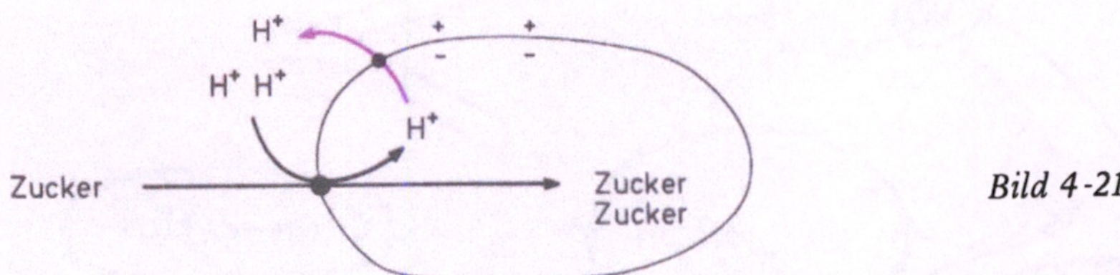

Bild 4-21

„Antiport" (Gegentausch) ist ein in der Regel an Organellenmembranen (Mitochondrien, Chloroplasten) ablaufender Prozeß: die Verbindung A wird nur dann von innen nach außen transportiert, wenn auch ein umgekehrter Transport für B von außen nach innen damit verbunden ist.

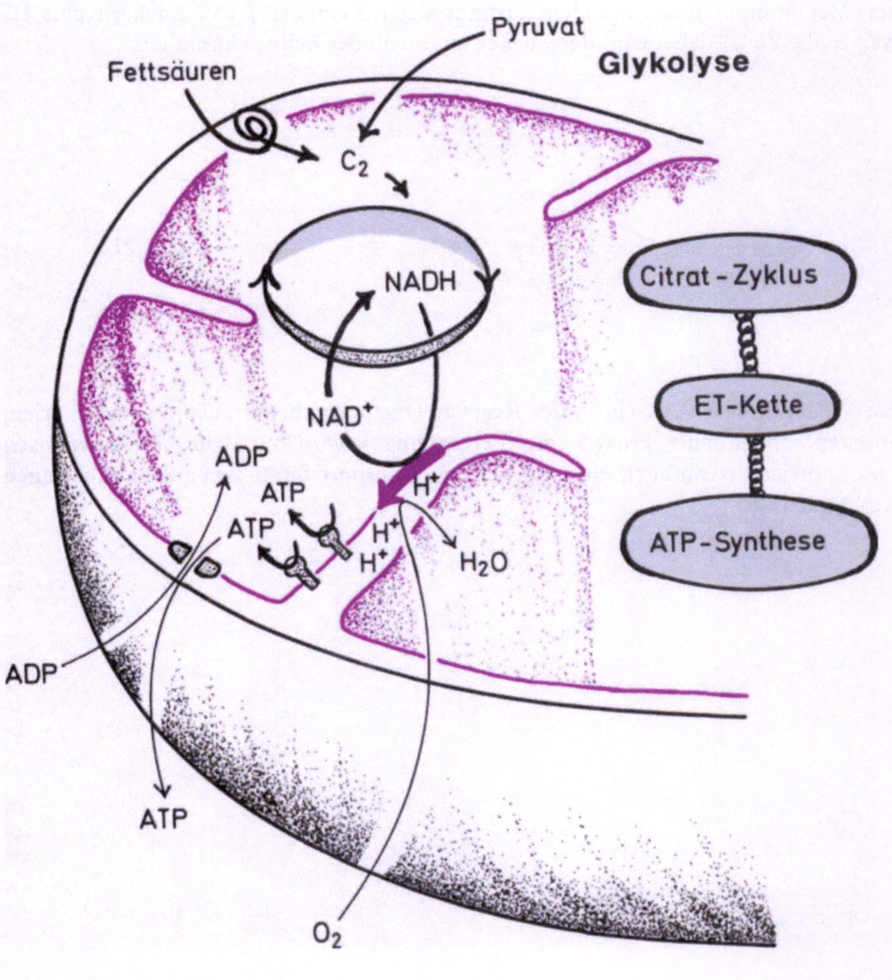

Fettsäuren
Pyruvat
Glykolyse
C₂
NADH
NAD⁺
ADP
ATP
ATP
H⁺
H⁺
H⁺
H₂O
ADP
ATP
O₂
Citrat-Zyklus
ET-Kette
ATP-Synthese

Kapitel 5

Citrat-Zyklus: Zentrum des Stoffwechsels

Der Citrat-Zyklus ist ein Stoffwechselweg, der über acht Stufen — Di- und Tricarbonsäuren — läuft. Am Ende wird aus dem Produkt der Reaktionssequenz, durch Umsatz mit einer von außen zugeführten Verbindung, wieder das Ausgangsmaterial hergestellt: So ergibt sich ein zyklischer Prozeß.

Unsere bisherigen Betrachtungen des Stoffwechsels waren vor allem an der Frage orientiert, wie ATP hergestellt wird und wo es benötigt werden könnte. Die Synthese von ATP steht räumlich und funktionell in Nachbarschaft zum Citrat-Zyklus. Beide laufen — in Eukaryonten — in demselben Kompartiment (Mitochondrien) ab. Es gibt keinen Stoffwechselweg, der in so wenigen Schritten so viele Reduktionsäquivalente (NADH) liefert; diese Reduktionsäquivalente, im Citrat-Zyklus produziert, stellen die Brücke zur Elektronentransport-Kette und weiter zur ADP-Phosphorylierung dar. Ohne Sauerstoff, das Substrat der ET-Kette, läuft auch kein Citrat-Zyklus ab.

Vom Blickpunkt der C-H-O-Bilanz aus gesehen, mag man den Citrat-Zyklus als Mühlrad sehen, das Essigsäure vermahlt, zu CO_2 und Redoxäquivalenten. Oder man betrachtet Citrat-Zyklus plus ET-Kette als ein Verfahren, Essigsäure zu CO_2 und H_2O zu verbrennen. Aber: der Prozeß wird so geführt, daß ein Optimum an Energie konserviert bleibt; in Form von ATP.

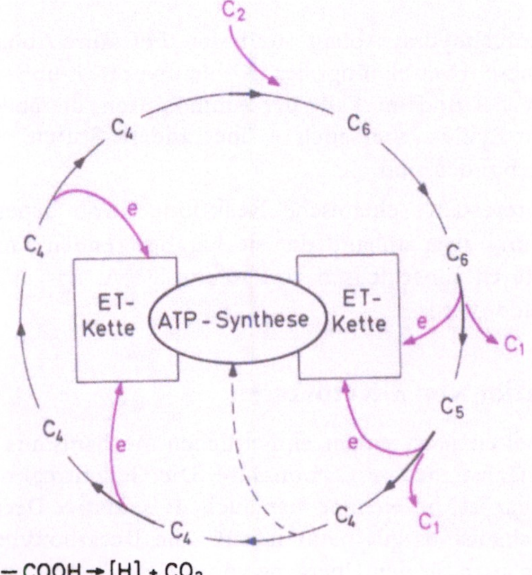

Bild 5-1

$$CH_3 - COOH \rightarrow [H] + CO_2$$

$$CH_3 - COOH + 2O_2 = 2CO_2 + 2H_2O$$

Die Abbildung präsentiert eine Bilanz mit dem Citrat-Zyklus als abbauendem (katabolem) Stoffwechselweg. Es wird sichtbar, an wievielen Stellen Redoxäquivalente die Brücke zur ET-Kette bilden.

Mit diesem Bild allein wird man dem Citrat-Zyklus und seiner Funktion in verschiedenen Organismen unter verschiedenen Stoffwechselsituationen nicht voll gerecht. Der Citrat-Zyklus ist nicht nur — unter aeroben Bedingungen (in Anwesenheit von O_2) — das Zentrum, in das katabole Wege des Kohlenhydrat-, Lipid- und Proteinabbaus einmünden, sondern auch ein Reservoir, aus dem für Synthesewege geschöpft werden kann.

Einen Stoffwechselweg, der sowohl in kataboler Richtung als auch für Synthesen verwendet werden kann, bezeichnen wir als amphibol. Diese Funktion des Citrat-Zyklus betont die folgende Skizze.

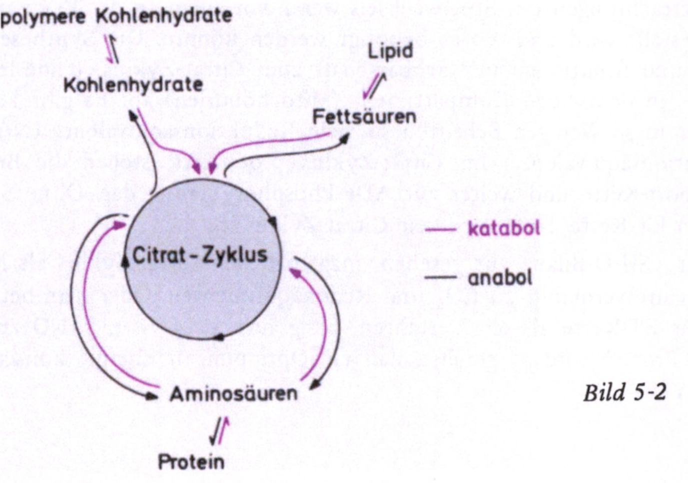

Bild 5-2

Man erkennt die Glykolyse (Kohlenhydrat-Abbau) und den Fettsäure-Abbau (β-Oxidation) sowie die Gluconeogenese (Neubildung der Kohlenhydrate) und Fettsäure-Synthese. Weniger einheitlich ist das Bild im Falle der Aminosäuren, die über verschiedene Reaktionen mit dem Citrat-Zyklus, aber auch — über andere Stufen — mit dem übrigen zentralen Stoffwechsel verbunden sind.

Im Citrat-Zyklus finden wir interessante chemische Reaktionen, von denen wir uns einige genauer ansehen wollen, und zwar anhand der sie katalysierenden Enzyme. Betrieben wird der Citrat-Zyklus durch Einschleusen von Acetyl-SCoA, das in den Mitochondrien selbst aus Pyruvat gebildet wird.

Decarboxylierung und Oxidation von α-Ketosäuren

α-Ketosäure-Dehydrogenasen arbeiten nach einem einheitlichen Mechanismus und überführen eine α-Ketosäure in die nächst niedere Carbonsäure. Die Gesamtreaktion, die in mehreren Teilschritten beschreibbar ist, bezeichnet man auch als **oxidative Decarboxylierung** einer α-Ketosäure. Der Mechanismus gilt nicht nur für die Decarboxylierung von Pyruvat zu Acetyl-SCoA, sondern auch für den Übergang von α-Ketoglutarat zu Succinyl-SCoA.

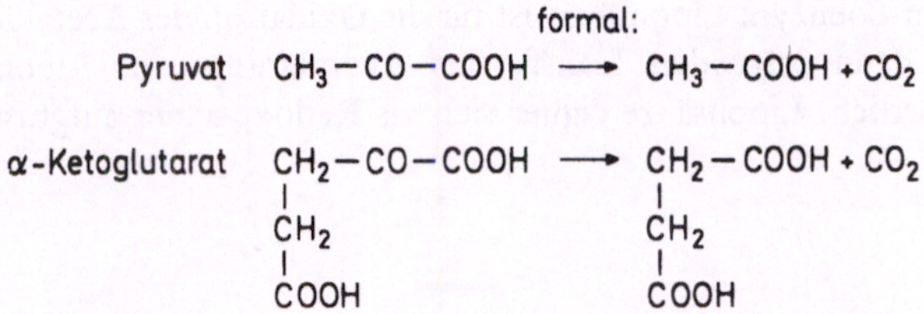

formal:

Pyruvat $CH_3 - CO - COOH \longrightarrow CH_3 - COOH + CO_2$

α-Ketoglutarat $CH_2 - CO - COOH \longrightarrow CH_2 - COOH + CO_2$

Bild 5-3:
Kettenverkürzung
bei α-Ketosäuren

In Eukaryonten sind die α-Ketosäure-Dehydrogenasen mit der inneren Mitochondrien-Membran assoziiert. Die Pyruvat-Dehydrogenase der Mitochondrien ist als ein Komplex anzusprechen, denn das Enzym besteht aus drei strukturell und katalytisch unterschiedlichen Teilenzymen; jedes Teilenzym liegt zudem noch in mehreren Kopien vor. Beim Bakterienenzym bilden 24 Einheiten der Pyruvat-Decarboxylase, 24 Einheiten der Transacetylase und 12 Einheiten der Dehydrogenase ein Riesenmolekül mit dem Molekulargewicht von 4 600 000 (Strukturprinzip: $\alpha_{24}\ \beta_{24}\ \gamma_{12}$).

Die Pyruvat-Decarboxylase besitzt **Thiaminpyrophosphat** als Coenzym

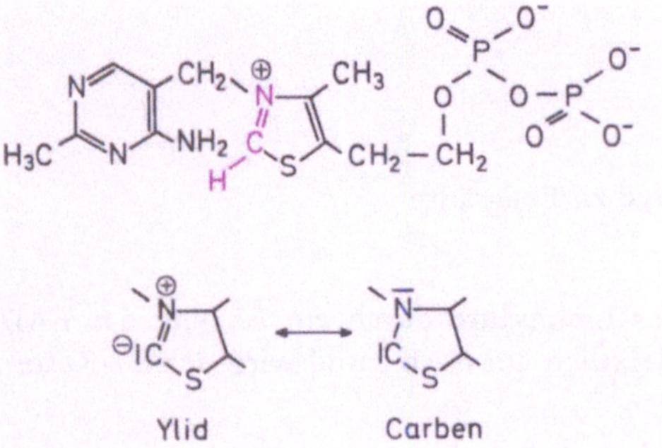

Bild 5-4:
Thiaminpyrophosphat
und sein
stabilisiertes Anion

und katalysiert die Reaktion: $CH_3\text{-}CO\text{-}COOH \rightarrow CH_3\text{-}CHO + CO_2$. Das mesomeriestabilisierte Anion des Coenzyms ist ein nukleophiles Agens, dem Cyanidion ähnlich. Nach Decarboxylierung bleibt Acetaldehyd am Coenzym gebunden.

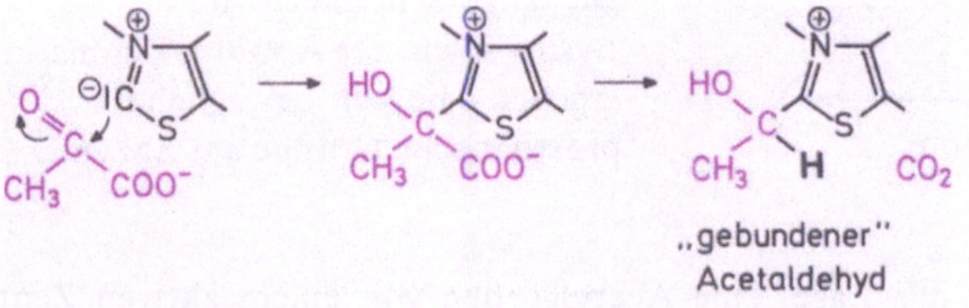

Bild 5-5: Decarboxylierung von Brenztraubensäure

Die Transacetylase mit ihrem Coenzym Liponsäure ist für die Oxidation des Acetaldehyds zu Acetat — und für den dann folgenden Transfer der Acetylgruppe von Liponsäure auf Coenzym A — verantwortlich. Liponsäure eignet sich als Redoxpartner aufgrund des 2-Elektronenüberganges:

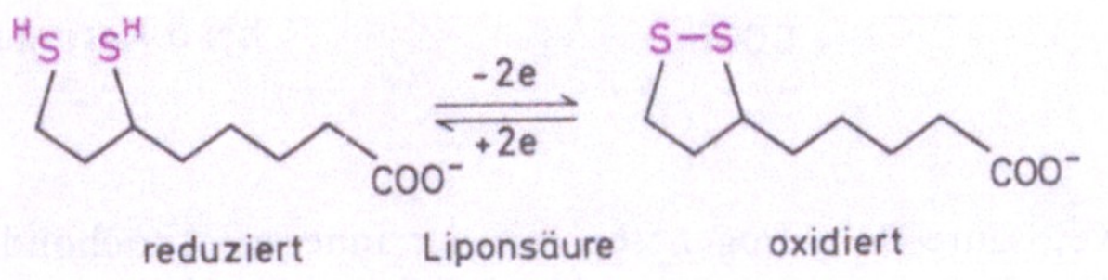

Bild 5-6: Redoxgleichgewicht im Falle der Liponsäure

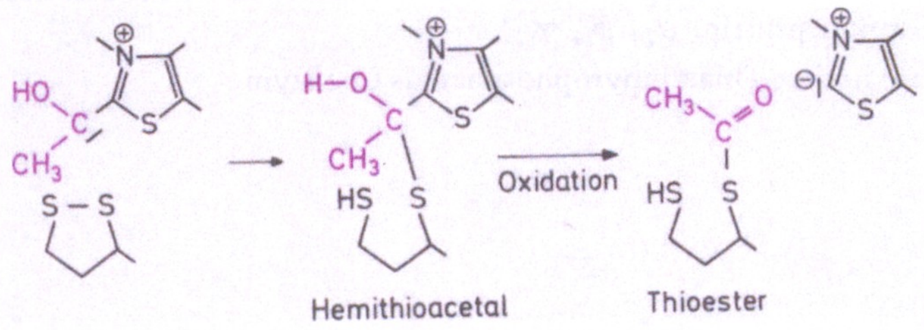

Bild 5-7: Oxidation von Acetaldehyd zu Essigsäure

Schließlich wird die reduzierte Form der Liponsäure durch ein Enzym, das FAD enthält, reoxidiert; der Wasserstoff landet letztlich am NAD^+ und wird der ET-Kette zugeführt.

Für die Transfers wird ein beweglicher Arm auf der Transacetylase benötigt; er nimmt eine wichtige Position innerhalb des gesamten Enzymkomplexes ein. Die Liponsäure (Thioctansäure) mit ihren acht C-Atomen ist an die ε-Aminogruppe eines Lysins des Proteins gebunden, so daß ein etwa 1,4 nm langer Arm aus dem Transferase-Protein herausragt.

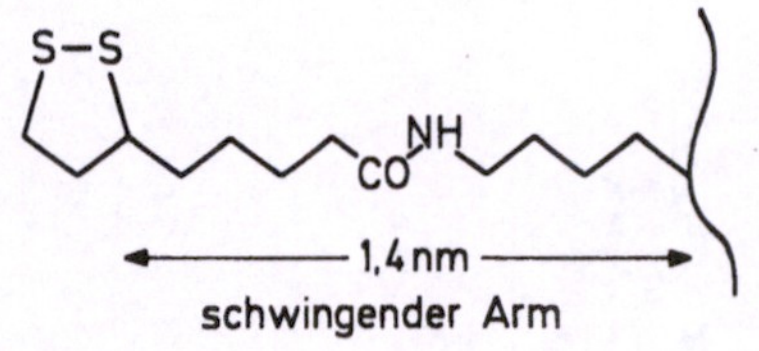

Bild 5-8:
Die lange Seitenkette des Lysins sowie der Arm der Liponsäure ergeben eine sehr bewegliche prosthetische Gruppe am Enzym.

Der bewegliche Arm ist in der Lage, eine Acetylgruppe von einem aktiven Zentrum, einer anderen Untereinheit, zum Zentrum der eigenen Untereinheit zu transferieren. Eine weitere Bewegung erlaubt, daß der Arm selbst auch einer Redoxreaktion unterworfen wird.

Das folgende Bild gibt eine sehr schematische Übersicht über die verschiedenen Transfers und das Zusammenspiel von drei verschiedenen Enzymuntereinheiten.

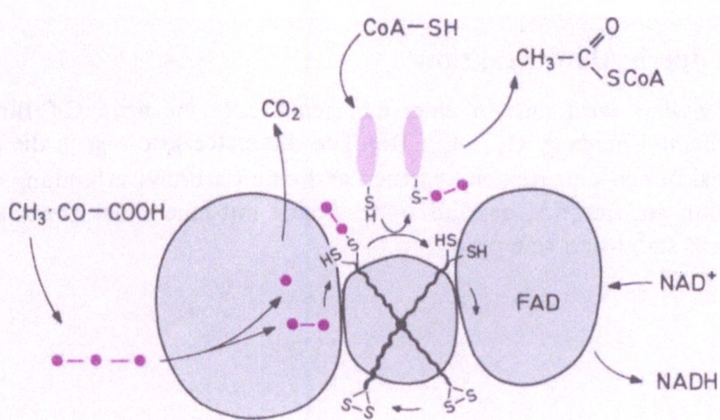

Bild 5-9: Oxidative Decarboxylierung an einem Dreikomponentensystem

Decarboxylierung von β-Ketosäuren

Im Gegensatz zu α-Ketosäuren unterliegen β-Ketosäuren leicht einer Decarboxylierung. Wie die folgenden Formeln zeigen, unterstützt die β-Ketogruppe den Vorgang durch Delokalisierung der Ladung am Kohlenstoff. Die Anwesenheit einer Carbonylgruppe am β-C-Atom — oder noch besser einer protonierten Carbonylfunktion oder einer Imingruppe — erleichtert ganz wesentlich die Decarboxylierung, weil das intermediär entstehende Anion besser stabilisiert wird. Es ist bekannt, daß β-Ketosäuren im sauren Bereich leicht selbst spontan decarboxylieren; die enzymkatalysierte Decarboxylierung einer β-Ketosäure scheint — im Gegensatz zu dem großen Aufwand bei Decarboxylierung einer α-Ketosäure — ein vergleichsweise einfacher Prozeß zu sein.

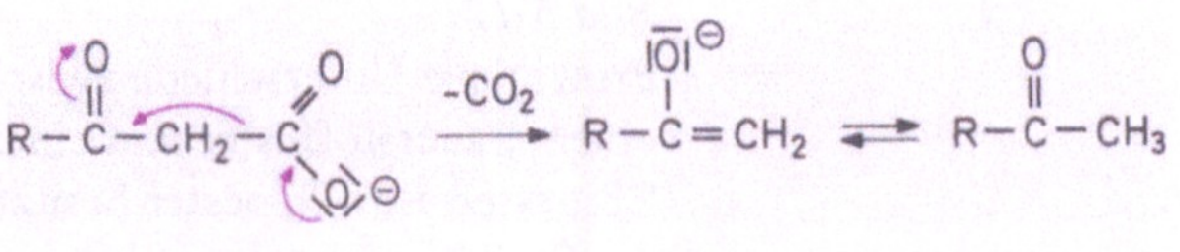

Bild 5-10: Decarboxylierung einer β-Ketosäure

Wichtig ist, daß die Abspaltung von CO_2 aus einer β-Ketosäure mit dem Übergang zu einem Keton reversibel gestaltet werden kann. Dazu muß der Ketoverbindung reaktives CO_2 — und zwar in Form eines an Biotin gebundenen Kohlensäurederivats — angeboten werden (→ Bild 3—6).

Die formale Umkehrung der Decarboxylierung einer α-Ketosäure ist ein Prozeß, den man nur unter anaeroben Bedingungen in ganz bestimmten Bakterien finden kann. So vermögen photosynthetisierende Bakterien die Acetylgruppe auf das Anion von Thiaminpyrophosphat zu übertragen, mit reduziertem Ferredoxin in das Hydroxyethylderivat zu überführen und an dessen Anion CO_2 anzulagern.

Bildung von Citrat durch Aldol-Reaktion

Innerhalb des Citrat-Zyklus wird nur an einer einzigen Stelle eine neue C-C-Bindung geknüpft, und zwar beim Übergang $C_4 \rightarrow C_6$. Der Typ dieser Reaktion ist in die große Gruppe der Aldol-Reaktionen einzureihen: Partner sind eine Carbonylverbindung einerseits und ein Carbanion andererseits, das durch Mesomerie mit einem elektronen-anziehenden Substituenten X stabilisiert sein muß.

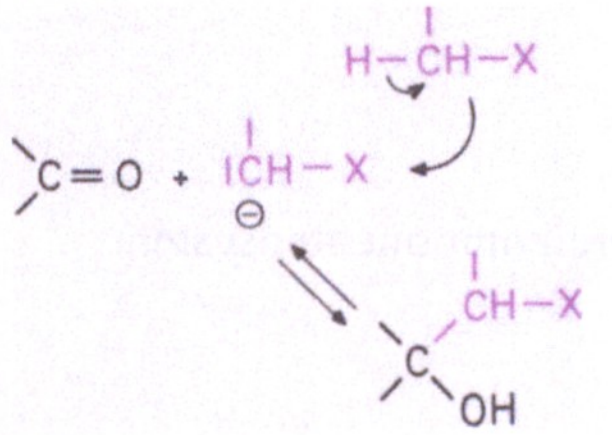

Bild 5-11:
Prinzip der Aldol-Reaktion

Im Falle der durch **Citrat-Synthase** katalysierten Reaktion wird als anionische Komponente das Anion von Acetyl-SCoA verwendet. Da die π-Elektronen des Schwefels mit den π-Elektronen des Kohlenstoffs nicht überlappen können, ist eine Mesomeriestabilisierung in einem Thioester nicht möglich: ganz anders in einem Sauerstoffester.

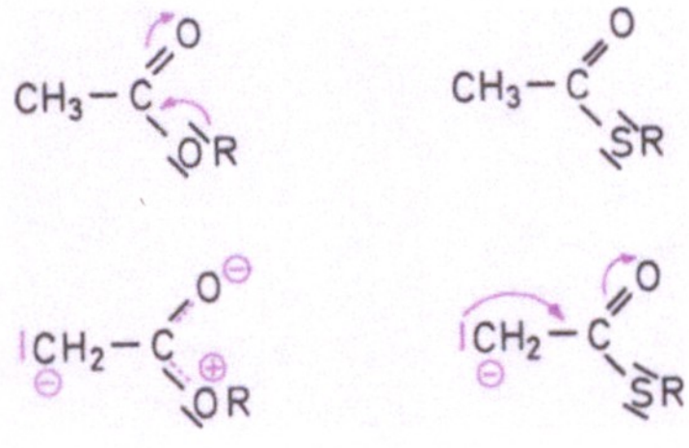

Bild 5-12:
Prinzipielle Unterschiede zwischen einem Sauerstoffester und einem Thioester. Ein Thioester besitzt am C_α Säure-Eigenschaften.

Der Doppelbindungscharakter der Carbonylfunktion bleibt im Thioester erhalten und erlaubt für das Carbanion am C_α eine Mesomerie mit der Carbonylfunktion. Dadurch wird das Carbanion des Acetyl-SCoA besser stabilisiert als ein Carbanion am C_α eines Sauerstoffesters: Acetyl-SCoA ist somit ein besonders reaktives Alkylierungsmittel.

Die Thioester-Bindung bleibt bei der Aldol-Reaktion vorerst erhalten. Es entsteht Citryl-SCoA.

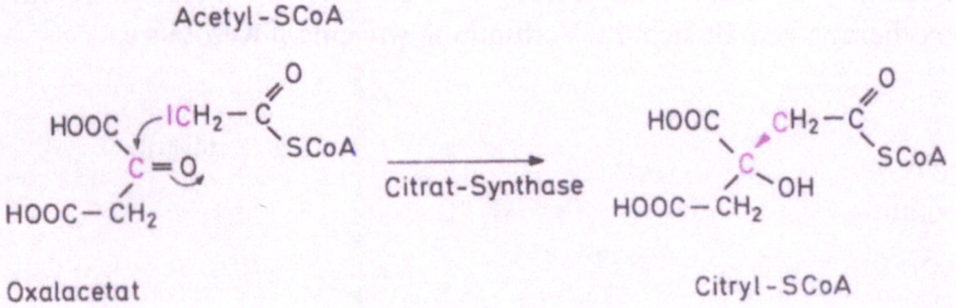

Bild 5-13: Citryl-SCoA als Zwischenstufe bei der Citrat-Bildung

Erst die Hydrolyse der energiereichen Thioester-Bindung bewirkt, daß die Gesamtreaktion mit $\Delta G_0' = -38\,\text{kJ/mol}$ zum Citrat und damit im Sinne des Gesamtzyklus abläuft.

Dehydrogenasen

Eine von Dehydrogenasen häufig katalysierte Reaktion ist der Übergang eines sekundären Alkohols in eine Carbonylfunktion; dabei wird der Wasserstoff auf ein Coenzym (Co-Substrat) wie NAD^+ oder $NADP^+$ übertragen. Nach diesem Schema bewirkt z.B. die Malat-Dehydrogenase die Reduktion von Oxalacetat zu Malat. Eine Ausnahme bildet die Succinat-Dehydrogenase, die für die H-Abspaltung aus der Bernsteinsäure unter Ausbildung einer C=C–Bindung verantwortlich ist. Hierbei wird Wasserstoff auf ein enzymgebundenes FAD der ET-Kette übertragen. Dieser Vorgang läuft an der Membran der Mitochondrien ab. Die Redoxreaktion auf der Stufe der C_4-Säuren gibt das nachfolgende Bild wieder.

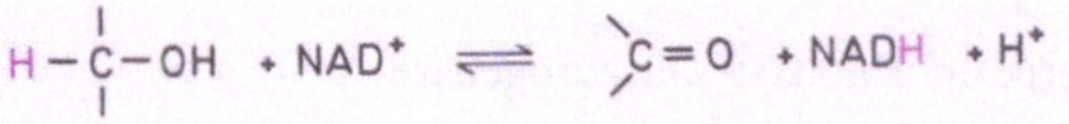

Bild 5-14:
Prinzip einer Dehydrogenase-Reaktion

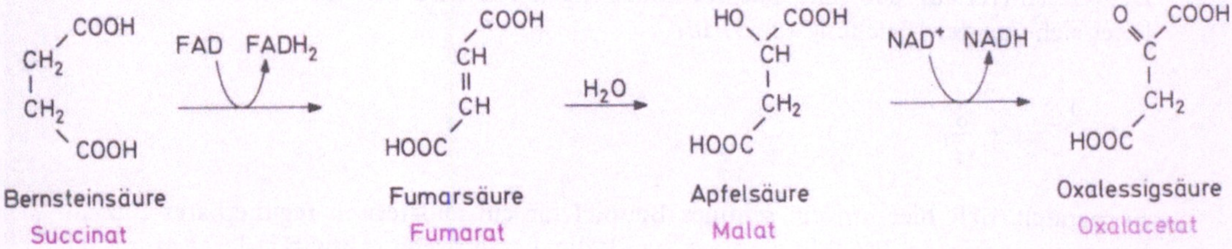

Bild 5-15: FAD-abhängige und NAD^+-abhängige Redoxreaktionen

Isocitrat-Dehydrogenase

Die Katalyse dieses Enzyms führt von einer C_6-Tricarbonsäure zu einer C_5-Dicarbonsäure und schließt sowohl Dehydrierung als auch Decarboxylierung ein. Oxalsuccinat, das intern entsteht, kann man sowohl als α-Ketosäure als auch als β-Ketosäure auffassen. Bei der Decarboxylierung verhält sich die Verbindung wie eine β-Ketosäure.

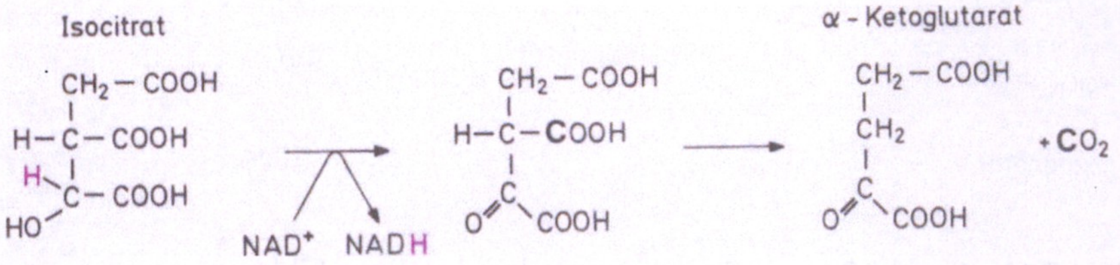

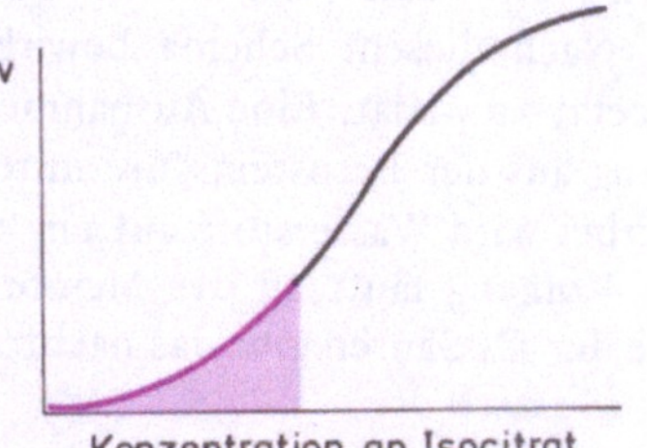

Bild 5-16: Dehydrierung sowie Decarboxylierung einer β-Ketosäure. Einer der CO_2-abspaltenden Schritte im Citrat-Zyklus

Bei der Untersuchung der kinetischen Eigenschaften des Enzyms fällt auf, daß der Umsatz an Isocitrat im Bereich niedriger Konzentrationen des Substrats nicht mit der Michaelis-Menten-Kinetik charakterisierbar ist. Die Reaktionsgeschwindigkeit steigt mit Erhöhung der Substratkonzentration nicht linear, sondern potenzartig an.

Bild 5-17: Sigmoide Kinetik bei Isocitrat-Dehydrogenase

In dem hervorgehobenen Bereich gehorcht die Kurve der Gleichung $y = a \cdot x^n$. Anschaulich tritt uns hier der **kooperative Effekt** im Bereich niedriger Substratkonzentrationen entgegen.

Der Gesamtverlauf über alle Substratkonzentrationen wird als sigmoid bezeichnet und leitet sich von der Gleichung (2—5) ab:

$$y = \frac{a}{1 + \dfrac{b}{c_s^{\,n}}} \cdot$$

Es handelt sich hier um ein schönes Beispiel für ein allosterisch regulierbares Enzym. Wenn zu wenig an Produkt vorliegt, wird die katalytische Aktivität des Enzyms erhöht.

Mehrere Voraussetzungen müssen erfüllt sein, damit eine sigmoide Kinetik überhaupt zustandekommen kann: Das Enzym muß mehrere aktive Zentren besitzen (1. Prämisse). Es ist in der Regel aus mehreren identischen Untereinheiten mit je einem aktiven Zentrum zusammengesetzt; die Untereinheiten sind durch starke Wechselwirkungen miteinander verbunden. Die Theorie verlangt weiter, daß sich das Enzym — bereits vor Zugabe des Substrats — in zwei Konfigurationen (2. Prämisse) präsentieren kann. Die nicht-reaktive Form (T-Form) muß dabei im Gleichgewicht gegenüber der aktiven Enzymkonfiguration (R-Form) dominieren (3. Prämisse). Die Substratmoleküle binden dann — wenn sie dem Enzym zugefügt werden — bevorzugt an die aktive Form (4. Prämisse).

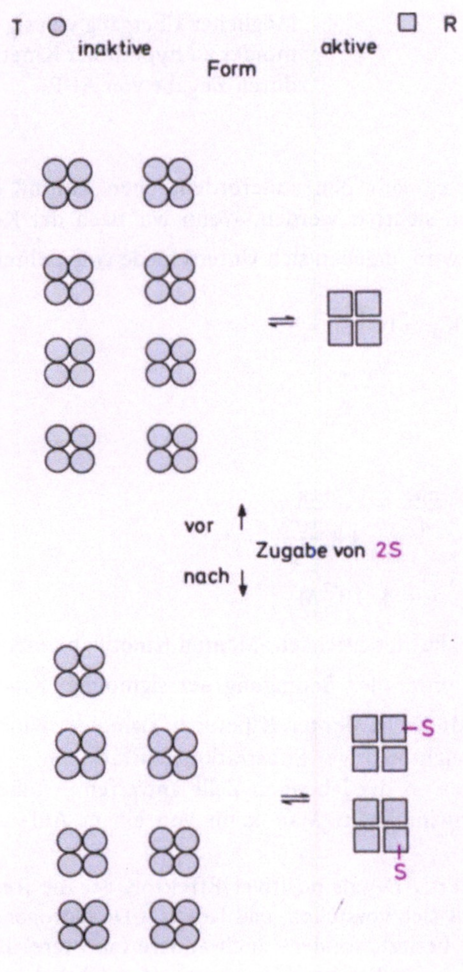

Bild 5-18: Kooperativer Effekt

Weitere Bindungsstellen der aktiven Form stehen zur Verfügung, wenn die Reaktion voranschreitet: Da nur eine von mehreren Bindungsstellen an einem Enzymmolekül durch das Substrat besetzt wird, steigt durch dieses Verhalten des Enzyms die Zahl der freien R-Formen. Die Bindung des Substrats erhöht die Zahl der reaktiven Formen mehr als proportional: z.B. führt die Bindung von einem Molekül S dazu, daß drei weitere aktive Formen R zu Lasten der T-Formen entstehen. R-Formen haben hohe Affinität zum Substrat; die Zahl der besetzten aktiven Zentren erhöht sich. Die Reaktion geht bei steigender Substratkonzentration schneller als proportional voran. Dies gilt nur im Bereich niedriger Substratkonzentrationen. Die aber liegen in der Regel vor, wenn Stoffwechsel unter Fließgleichgewichtsbedingungen in der Zelle abläuft.

Die Zugabe von ADP beeinflußt die Reaktionsgeschwindigkeit der Isocitrat-Dehydrogenase ganz erheblich, vor allem im Bereich niedriger Substratkonzentrationen. Schließlich führen noch höhere Konzentrationen an ADP zu einer normalen Michaelis-Menten-Kinetik. Es scheint, daß mit Hilfe äußerer Faktoren — Effektoren — die Enzymaktivität moduliert wird: Interkonversion von sigmoider Kinetik und Michaelis-Menten-Kinetik.

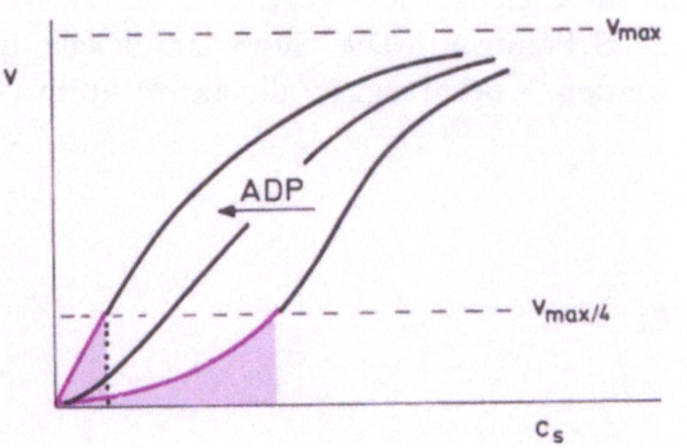

Bild 5-19:
Möglicher Übergang von sigmoider zu hyperboler Kinetik durch Zugabe von ADP

Ein Vergleich der Reaktion bei niedriger c_S läßt den außerordentlichen Einfluß des Umschaltens von einer Kinetik zur anderen sichtbar werden. Wenn wir nach der Konzentration c_S fragen, bei der $\frac{v_{max}}{4}$ erreicht wird, ergeben sich Unterschiede von mehreren Größenordnungen.

Wir wollen dabei folgende Werte vorgeben: $K_m = 10^{-5}$; $n = 4$.

$$v = \frac{v_{max}}{1 + \frac{K_m}{c_S}} \qquad\qquad v = \frac{v_{max}}{1 + \frac{K}{c_S^{n}}}$$

$$\frac{v_{max}}{4} = \frac{v_{max}}{1 + \frac{10^{-5}}{c_S}} \qquad\qquad \frac{v_{max}}{4} = \frac{v_{max}}{1 + \frac{10^{-5}}{c_S^{4}}}$$

$$c_S = 3 \cdot 10^{-6}\,M \qquad\qquad c_S = 4 \cdot 10^{-2}\,M$$

Bei einer Substratkonzentration, die im Falle der Michaelis-Menten-Kinetik bereits für $\frac{v_{max}}{4}$ reichen würde, bleibt die Reaktion unter der Bedingung der sigmoiden Kinetik praktisch abgedreht. Das Umschalten von Michaelis-Menten-Kinetik zu sigmoider Kinetik und umgekehrt bedeutet vor allem im Bereich niedriger Substratkonzentrationen — wie wir es in der Regel bei Fließgleichgewichten in der lebenden Zelle antreffen — äußerst drastische Änderungen der Reaktionsgeschwindigkeit. Man kann von einem Auf- und Abschalten der Reaktion sprechen.

Im Falle der Isocitrat-Dehydrogenase fungiert ADP als positiver Effektor, der die Reaktion außerordentlich beschleunigt. Man muß sich vorstellen, daß Isocitrat-Dehydrogenase nicht nur Bindungsstellen für das Substrat besitzt, sondern auch andere (allostere) Bindungsstellen für Effektoren. Die Bindung eines Effektors bewirkt offensichtlich eine beträchtliche Änderung der Konformation des Proteins. Indem der positive Effektor das Gleichgewicht T $\rightleftarrows$ R zugunsten der R-Form verändert, fällt eine der notwendigen Voraussetzungen für die sigmoide Kinetik (3. Prämisse) weg.

Beim Stoffwechsel, häufig bei Biosynthesen, wirken Produkte der Reaktionssequenz als negative Effektoren; diese Art der Regulation bezeichnet man wegen der Bindung des Effektors an einem allosteren Zentrum als **allosterische Regulation**. Die Proteine, für die diese Art der Konfigurationsänderung und der Untereinheitenaufbau zutreffen, werden auch allostere Proteine genannt.

Da ein sich im Laufen befindlicher Citrat-Zyklus ständig Redoxäquivalente liefert und diese die ATP-Synthese treiben, da ferner diese Prozesse miteinander gekoppelt sind, muß man mit Recht einen Steuerungsmechanismus erwarten. Die kinetischen Eigenschaften der Isocitrat-Dehydrogenase sind geeignet, für eine Regulation des Citrat-Zyklus zu sorgen. Geringe Konzentrationen an Isocitrat und niedriger ADP-Spiegel schalten die katalytische Aktivität der Isocitrat-Dehydrogenase praktisch ab. Falls aber viel ATP verbraucht wird, bewirkt das Ansteigen der ADP-Konzentration eine stärkere Beschleunigung der Isocitrat-Umsetzung und in der Folge auch eine verstärkte ATP-Synthese.

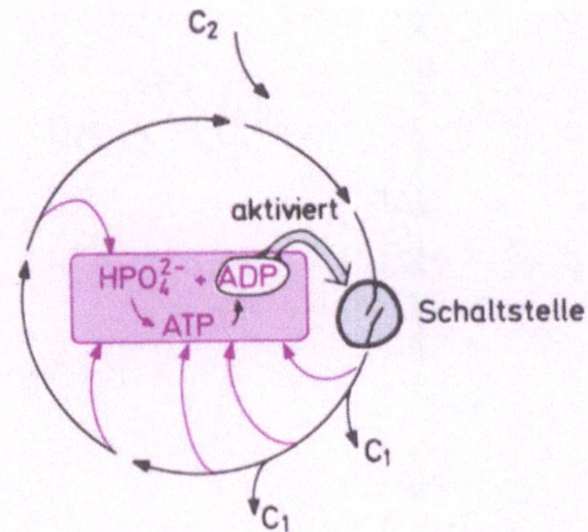

Bild 5-20:
Isocitrat-Dehydrogenase-Reaktion
als Schaltstelle

Isomerisierung

Die Isomerisierung von Citronensäure zu Isocitronensäure bedeutet formal die Verschiebung einer Hydroxylgruppe. Der Übergang verläuft durch Trans-Eliminierung von H_2O, ausgelöst durch Abspaltung eines Protons unter der Einwirkung einer basischen Gruppe am Enzym. Das Substrat und die Zwischenstufen bleiben dabei über die Carboxylgruppen mit dem Eisen am aktiven Zentrum des Enzyms (Fe_2-S_2-Protein) assoziiert.

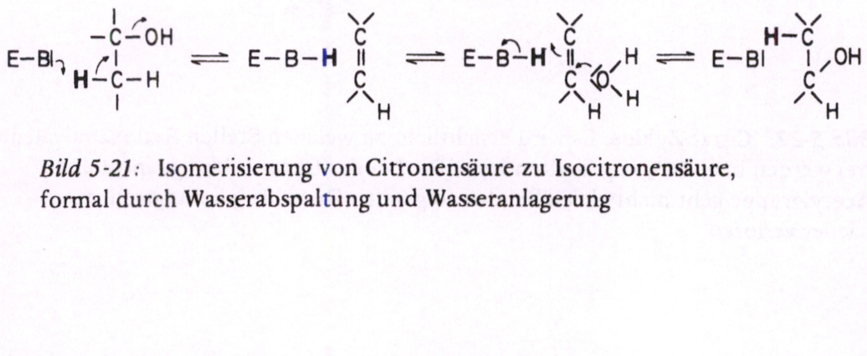

Bild 5-21: Isomerisierung von Citronensäure zu Isocitronensäure,
formal durch Wasserabspaltung und Wasseranlagerung

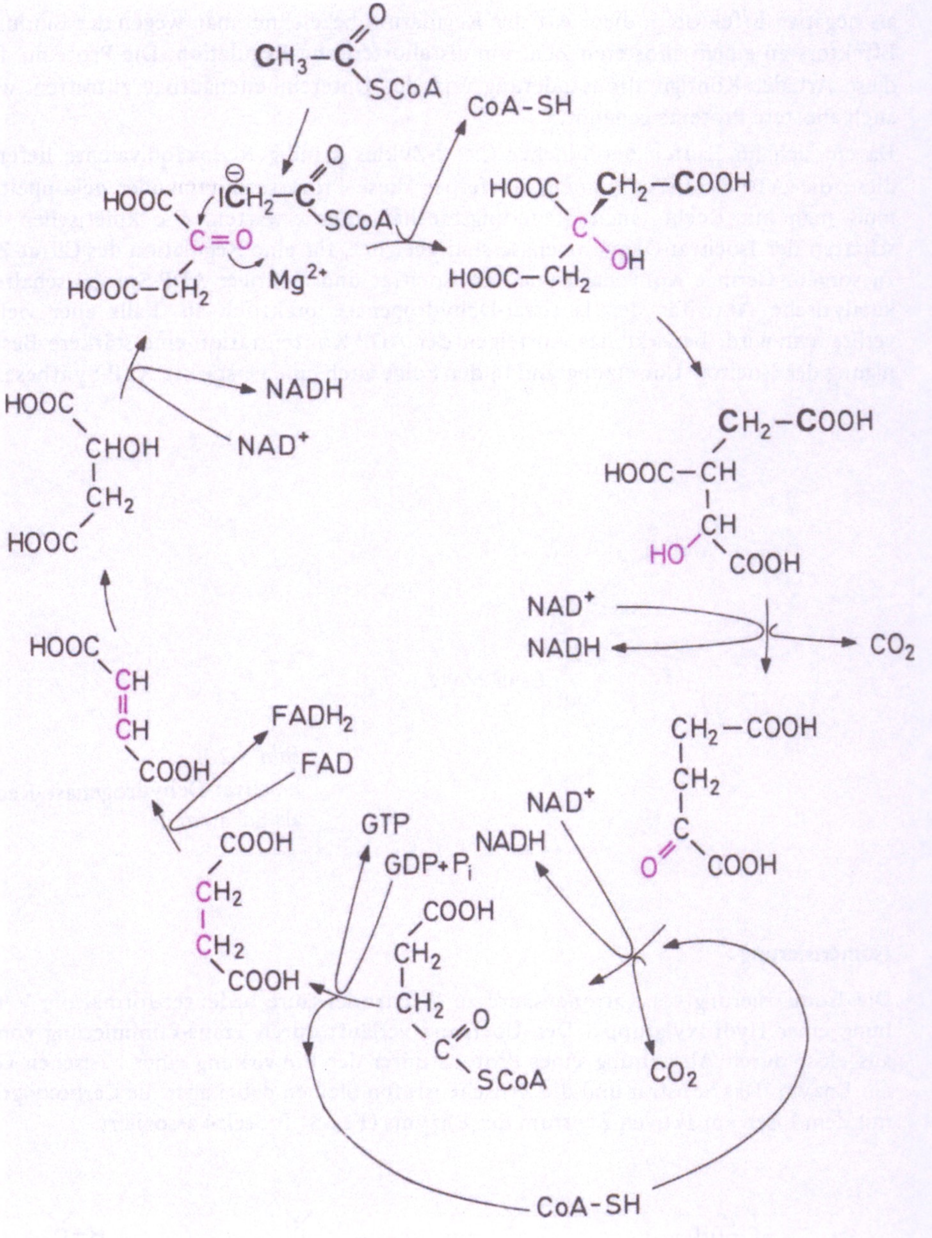

Bild 5-22: Citrat-Zyklus. Es wird ersichtlich, an welchen Stellen Redoxäquivalente frei werden bzw. CO_2 abgespalten wird. Die bei der Citrat-Bildung eintretende Acetylgruppe geht nicht gleich bei den folgenden Decarboxylierungsschritten wieder verloren.

Bei der Isomerisierung des Citrat-Moleküls ist es wichtig zu betonen, daß im Molekül der Citronensäure nur eine der beiden -CH$_2$-COOH(-)Gruppen durch die Enzymkatalyse verändert wird. Das zentrale C-Atom des Substrats Citronensäure trägt zwar Substituenten nach dem Muster Caabc, mit jeweils a = -CH$_2$-COOH. Das Enzym kann aber zwischen den beiden Substituenten a = -CH$_2$-COOH unterscheiden, weil das Substrat mit drei Punkten am Enzym fixiert ist. Dabei bleibt nur mehr eine Möglichkeit für die Bindung des (prochiralen) Substrats. Auf dieses Prinzip war bereits bei der Besprechung der Spezifität von Enzymen eingegangen worden (→ Bild 2–12).

Synthesen aus dem Citrat-Zyklus heraus und anaplerotische Reaktionen

Wir werden an mehreren Beispielen sehen, daß der Citrat-Zyklus nicht nur — durch Zufuhr von Acetyl-SCoA — in kataboler Richtung am Laufen gehalten werden kann, sondern daß der Zyklus auch als Reservoir für Synthesen dient. Wenn Acetyl-SCoA in den Zyklus eingebracht und Citrat synthetisiert wird, muß in gleicher molarer Menge Oxalacetat zur Verfügung stehen. Entnehmen wir aber Oxalacetat für andere Aufgaben, nämlich für Synthesen, kann zwar kurzfristig aus dem pool des Zyklus Oxalacetat nachgeliefert werden, sehr bald aber werden die Konzentrationen an Zwischenstufen so weit absinken, daß keine sinnvollen Reaktionsgeschwindigkeiten mehr möglich sind.

Beispiele für Entnahmen aus dem pool des Citrat-Zyklus gibt es genügend; besonders in Richtung Kohlenhydrat-Synthese und Aminosäure-Bildung.

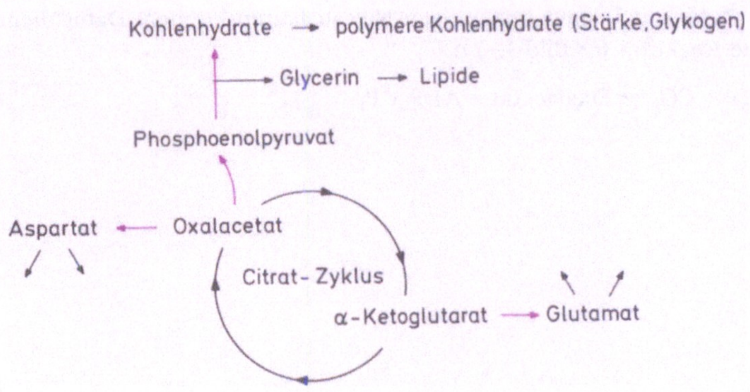

Bild 5-23: Citrat-Zyklus als Reservoir für die Synthese von Kohlenhydraten oder Aminosäuren (Proteine)

Den Schritt von Oxalacetat zu Phosphoenolpyruvat (PEP) hatten wir schon als eine Reaktion kennengelernt, die durch Energiezufuhr (ATP, GTP) ermöglicht wird. Die Konversion einer α-Ketosäure zur entsprechenden α-Aminosäure verlangt den Transfer einer Aminogruppe mit Hilfe eines Coenzyms, das seinerseits immer wieder regeneriert werden muß. Diesen Typ der Transaminase werden wir auch später noch zu besprechen haben.

Transaminasen bedienen sich für den Transfer der Aminogruppe des Coenzyms Pyridoxal-phosphat (→ Bild 2—23).

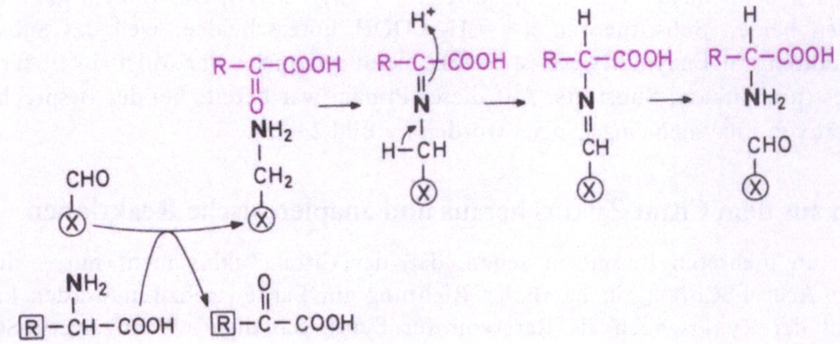

Bild 5-24: Übertragung einer Aminogruppe auf ein Coenzym
und von dort auf eine α-Ketosäure

Für die Bildung dieser Aminosäuren werden α-Ketosäuren aus dem Citrat-Zyklus be-nötigt. Das C-Skelett der Verbindung aus dem Citrat-Zyklus bleibt dabei erhalten.

Wenn aber nun Verbindungen dem Citrat-Zyklus entnommen werden, müssen auffüllende (anaplerotische) Reaktionen existieren, welche die Konzentrationen an Zwischenverbin-dungen in diesem Zyklus auf dem notwendigen Niveau halten können. Dafür dient u.a. die bereits erwähnte Reaktion (→ Bild 3—7):

$$\text{Pyruvat} + \text{ATP} + CO_2 \rightarrow \text{Oxalacetat} + \text{ADP} + P_i.$$

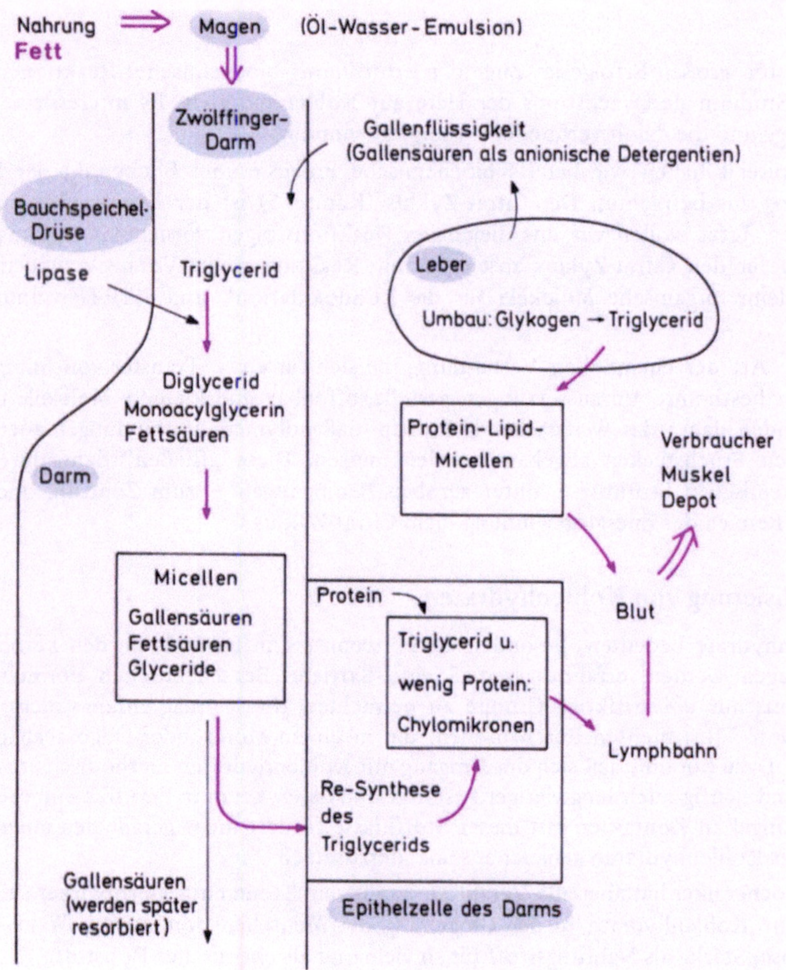

Nahrung
Fett
Magen
(Öl-Wasser-Emulsion)
Zwölffinger-Darm
Gallenflüssigkeit
(Gallensäuren als anionische Detergentien)
Bauchspeichel-Drüse
Lipase
Triglycerid
Leber
Umbau: Glykogen → Triglycerid
Diglycerid
Monoacylglycerin
Fettsäuren
Protein-Lipid-Micellen
Verbraucher
Muskel
Depot
Darm
Micellen
Gallensäuren
Fettsäuren
Glyceride
Protein
Triglycerid u.
wenig Protein:
Chylomikronen
Blut
Re-Synthese
des
Triglycerids
Lymphbahn
Gallensäuren
(werden später resorbiert)
Epithelzelle des Darms

Kapitel 6

Mobilisierung von Nährstoffen

Die ersten großen Erfolge im Zuge der Erforschung biochemischer Reaktionen gelangen beim Studium des Wachstums der Hefe auf Kohlenhydraten. Es interessierten die Abbauwege und die damit verbundene Energiegewinnung.

In Kapitel 4 haben wir bereits biochemische Prozesse vom Blickpunkt der Energiegewinnung aus betrachtet. Der Citrat-Zyklus (Kapitel 5) ist der Energiegewinnung vorgeschaltet. Jetzt wollen wir uns diejenigen Reaktionsfolgen vornehmen, die man als Zulieferer für den Citrat-Zyklus ansehen kann; Reaktionen, die Voraussetzungen schaffen, daß kleine organische Moleküle für die „Endoxidation" und ATP-Gewinnung bereitstehen.

An die Art der chemischen Verbindung, die sich für einen Transfer von Energie eignet, werden bestimmte Voraussetzungen gestellt; offenbar sind kleinere Moleküle bevorzugt. Wir finden daher das weitreichende Prinzip, daß polymere Verbindungen zuerst zu monomeren Bruchstücken abgebaut werden müssen. Diese „fließen" dann durch Umbau der chemischen Struktur — unter aeroben Bedingungen — zum Zentrum und effizientesten Bereich der Energiegewinnung, dem Citrat-Zyklus.

Mobilisierung von Kohlenhydraten

Kohlenhydrate bedeuten, besonders dann, wenn sie in Formeln an den Lernenden herangetragen werden, erfahrungsgemäß eine Barriere. Bei chemischen Formeln ist man gewohnt, nur *eine* reaktive Gruppe zu betrachten, und vermag anfangs nicht durch die Fülle von Substituenten durchzusehen, die in einem Mono- oder Oligosaccharid enthalten ist. Dazu kommt, daß sich der Umgang mit Kohlenhydraten methodisch etwas schwieriger und häufig auch langwieriger gestaltet und daher kaum in Praktika einbezogen wird. Der Mangel an Kontakten mit dieser Stoffklasse fördert nicht gerade den inneren Drang, sich mit Kohlenhydraten genauer auseinanderzusetzen.

Der Biochemiker hat aber alle Veranlassung, diesem Trend entgegenzuwirken; einzusehen, wie sehr Kohlenhydrate in der Umgebung des Menschen dominieren. Wald — Holz — Cellulose; Stärke als Nahrungsstoff für so viele und als chemischer Rohstoff.

Manch einer versüßt sich gern das Leben mit Zucker. Gemeint ist hier die Saccharose (Rohrzucker, Rübenzucker). Sie läßt sich leicht durch Hydrolyse spalten: in Glucose und Fructose. Jedes dieser beiden Produkte ist eine C_6-Verbindung, besitzt also ein Kohlenstoff-Skelett mit sechs C-Atomen. Saccharose ist daher ein Dimeres, ein Disaccharid.

In der Natur treffen wir neben Monosacchariden auch Oligosaccharide und vor allem Polysaccharide an.

Mit Glucose und Fructose lernen wir zwei Formen eines Monosaccharids kennen. Beide besitzen ein C_6-Gerüst, tragen aber — neben den Hydroxylfunktionen — die Carbonylfunktion an verschiedenen Stellen des Gerüsts. Man spricht von einer Aldose (mit Aldehydstruktur) im Falle der Glucose; und von Ketose, wenn Zucker, wie Fructose, die Carbonylfunktion nicht endständig, sondern im Inneren der Kette tragen.

Als Kohlenhydrat-Grundkörper deklariert man Verbindungen, die mehrere alkoholische Funktionen sowie eine Carbonylfunktion besitzen. Als einen Grundkörper kann man den Glycerinaldehyd ansehen. Dieser C_3-Aldose stellen wir die entsprechende Ketose gegenüber, Dihydroxyaceton.

Bild 6-1: Gegenüberstellung von Aldosen und Ketosen

Glycerinaldehyd besitzt am C-2 ein Asymmetriezentrum. Die C_6-Verbindung Glucose weist sogar 4 asymmetrische C-Atome auf. Die Grundform der Hexose erlaubt, die Formel von 16 verschiedenen Verbindungen aufzustellen, die sich nur in der Stereochemie der 4 asymmetrischen (= chiralen) Zentren unterscheiden.

Am Beispiel der Glucose kann man anschaulich machen, daß die eindeutige Bezeichnung einer Aldohexose mit Hilfe zweier Konventionen erreicht werden kann. Man geht dabei so vor, daß die entsprechende Verbindung in der **Fischer-Projektion** gezeichnet wird. Dann werden die Anordnung und Reihenfolge der Hydroxylgruppen längs der C-Kette verfolgt. Für die Fischer-Projektion muß die Hauptkette vorher so angeordnet werden, daß sie vom Betrachter aus eine Gerade bildet und die Substituenten jeweils rechts und links nach vorne weisen und dem Betrachter zugewandt sind. In dieser Form wird das Skelett in die Zeichenebene hineingedrückt.

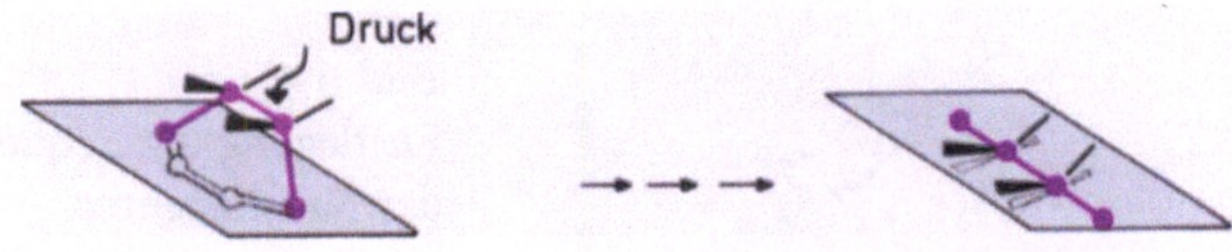

Bild 6-2: Projektion einer C-Kette in die Ebene

Es hängt von der Stellung der Hydroxylgruppe an dem C-Atom ab, das am weitesten von der Carbonylfunktion entfernt ist, ob wir die Verbindung der D- oder L-Reihe zurechnen. Bei D-Glucose zeigt die Hydroxylfunktion am C-5 nach rechts; wie bei dem — einmal dafür festgesetzten — Bezugspunkt D-Glycerinaldehyd. Sobald dies einmal festgelegt ist, bedeutet „D-gluco" die Reihenfolge der Hydroxylgruppen von C-2 bis C-5: rechts — links — rechts — rechts. L-gluco muß sich dazu wie ein Spiegelbild verhalten: links — rechts — links — links.

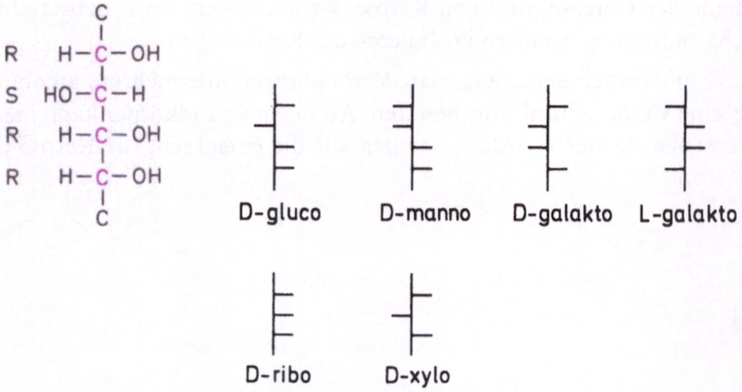

Bild 6-3: Stereochemie der 4 Asymmetriezentren von Hexosen

Eine andere, bei Kohlenhydraten allerdings wenig übliche Kennzeichnung der Asymmetriezentren ließe sich mit Hilfe der **R, S-Nomenklatur** durchführen. Dabei müssen die vier mit einem asymmetrischen C verbundenen Substituenten (oder formalen Reste) nach einer Reihenfolge geordnet werden. Die Reihenfolge der Substituenten basiert im wesentlichen auf zwei Sequenzregeln: 1. Atome mit höherer Kernladungszahl vor Atomen mit niedrigerer (z.B. $O > C > H$). 2. Man bezieht weiter außen liegende Substituenten mit ein, falls die Unterschiede der Substituenten in unmittelbarer Nachbarschaft des chiralen Zentrums nicht ausreichen.

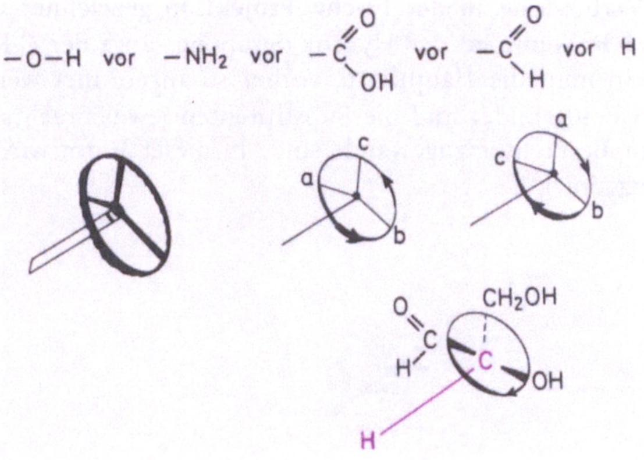

Bild 6-4:
Festlegung der Sequenz
der Substituenten

Anhand der Sequenzregeln werden die Substituenten geordnet. Dann stellt man sich ein Lenkrad mit einer Lenksäule vor. Den Substituenten mit niedrigster Priorität setzen wir in die von uns am weitesten entfernte Position, an das Ende der Lenksäule. Die verbleibenden drei Substituenten bringen wir nun am Lenkrad an. Wenn der Weg vom Substituenten höchster Priorität zum Substituenten mit zweithöchster Priorität zu einer Bewegung *im* Uhrzeigersinn führt, erhält das chirale Zentrum (in der Mitte des Lenkrads) die Konfigurationsbezeichnung R (rectus = rechts). Entsprechend ist die Aufeinanderfolge *entgegen* dem Uhrzeigersinn gleichzusetzen mit der Konfigurationsbezeichnung S (sinister = links). Nach dieser Konvention wäre Glucose mit den chiralen Zentren 1R, 2S, 3R, 4R zu charakterisieren (Bild 6—3).

Eine weitere Komplikation erfährt die ohnehin nicht gerade einfache Darstellung der Zuk-kerformeln mit dem Übergang zu zyklischen Strukturen. Pyran bzw. Furan sind die ent-sprechenden Grundstrukturen.

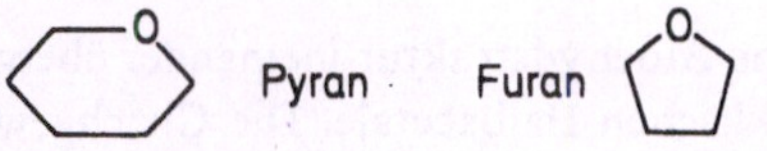

Pyran · Furan

Bild 6-5

Aldehyde und Ketone können intramolekular mit Hydroxylgruppen Acetale bzw. Ketale bilden (→ Bild 1—14). Dadurch entsteht jeweils ein *neues* chirales Zentrum, z. B. am C-1 der Glucose.

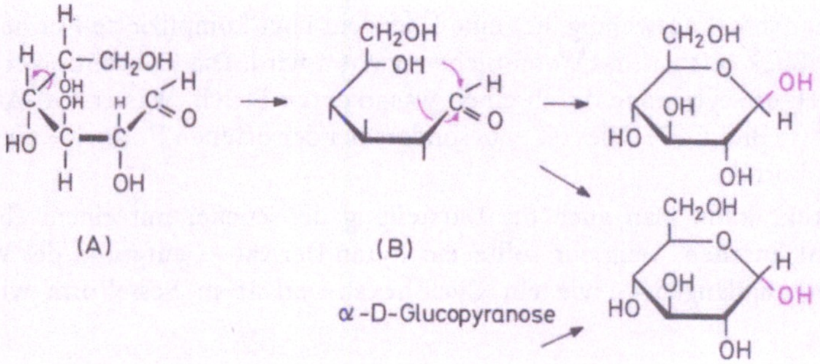

α-D-Glucopyranose

Bild 6-6: Ableitung der Formeln für α- und β-Glucose

Die Formel der Glucose wird zuerst ähnlich wie bei der Vorbereitung zur Fischer-Projek-tion angeordnet (A). Damit aber für die Acetalbildung die Hydroxylgruppe am C-5 in räumliche Nähe zur Carbonylgruppe am C-1 gelangt, muß die Bindung zwischen C-4 und C-5 — wie in Bild 6—6 (A) angedeutet — gedreht werden; dadurch kommt die CH_2OH-Gruppe oberhalb der sich bereits abzeichnenden Ringfläche zu stehen (B).

Der Sauerstoff vom C-5 kann die Carbonylfunktion am C-1 von zwei Seiten der sp^2-Ebene angreifen (B). Dementsprechend resultiert daraus ein Halbacetal mit der acetalischen Hydroxylgruppe oberhalb (= β-Konfiguration) oder unterhalb der Ringebene (= α-Kon-figuration). Diese Konfigurationsunterschiede bestehen auch, wenn man zu Vollacetalen übergeht: den α- oder β-Glykosiden.

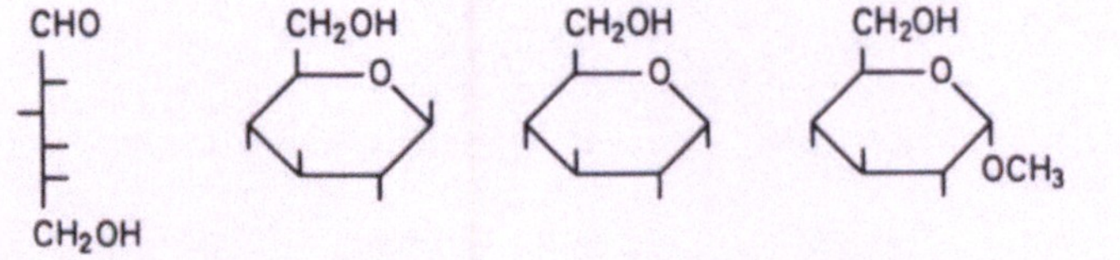

D-Glucose   β-D-Glucose   α-D-Glucose   α-D-Methylglucosid   *Bild 6-7*

Man darf nie außer acht lassen, daß eine glykosidische Bindung wie eine acetalische Bindung sehr leicht einer hydrolytischen Spaltung unterliegt; bereits ein schwach saures Milieu genügt. Obwohl es sich bei einem C-Glykosid um eine C-O-C(-)Bindung handelt, darf diese Bindung nie mit einer — chemisch überaus stabilen — Etherbindung verwechselt werden.

α-Glucose und β-Glucose können über die offene Aldehydstruktur ineinander übergehen. Im Gleichgewicht überwiegen eindeutig die zyklischen Halbacetale. Die Gleichgewichtseinstellung kann durch ein Enzym (Mutarotase) beschleunigt werden.

Ob es sich um eine α- oder β-glykosidische Bindung handelt, besitzt Bedeutung bei Derivaten von Monosacchariden: wenn z.B. ein α-Glucose-Derivat bei der Reaktion A entsteht, aber nur das entsprechende β-Glucose-Derivat für die Folgereaktion B verwendet werden kann. Ebenso wichtig ist die Bezeichnung α- oder β-Glykosid bei den polymeren Kohlenhydraten.

Kurzformeln sind manchmal notwendig, um eine Übersicht über komplizierte Formeln zu behalten, damit der Blick nur auf das Wesentliche gerichtet wird. Die Konvention erlaubt die Abkürzung der Hydroxylgruppe durch einen waagrechten Strich, Wasserstoff-Atome werden weggelassen (→ Bild 6—7). Dies ist — besonders bei der offenen Formel — einprägsam, aber nicht ganz korrekt.

Als vollständig korrekt kann man auch die Darstellung der Zucker mit einem ebenen Pyranring noch nicht ansehen, vielmehr sollte ein Pyran-Derivat — aufgrund der Werte für Winkel und Bindungslängen — wie ein Cyclohexan-Derivat in Sesselform wiedergegeben werden.

Disaccharide

Durch Verknüpfung zweier Monosaccharide über eine glykosidische Bindung entsteht ein Disaccharid. Falls dabei die Aldehydgruppe eines der beiden Monomeren frei bleibt, muß man von der Verbindung weiterhin reduzierende Eigenschaften erwarten. Die Aldehydgruppe eines Zuckers kann oxidiert werden, wobei gleichzeitig $Ag^+ \rightarrow Ag^\circ$ oder $Cu^{++} \rightarrow Cu^+$ reduziert wird. Darauf beruht z.B. der Nachweis mit Fehlingschem Reagens, mit dem man schnell (Auftreten von unlöslichem rötlich gefärbtem Cu_2O) reduzierende Gruppen in einem Saccharid erkennen kann.

Diese Zusammenhänge sollen am Beispiel der Maltose erklärt werden.

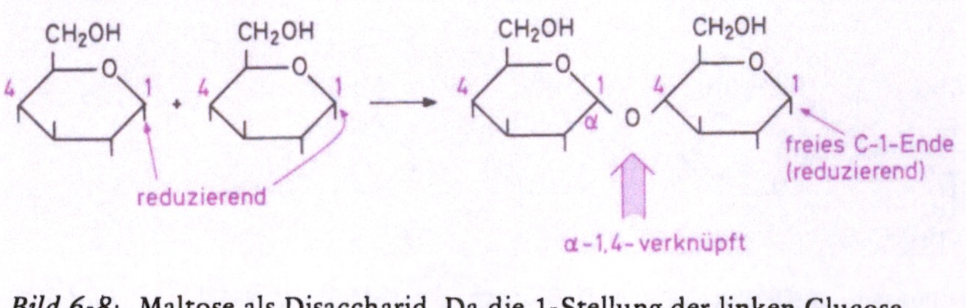

Bild 6-8: Maltose als Disaccharid. Da die 1-Stellung der linken Glucose mit der 4-Stellung der rechten Glucose verbunden wird, bleibt bei der rechten Glucose die Aldehydstruktur frei. Maltose ist ein reduzierender Zucker.

Als weiteres Beispiel ist der Milchzucker Lactose angeführt. Wir wollen den Zucker, um die räumliche Anordnung einmal zu demonstrieren, in der Sesselform zeichnen.

Zu bedenken ist in diesem Fall auch, daß bei einer β-1, 4-Bindung die korrekte Darstellung es notwendig macht, den zweiten Teil der Formel „auf den Kopf" zu stellen.

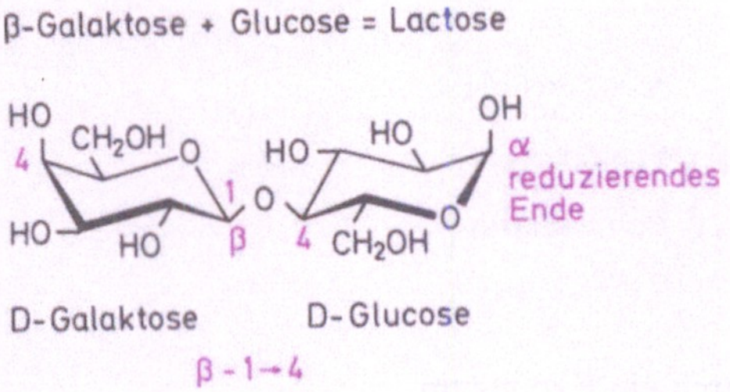

Bild 6-9:
β-Verknüpfung von Galaktose und Glucose

Zuletzt noch einmal zu der bereits eingangs erwähnten Saccharose. Hier bildet die Fructose-Einheit einen Furanring. Die reduzierenden Enden der beiden Zucker werden so miteinander verbunden, daß keine reduzierende Gruppe freibleibt.

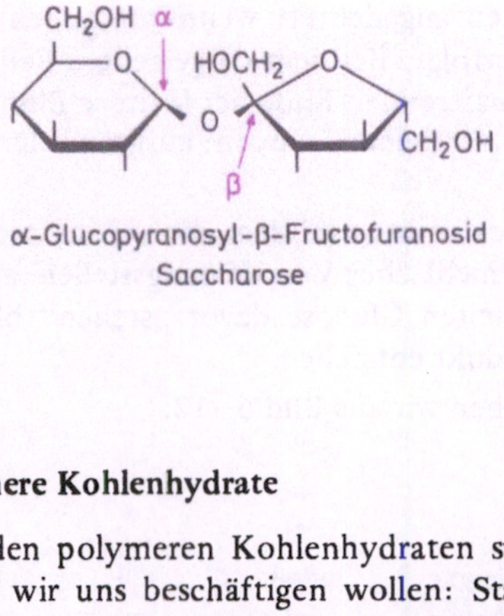

Bild 6-10

Polymere Kohlenhydrate

Von den polymeren Kohlenhydraten suchen wir uns vor allem zwei Beispiele aus, mit denen wir uns beschäftigen wollen: Stärke und Glykogen. Stärke ist das Hauptprodukt der Photosynthese der Pflanzen; sie wird gespeichert und steht als Reservekohlenhydrat für den Zeitpunkt zur Verfügung, zu dem keine Photosynthese möglich ist. Auf diese Weise profitiert auch der Mensch (z. B. beim Getreide) von der Vorsorge der Pflanze für ihre Nachkommenschaft.

Stärke ist ein Gemisch und besteht aus Amylose und Amylopektin. Amylose kann man sich am besten als lineares Polymeres mit α-1, 4-verknüpften Glucose-Einheiten vorstellen. Der lange Strang der Amylose kann vermutlich helixartige Raumstrukturen ausbilden. Eine Helix mit sechs Glucose-Einheiten pro Schraubengang könnte erklären, warum hydrolytische Enzyme definierte Oligomere (Hexamere) aus dem Molekül herausschneiden können. Die Einlagerung von Jodmolekülen in die helikalen Strukturen führt zu intensiv blau gefärbten Amylose-Jod-Komplexen und stellt einen sehr empfindlichen Nachweis für Stärke (z. B. in der Wurst) dar.

Amylopektin besitzt, neben α-1,4-glykosidischen Bindungen, jeweils nach 20 bis 25 Glucose-Einheiten auch 1,6-Verknüpfungen. Ähnlich — aber mit noch höherem Vernetzungsgrad — ist das Speicherkohlenhydrat in der Leber aufgebaut: Glykogen.

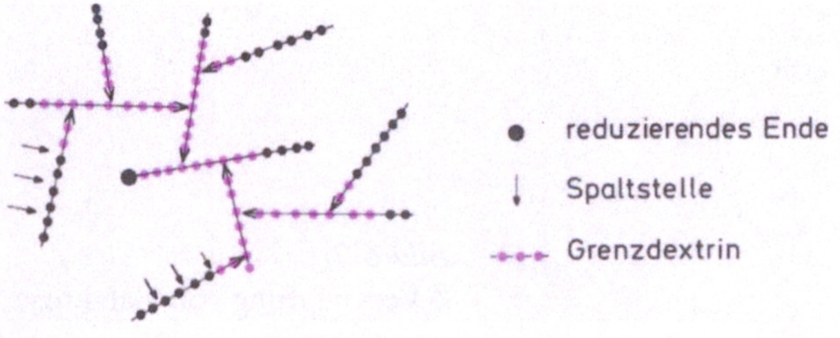

Bild 6-11: Abbau von Glykogen durch ein Exoenzym

Glykogen enthält nur ein freies reduzierendes Ende. Die Pfeile zeigen die Stellen an, an denen eine Bindung zwischen dem glykosidischen C-1 der einen Kette mit dem C-6 der Hauptkette besteht; dies sind die Verzweigungsstellen. Die aus dem großen Molekül herausragenden Enden sind immer Glucose-Moleküle mit freien Hydroxylgruppen am C-4.

In der Zeichnung sind bereits mögliche Spaltstellen angedeutet: wenn von außen nach innen ein schrittweiser Abbau durch Exoenzyme erfolgt. Bei dem dargestellten Fall handelt es sich um eine β-Amylase, die vom nicht-reduzierenden Ende her Maltose-Einheiten abspaltet. Die Hydrolyse erhöht die Zahl der reduzierenden Gruppen; aufgrund der Umkehr der Konfiguration entsteht Maltose in β-Form.

Bild 6—11 deutet auch gleichzeitig an, was zurückbleibt, nachdem die β-Amylase alle Ketten von außen her verdaut hat; da das Enzym nicht über Verzweigungsstellen „springen" kann und im Abstand von etwa zwei Einheiten Glucose davor „stehen" bleibt, muß ein Grenzdextrin der angedeuteten Art als Produkt entstehen.

Wie β-Amylase auf eine lineare Amylose wirkt, ersehen wir aus Bild 6—12.

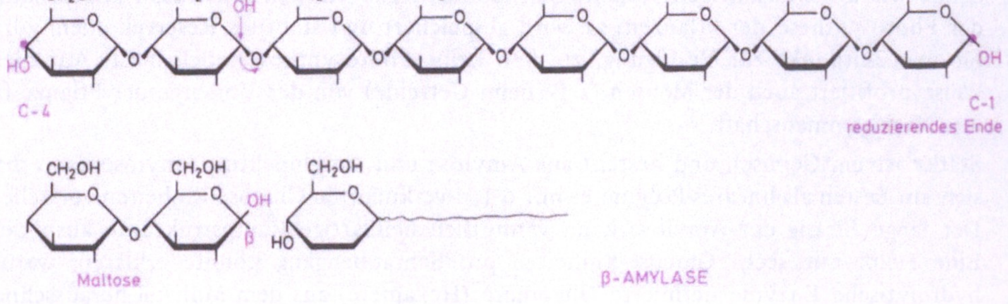

Bild 6-12

Die Abspaltung von Mono- oder Disaccharid-Einheiten aus einem polymeren Kohlenhydrat erfolgt aber nicht durch ein hydrolytisches Enzym allein. Viele Organismen verwenden dafür ganze Sets von Enzymen, die zusammenwirken, um auch Verzweigungsstellen usw. zu knacken.

Das Enzym **Phosphorylase** arbeitet nach einem etwas anderen Prinzip. Es nimmt seine Tätigkeit vom 4-OH(-)Ende des Polymeren auf und spaltet Glucose-Einheiten ab; aber phosphorolytisch und nicht hydrolytisch. Das Ergebnis sind Glucose-1-phosphat und die um ein C-Atom verkürzte polymere Kohlenhydratverbindung. Die Art der Spaltung macht klar, daß nicht etwa Glucose-4-phosphat oder Glucose-2-phosphat als Produkte des Abbaus von Stärke oder Glykogen in Frage kommen.

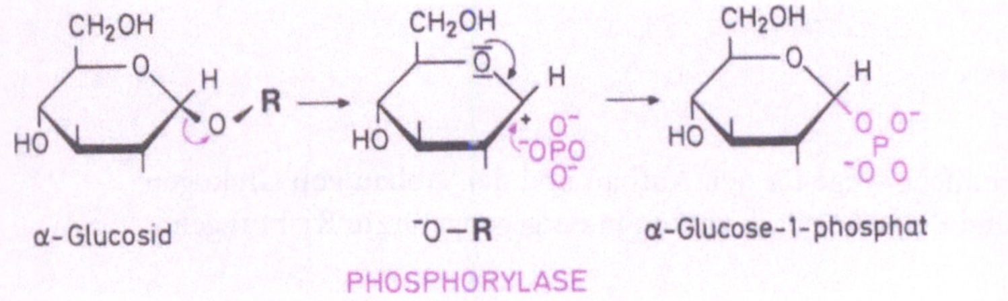

Bild 6-13: Phosphorolytische Abspaltung einer C_6-Einheit aus einem polymeren Kohlenhydrat

Mobilisierung des Glykogens durch Phosphorylase

Die Erniedrigung des Blutzucker-Spiegels führt im endokrinen Anteil des Pankreas zu einer raschen Ausschüttung von Glucagon, einem Peptidhormon. Ziel für dieses Hormon sind Leberzellen, deren Glykogen-Reserven abgebaut werden. Mit ähnlicher Funktion kann das Nebennierenmark Adrenalin als Hormon produzieren. Diese Verbindung aktiviert Leber- und Muskelzellen für die Glykolyse.

Die Wirkung der Hormone ist in mehrfacher Hinsicht interessant. Da ist einmal die heute noch nicht vollständig verstandene Aktivierung der Adenylat-Zyklase, eines Enzyms, das für die Synthese von zyklischem Adenosinmonophosphat (cAMP) verantwortlich ist.

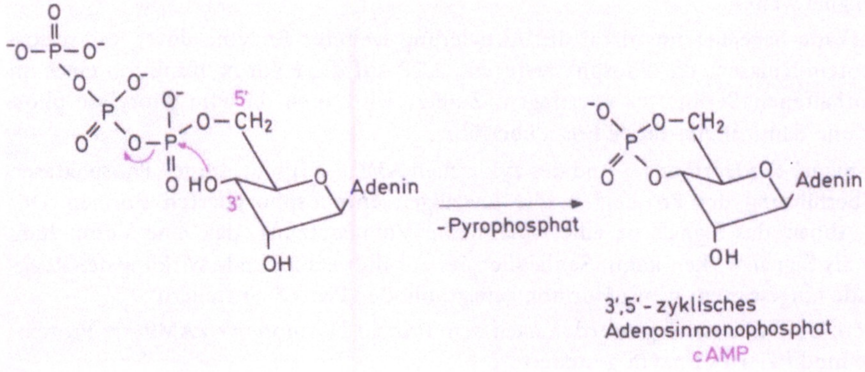

Bild 6-14: Übergang von ATP zu cAMP. Die korrekte Wiedergabe der sterischen Anordnung am Riboseteil hilft uns, die Brücke zwischen der 3'- und der 5'-OH-Gruppe zu verstehen

Nun tritt uns zum ersten Mal das Prinzip einer Reaktionskaskade entgegen: Bevor es zur eigentlichen enzymkatalysierten Reaktion — von Glykogen zu Glucose-1-phosphat — kommt, werden übergeordnete Enzyme chemisch modifiziert. Eine weitere Besonderheit finden wir in dem Prinzip, daß ein Regulationsphänomen nicht nur den Abbau einer Verbindung einschaltet, sondern auch gleichzeitig den möglichen Aufbau derselben Verbindung ausschaltet.

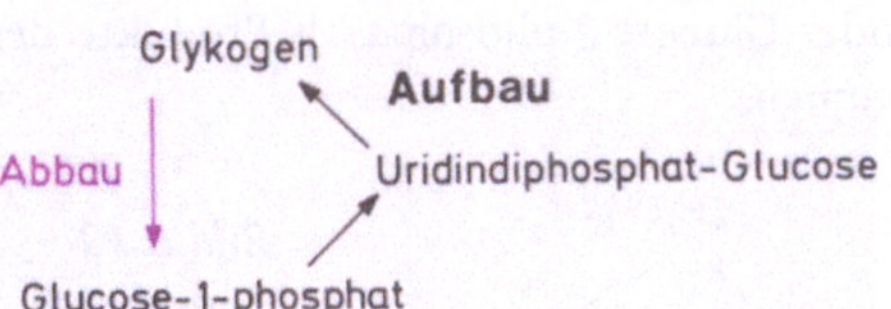

Bild 6-15: Unterschiedliche Wege für den Aufbau und den Abbau von Glykogen. Glykogen-Synthase und Phosphorylase wirken in entgegengesetzte Richtungen

Der nicht selten anzutreffende Fall, daß Abbau und Aufbau einer Verbindung nicht über die gleichen Schritte verlaufen, trifft auch beim Glykogen zu. Die Synthese geht nicht durch Umkehr der Phosphorylase-Reaktion vor sich, sondern erfolgt erst nach Aktivierung der Glucose auf die Stufe eines Nukleosid-diphosphats: Uridindiphosphat-Glucose ist die „aktive" Glucose-Einheit (vgl. Adenosindiphosphat-Glucose Bild 3—20), von der aus Glucose-Moleküle auf die wachsende Polymerenkette übertragen werden.

Die vom Hormon gesteuerte Kaskade zur Mobilisierung des Glykogens bewirkt gleichzeitig eine Desaktivierung der Glykogen-Synthase.

Der auslösende Impuls erfolgt an der Außenseite der Zellmembran, durch Bindung des Hormons am Rezeptor. Dies aktiviert die Adenylat-Zyklase an der Innenseite der Membran; damit wird das ursprüngliche Signal verstärkt. Durch Bindung von cAMP an die regulatorische Untereinheit und deren Abtrennung von der katalytischen Untereinheit läuft das Signal weiter.

In der Kaskade begegnet uns dann die Aktivierung weiterer Enzyme durch die reaktivierten Protein-Kinasen, die Phosphatreste von ATP auf die Hydroxylfunktion eines im Enzym enthaltenen Serinrestes übertragen. Zuletzt wird auch die Phosphorylase phosphoryliert und damit in die aktive Form überführt.

Wenn das Signal des Hormons — und des zyklischen AMP — erlischt, sorgen Phosphatasen für die Überführung der Proteine in die jeweiligen entphosphorylierten Formen. Der stoffliche Abbau des Signals ist eine wesentliche Voraussetzung, daß eine Verbindung überhaupt als Signal wirken kann. Schließlich sei auf die verstärkende Wirkung der Reaktionskaskade hingewiesen: wenig Hormon genügt, um den Prozeß zu steuern.

Auch andere Stoffwechselwege werden nach dem Prinzip Hormon ⟶ cAMP ⟶ Protein-Kinase ⟶ modifiziertes Enzym gesteuert.

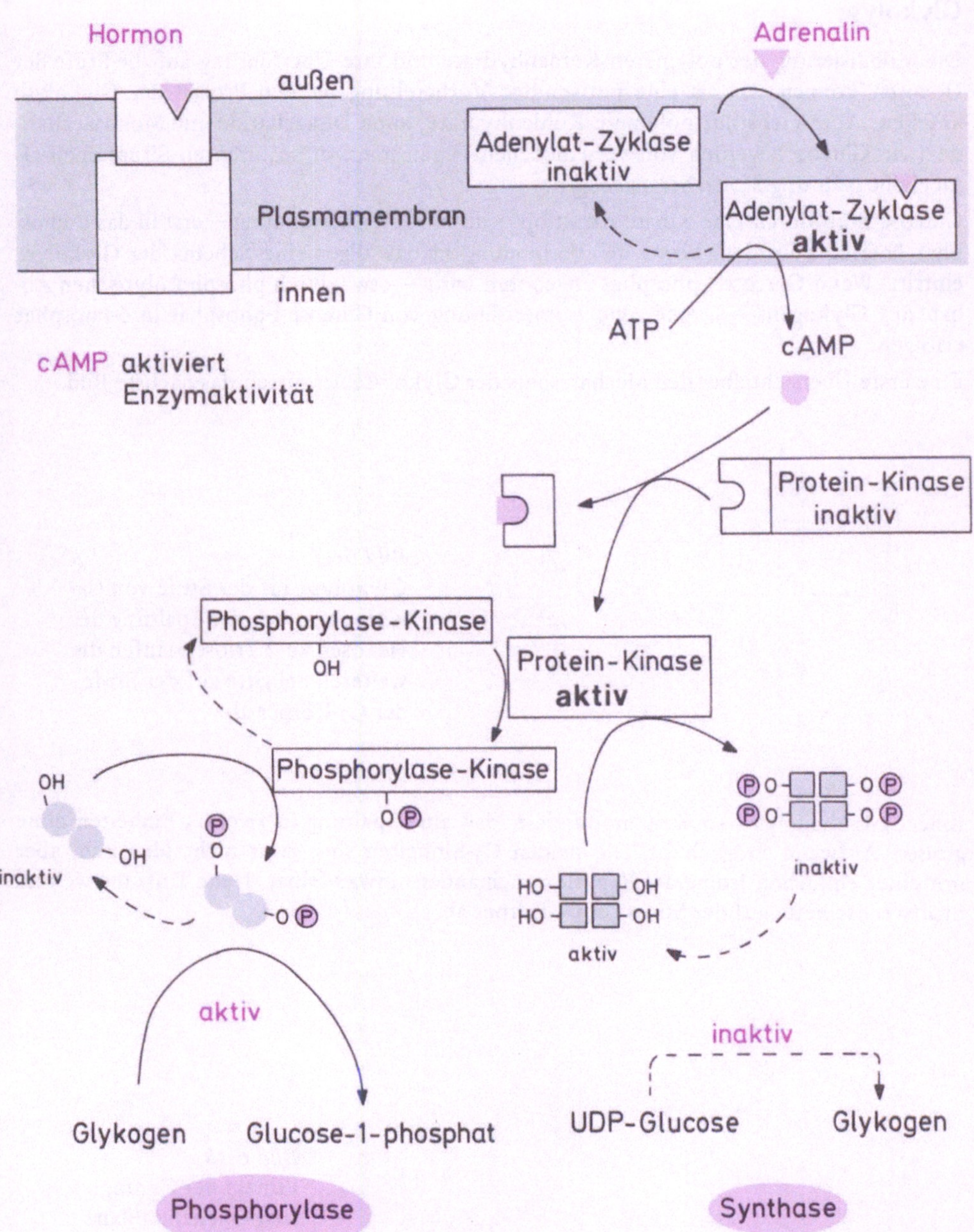

Bild 6-16: Gleichzeitiges Aufdrehen des Glykogen-Abbaues und Abdrehen der Glykogen-Synthese durch ein- und dasselbe Signal (Hormon — cAMP)

Glykolyse

Die Mobilisierung der polymeren Kohlenhydrate und ihre Überführung auf die Stufe der Hexosen können wir als eine notwendige Vorbereitung für den Prozeß der Glykolyse ansehen. Aber nicht nur polymere Kohlenhydrate, auch Disaccharide und Monosaccharide (wie Glucose) werden von verschiedenen Organismen in bestimmten Situationen als mögliche Nahrungsstoffe herangezogen.

Glucose muß durch eine Kinase-Reaktion — unter ATP-Aufwendung — erst in das 6-Phosphat überführt werden, bevor die Verbindung in das allgemeine Schema der Glykolyse eintritt. Wenn Glucose-1-phosphat angeboten wird — etwa durch phosphorolytischen Abbau des Glykogens — , muß eine Isomerisierung von Glucose-1-phosphat in 6-Phosphat erfolgen.

Eine erste Übersicht über den Mechanismus der Glykolyse vermittelt das nächste Bild.

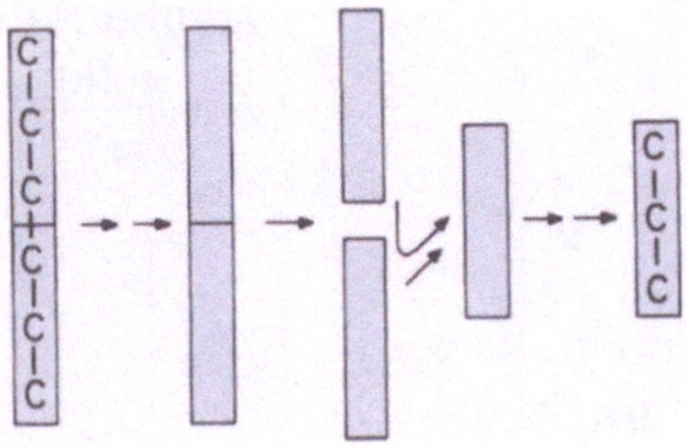

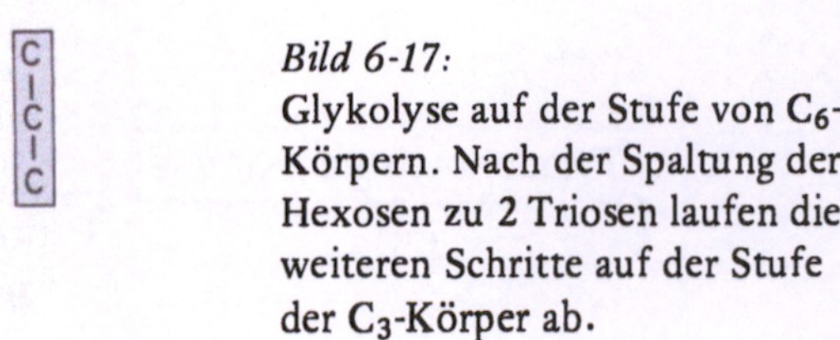

Bild 6-17:
Glykolyse auf der Stufe von C_6-Körpern. Nach der Spaltung der Hexosen zu 2 Triosen laufen die weiteren Schritte auf der Stufe der C_3-Körper ab.

Eine C_6-Einheit wird so weit modifiziert, daß eine Spaltung in zwei C_3-Einheiten ohne großen Aufwand möglich ist. Die beiden C_3-Einheiten sind zwar nicht identisch, aber mit einer einfachen Isomerase-Reaktion ineinander umwandelbar. Dann läuft die weitere Stoffwechselkette auf der Stufe der C_3-Körper ab.

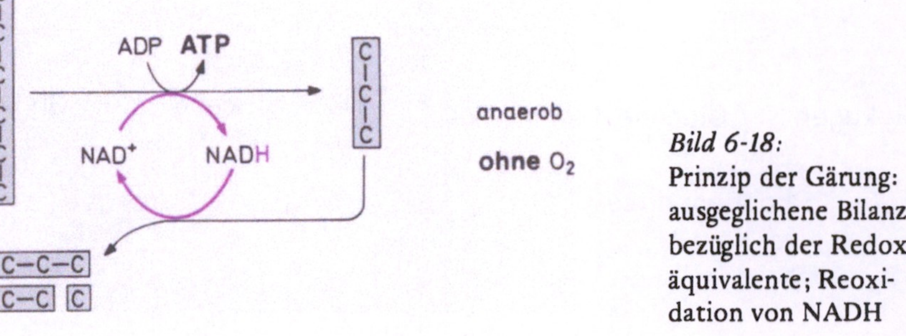

Bild 6-18:
Prinzip der Gärung: ausgeglichene Bilanz bezüglich der Redoxäquivalente; Reoxidation von NADH

Die Aufgabe, die sich hinter dem Stoffwechselweg „Glykolyse" verbirgt, erkennt man leicht, wenn man zwei extreme Situationen betrachtet: eine *anaerobe* Situation, bei Abwesenheit oder Mangel an O_2; ein Zustand, der bei Bakterien und Hefen und bei starker Belastung und hohem O_2-Verbrauch auch in einer Muskelzelle auftreten kann. Wir bezeichnen den Vorgang, wie er gerade vorher in Bild 6–18 skizziert ist, als *Gärung*.

Hervorzuheben ist der Umstand, daß bei der Glykolyse NADH gebildet wird und ein Mangel an NAD^+ als Substrat schnell zum Erliegen des Gesamtprozesses führen muß. Es schließt sich daher ein Reaktionsschritt an, der Reduktionsäquivalente in Form von NADH benötigt und so zur Regenerierung von NAD^+ beiträgt.

Völlig anders sieht die Situation bei Anwesenheit von O_2 aus (*aerobe* Bedingungen). Dann wird nämlich das Produkt der Glykolyse in die Mitochondrien transportiert und im Citrat-Zyklus vollständig bis zu CO_2 oxidiert. Die Elektronentransportkette koppelt NADH-Regenerierung mit der Reduktion des Sauerstoffs zu Wasser. Hier steht NAD^+ immer wieder für die Glykolyse zur Verfügung.

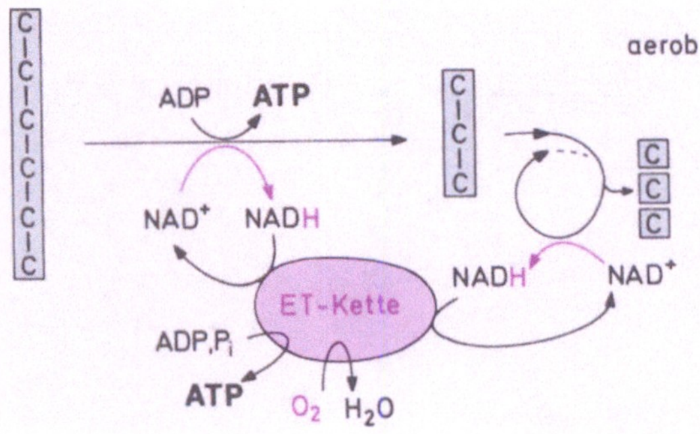

Bild 6-19: Regenerierung von NAD^+ unter aeroben Bedingungen. Glykolyse ist mit Citrat-Zyklus, ET-Kette und ATP-Bildung gekoppelt. Die Hexose wird dabei bis zu CO_2 oxidiert, alle Energie wird als ATP gespeichert.

Teilschritte der Glykolyse (Bild 6–20)

Wir beginnen die Beschreibung der Glykolyse mit der Umwandlung einer Aldose in eine Ketose, Glucose-6-phosphat in Fructose-6-phosphat (Reaktion ①). Diese Isomerisierung verläuft durch Säure-Base-Katalyse über die Stufe eines Endiols; ein Vorgang, den man auch ohne Enzym in alkalischer Lösung demonstrieren kann. Das Prinzip ist in Bild 6–21 hervorgehoben.

Es schließt sich eine Kinase-Reaktion ② an, die zum Fructose-1,6-bisphosphat führt. Eine Rückführung des Bisphosphats zum Fructose-6-phosphat geht nicht einfach durch Umkehr der Kinase-Reaktion vonstatten: stattdessen übernimmt eine Phosphatase ⑨ diese Aufgabe, die sich aber nur bei der Synthese der Kohlenhydrate, nicht bei der Glykolyse, stellt. Daß eine Phosphatase-Reaktion nicht einfach die Umkehrung der Kinase-Reaktion bedeutet, soll Bild 6–22 betonen.

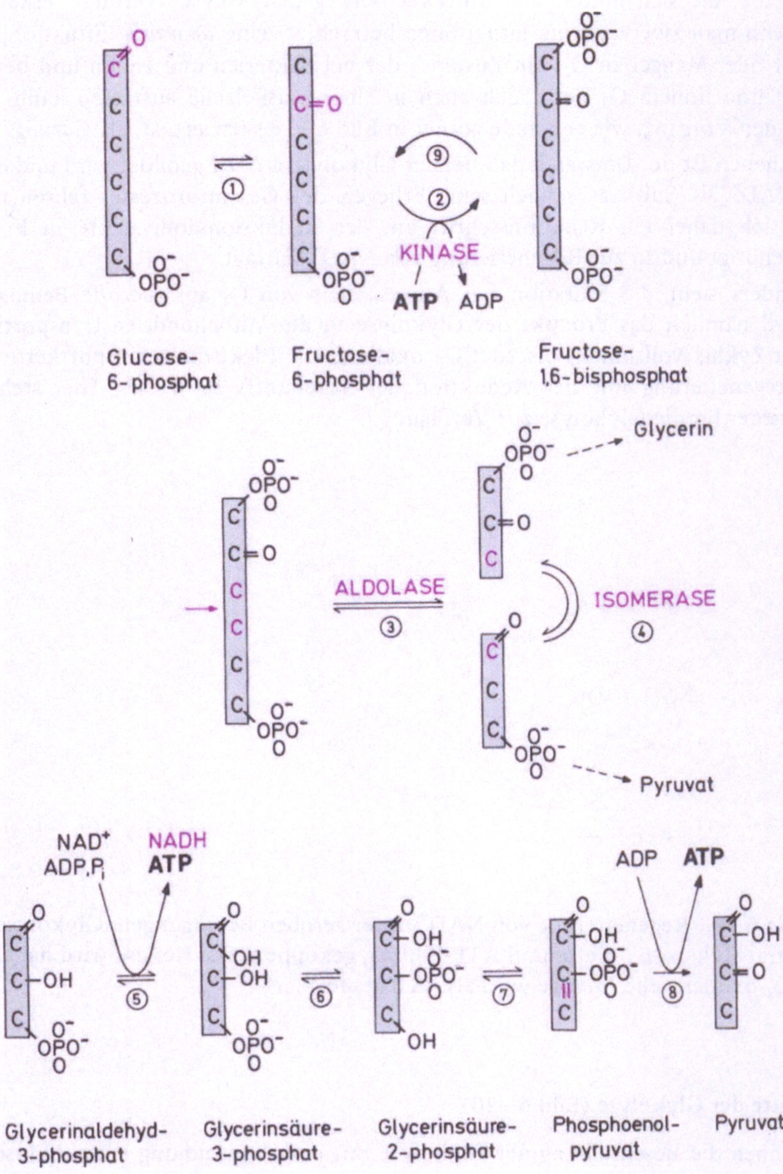

Bild 6-20: Glykolyse: der Weg von Hexosephosphat zu Pyruvat

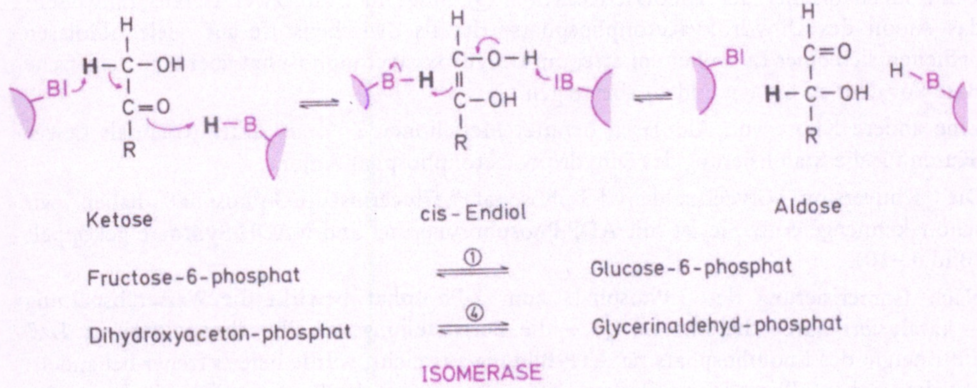

Ketose   cis - Endiol   Aldose

Fructose-6-phosphat $\overset{①}{\rightleftharpoons}$ Glucose-6-phosphat

Dihydroxyaceton-phosphat $\overset{④}{\rightleftharpoons}$ Glycerinaldehyd-phosphat

ISOMERASE

Bild 6-21: Isomerisierung Aldose ⇌ Ketose

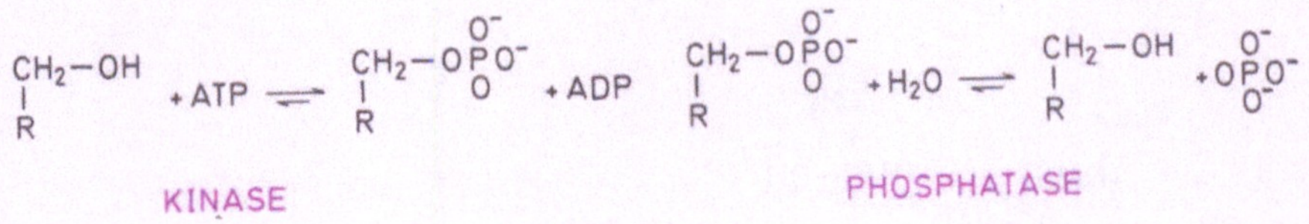

KINASE   PHOSPHATASE

Bild 6-22: Kinase und Phosphatase

Die Carbonylfunktion innerhalb der Kohlenstoffkette bewirkt eine beträchtliche Verminderung der Bindungskraft zwischen C-3 und C-4. Eine Retroaldolreaktion (Aldolase-Reaktion ③) ist möglich und führt auf die Stufe der C_3-Körper. Produkte der Reaktion sind eine Ketose (Dihydroxyacetonphosphat) und eine Aldose (Glycerinaldehydphosphat), die beide durch eine Isomerase ④ ineinander umwandelbar sind (Bild 6–21).

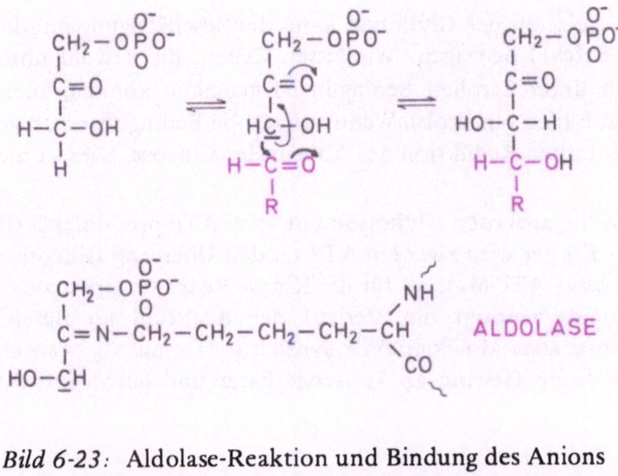

ALDOLASE

Bild 6-23: Aldolase-Reaktion und Bindung des Anions
des Dihydroxyacetonphosphats an das Lysin des Enzyms

Beim Mechanismus der Aldolase-Reaktion ③ muß man auf zwei Details hinweisen: das Anion des Dihydroxyacetonphosphats tritt als Zwischenstufe auf; viele Aldolasen bedienen sich einer Lysin-Seitenkette, um Dihydroxyacetonphosphat über eine Schiffsche Base kovalent zu binden und zu übertragen.

Eine andere Klasse von Aldolasen benutzt Metallionen Zn^{2+} als Aktivatoren; als Lewis-Säuren für die Stabilisierung des Dihydroxyacetonphosphat-Anions.

Die Konversion Glycerinaldehyd-3-phosphat $\rightarrow$ Glycerinsäure-3-phosphat haben wir schon kennengelernt. Sie ist mit ADP-Phosphorylierung und NADH-Synthese gekoppelt (Bild 3−10).

Nach Isomerisierung des 3-Phosphats zum 2-Phosphat bewirkt die Wasserabspaltung − katalysiert durch die Enolase ⑦ − die Bereitstellung von Phosphoenolpyruvat. Daß die Energie des Enolphosphats für ATP-Bildung ausreicht, wurde bereits früher behandelt. Mit dem Schritt Phosphoenolpyruvat $\rightarrow$ Pyruvat gelangt der Prozeß auf die Stufe, bei der sich mehrere Möglichkeiten für die weitere Reaktion ergeben.

Unter anaeroben Bedingungen verläuft die Gärung entweder zu Milchsäure oder bei anderen Organismen zu Ethanol.

CH_3 − $C{=}O$ − $COOH$ Pyruvat

$+NADH$ / $+NAD^+$

CH_3 − $HC{-}OH$ − $COOH$ Milchsäure (Lactat)

CH_3 − $C{=}O$ − H CO_2 Acetaldehyd

$+NADH$

CH_3 − $HC{-}OH$ − H Äthanol

Bild 6-24:
Mögliche Wege
vom Pyruvat
unter anaeroben
Bedingungen

Im Zustand der Aerobiose übernimmt der Citrat-Zyklus die Aufgabe des vollständigen Abbaus des C_3-Körpers.

Viel zum Verständnis der Regulation der Glykolyse kann die Beschäftigung mit dem folgenden Phänomen (Pasteur-Effekt) beitragen: Wir lassen Zellen, die sowohl unter vorwiegend anaeroben als auch unter aeroben Bedingungen gedeihen können, zuerst mit Glucose versorgen und Lactat bilden (anaerob). Wenn auf aerobe Bedingungen umgeschaltet wird, kommt es zu einer starken Reduktion des Abbaus der Glucose. Dies ist nicht sofort einsichtig.

Man muß daran denken, daß die anaerobe Glykolyse nur zwei ATP pro Molekül Glucose liefert: Auf der Stufe der C_6-Körper wird zwar ein ATP für den Übergang Glucose $\rightarrow$ Glucose-6-phosphat und ein weiteres ATP-Molekül für die Kinase-Reaktion Fructose-6-phosphat $\rightarrow$ Fructose-1,6-bisphosphat benötigt; im Verlauf der Reaktion im Bereich der C_3-Körper werden aber zweimal zwei Moleküle ATP synthetisiert − auf C_6 bezogen, sind dies 4 ATP. Daraus ergibt sich ein Gewinn an konservierbarer und leicht abberufbarer Energie von $\frac{2\,ATP}{Glucose}$.

Eine vollständige Verwertung der Energie der Glucose ist nur unter aeroben Bedingungen möglich. Wenn der Citrat-Zyklus dazugeschaltet wird, erhöht sich die Ausbeute auf $\frac{36\,\text{ATP}}{\text{Glucose}}$. Dabei setzen wir:

$$1\,\text{NADH} \to 3\,\text{ATP}, \qquad 1\,\text{FADH}_2 \to 2\,\text{ATP}.$$

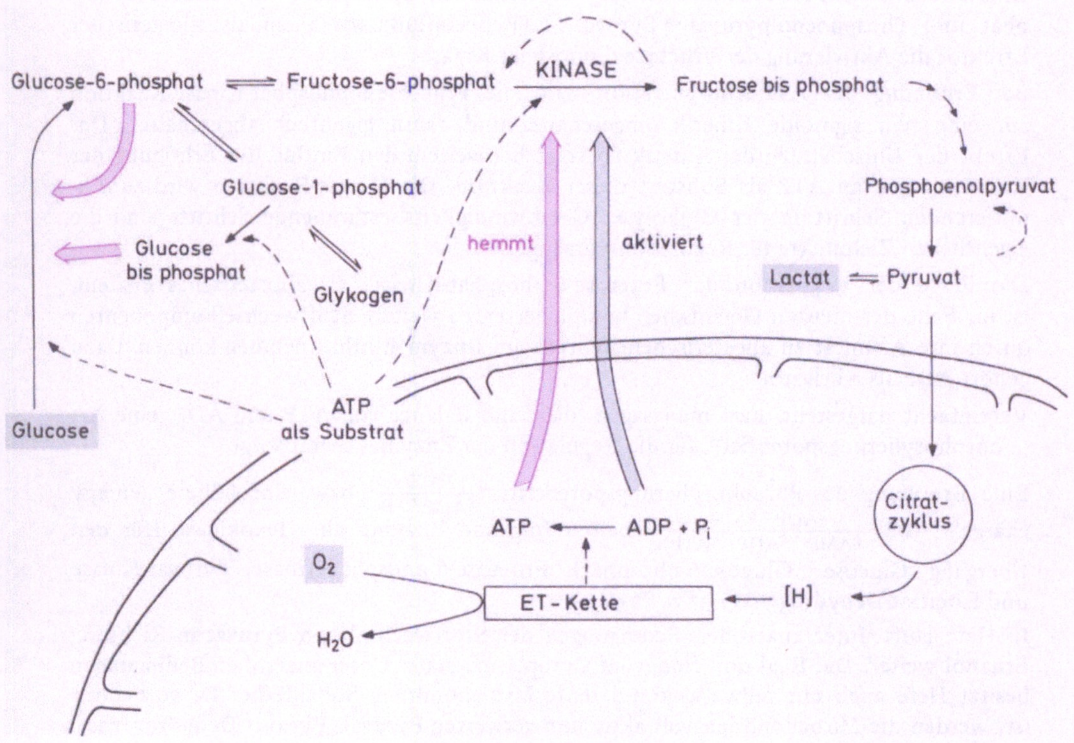

Bild 6-25: Einfluß von ATP und ADP in den Mitochondrien auf die regulierbaren Schritte der Glykolyse im Cytoplasma. Der Pasteur-Effekt resultiert aus dem Mangel an verfügbarem ADP; ist genügend ATP vorhanden — und ein Mangel an ADP — , kommt die Glykolyse zum Erliegen.

Die Abnahme der Glucose-Verwertung und die Reduktion der Lactat-Produktion beim Übergang zu aeroben Bedingungen läßt sich kurioserweise vor allem als Mangelsituation verstehen: ADP wird zum begrenzenden Faktor für den Fortgang des Glucose-Abbaus.

Läuft bei Abwesenheit von O_2 die Abbau-Sequenz von Glucose zu Lactat (Bild 6—25), so kommt es bei aeroben Bedingungen zum Mitwirken des Citrat-Zyklus und zur zusätzlichen ATP-Produktion in Mitochondrien. Die ausschlaggebenden Komponenten, ATP und ADP, sind aber nicht nur Substrate für mehrere Reaktionen: ATP bei den Kinase-Reaktionen, ADP beim Übergang Glycerinaldehydphosphat $\rightarrow$ Glycerinsäurephosphat und Phosphoenolpyruvat $\rightarrow$ Pyruvat. ATP beeinflußt vor allem als allosterischer Effektor die Aktivierung der Fructose-6-phosphat-Kinase.

Bei Erhöhung der ATP-Konzentration wird die Fructose-6-phosphat-Kinase-Reaktion auf eine rein sigmoide Kinetik umgeschaltet und damit eigentlich abgeschaltet. Der Effekt der Umschaltung der Kinetik überragt bei weitem den Einfluß der Erhöhung der Konzentration an ATP als Substrat dieser Reaktion. Die Kinase-Reaktion wird zum limitierenden Schritt in der Glykolyse. Geschwindigkeitsbestimmende Schritte sind die eigentlichen Zielpunkte für Regulationsvorgänge.

Die Frage der Regulation der Fructose-6-phosphat-Kinase, als allosterisches Protein, ist im Falle der meisten Organismen komplizierter, da weitere Stoffwechselkomponenten durch ihre Affinität zu allosterischen Zentren am Enzym Einfluß nehmen können. Dazu gehört ADP als Aktivator.

Vereinfacht dargestellt, darf man sagen, daß eine Balance von ATP und ADP, eine Art „phosphorylierungspotential", für die Regulation der Enzymaktivität sorgt.

Eine Erhöhung des Phosphorylierungspotentials $\frac{c_{ATP}}{c_{ADP} \cdot c_P}$ bzw. eine höhere „energy charge" $1/2 \cdot \frac{c_{ADP} \cdot c_{ATP}}{c_{AMP} \cdot c_{ADP} \cdot c_{ATP}}$ schalten folgende Enzyme ab: Hexokinase (für den Übergang Glucose $\rightarrow$ Glucose-6-phosphat), Fructose-6-phosphat-Kinase, Pyruvat-Kinase und Isocitrat-Dehydrogenase ($\rightarrow$ S. 96).

In Hefe läuft unter anaeroben Bedingungen der Stoffwechsel von Pyruvat in Richtung Ethanol weiter. Die Reaktion findet im Cytoplasma statt. Unter anaeroben Bedingungen besitzt Hefe auch nur teilweise kompetente Mitochondrien. Sobald aber O_2 vorhanden ist, werden die Mitochondrien voll aktiv und verwerten Pyruvat. Pyruvat-Dehydrogenase, für das Einschleusen in den Citrat-Zyklus notwendig, finden wir nur in den Mitochondrien. Das Enzym unterscheidet sich auch im Aufbau — als multifunktioneller Komplex — von der Pyruvat-Decarboxylase, die im Cytoplasma für den Weg in Richtung Acetaldehyd verantwortlich zeichnet.

Reduktionsäquivalente, die im Zuge der Glykolyse im Cytoplasma entstanden sind, können — für die weitere Verwertung mit Hilfe der Elektronentransportkette — nur über einen Umweg in die Mitochondrien gelangen. Da die Mitochondrien-Innenmembran impermeabel für NADH ist, muß ein *shuttle*-Mechanismus für den indirekten Transport in die Mitochondrien sorgen. Das Prinzip für einen derartigen Mechanismus ist in Bild 6—26 hervorgehoben: es werden Verbindungen in den Transport einbezogen, die durch die Innenmembran — im Austausch gegen andere Ionen — transportiert werden können. Dazu eignen sich Dicarbonsäuren und Aminosäuren; für beide besitzt die Innenmembran Transportsysteme.

In ähnlicher Weise müssen Reduktionsäquivalente auch beim Chloroplasten mit Hilfe eines Vehikels durch die Membran transportiert werden. Die Membran ist nicht permeabel für NADPH.

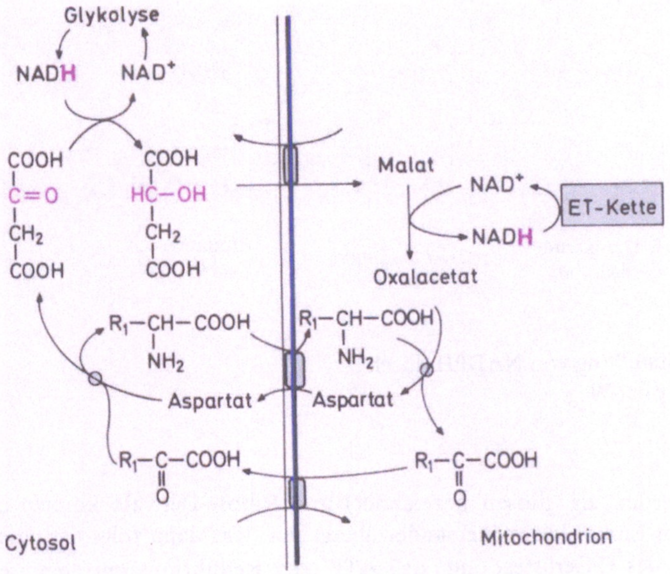

Bild 6-26: Shuttle zum Einschleusen von NADH. Durch Kombination von Dehydrogenase-Reaktionen und Transaminierungen gelangt NADH aus dem Cytosol in die Mitochondrien.

Die Redoxäquivalente erreichen über den Träger Malat das Innere der Mitochondrien. Der Träger wird in Form eines anderen C_4-Körpers, nämlich Aspartat, wieder in das Cytosol geschafft. Neben der Malat-Dehydrogenase, die sowohl innen als auch außen vorhanden ist, benötigt dieser Prozeß noch eine Transaminase, in der Regel Glutamat-Oxalacetat-Transaminase.

In vielen Fällen ist ein Abtransport der Reduktionsäquivalente (NADH) aus dem Cytosol gar nicht erwünscht. Für Synthesen — besonders für die Bildung der Fettsäuren im Cytoplasma — werden große Mengen an Reduktionsäquivalenten, allerdings vor allem NADPH, benötigt. NADPH kann bereitgestellt werden, wenn ein Teil des Kohlenhydratabbaus nicht über die Glykolyse, sondern über den Pentosephosphat-Zyklus erfolgt.

Pentosephosphat-Weg

In Geweben mit hoher Fettsäureproduktion, wie Fettgewebe oder Leber, spielt der Pentosephosphat-Zyklus eine Rolle; er fehlt hingegen bei Muskelzellen. Der Pentosephosphat-Weg zweigt auf der Stufe von Glucose-6-phosphat von dem uns bereits bekannten Stoffwechsel ab. Zuerst wird die Aldehydfunktion der Glucose zur Carboxylgruppe oxidiert — und Wasserstoff auf $NADP^+$ übertragen. Es entsteht Gluconsäure-6-phosphat. Als nächstes folgt eine Oxidation einer sekundären Alkoholgruppe zur Ketofunktion; wieder wird NADPH produziert. Als Zwischenprodukt (C_6) entsteht eine β-Ketosäure, die leicht decarboxyliert. Damit erreicht die Reaktionssequenz die Stufe der C_5-Körper.

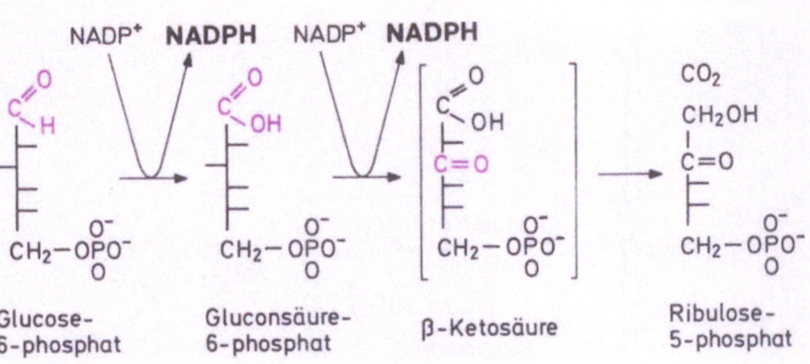

Bild 6-27: Bereitstellung von NADPH durch
den Pentosephosphat-Weg

Ribulose (Ketosen werden als -ulosen bezeichnet) und Ribose-Derivate können durch
Isomerisierung über ein Endiol leicht ineinander übergehen. Was dann folgt, ist eine viel-
fache Umgruppierung des C-Gerüstes; ohne daß ATP oder Reduktionsäquivalente eingehen, werden 3 C_5-Einheiten in 2 C_6 plus 1 C_3-Einheit überführt. Im Zuge der Regenerationsphase werden C_2-Bruchstücke (Glycolaldehyd) in Transketolase-Reaktionen und
C_3-Einheiten (Dihydroxyaceton) in Transaldolase-Reaktionen von einem Molekül auf ein
anderes übertragen. Es kommt somit ständig zum Lösen und Bilden von C-C-Bindungen.

Die Bilanz vom Standpunkt des Kohlenstoffskelettes aus wird in Bild 6—28 ersichtlich.

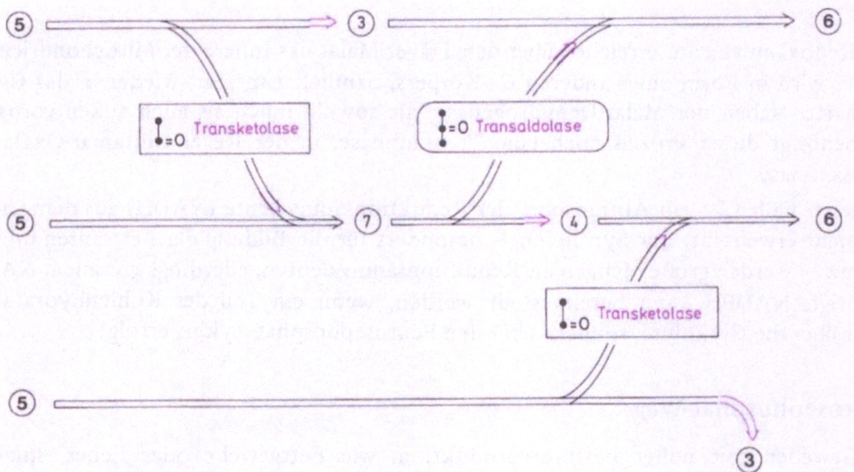

Bild 6-28: Weg des Kohlenstoffs beim Regenerieren von C_6-Einheiten aus C_5-
Körpern; 1 C_3-Körper fließt als Abbauprodukt weiter in Richtung Glykolyse.

Eine sehr schematische, dafür aber übersichtliche Darstellung des Pentosephosphat-Weges (Bild 6–29) läßt eine Phase erkennen, die vor allem durch ihre intensive Bereitstellung von NADPH charakterisiert ist. Daran schließt sich die Regenerationsphase an. Deren Produkte können entweder wieder in den Zyklus eingeführt werden oder aber von Glycerinaldehydphosphat aus die bereits bekannten Schritte der Glykolyse durchlaufen.

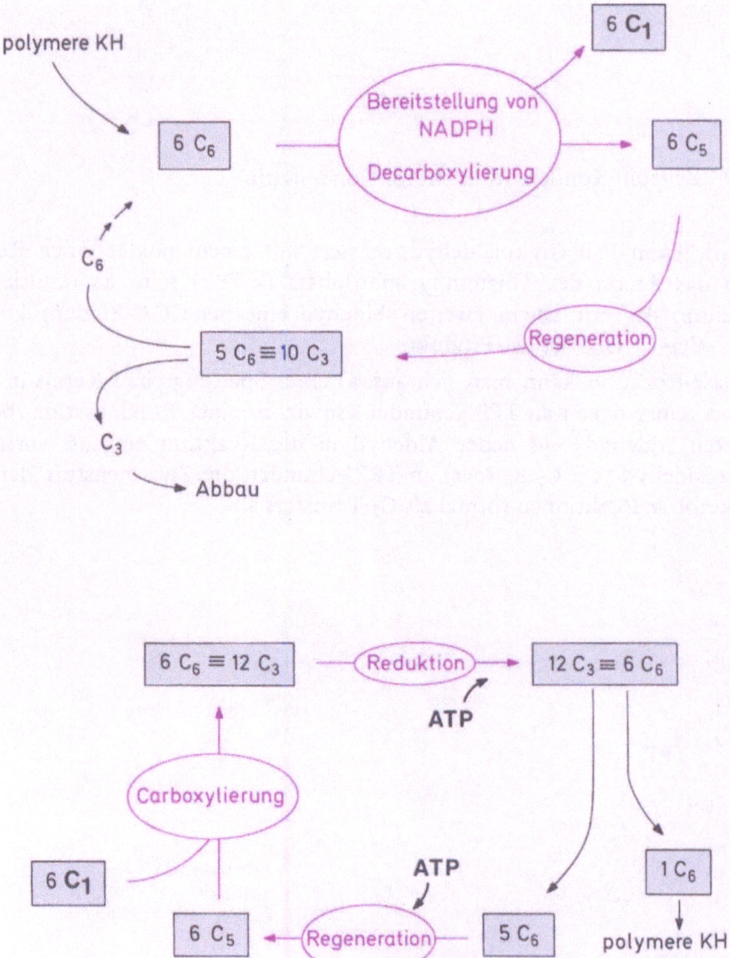

Bild 6-29: Der Pentosephosphat-Weg überführt C_6-Körper in C_3-Verbindungen. Der oxidative Pentosephosphat-Weg (oberer Teil des Bildes) ist dem reduktiven Pentosephosphat-Weg (unterer Teil) gegenübergestellt (→ Bild 7–3).

Der Pentosephosphat-Weg ist aber auch ein Reservoir an Bausteinen für Biosynthesen. Ribose-5-phosphat ist ein wichtiger Starter für die Nukleinsäure-Synthese. C_4-Verbindungen aus dem Pentosephosphat-Weg werden in der Aromaten-Biosynthese benötigt. Überschüssige C_5-Körper können in C_3-Körper überführt und damit entweder der Glykolyse oder anderen Prozessen zugeführt werden.

Transketolase-Reaktion

Eine Transketolase-Reaktion besteht aus zwei Teilreaktionen. Jede verläuft nach dem Prinzip einer Benzoin-Kondensation.

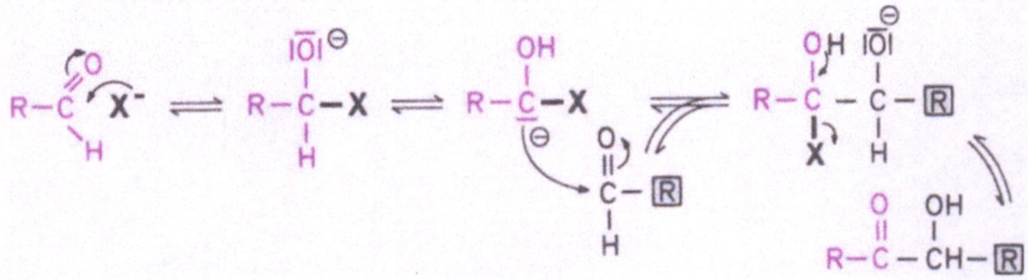

Bild 6-30: Benzoin-Kondensation (Ketol-Kondensation)

Ein Aldehyd, in diesem Fall Glykolaldehyd, reagiert mit einem nukleophilen Reagens (X^-); dies kann das Anion des Thiaminpyrophosphats (= TPP) sein. Es resultiert ein reaktives Carbanion, das mit einem zweiten Aldehyd eine neue C-C-Bindung knüpfen kann. Ein Ketol $-CO-CHOH-$ ist das Produkt.

Eine Transketolase-Reaktion kann man sich aus a) einer Spaltung eines Ketols in Aldehyd plus Aldehyd (einer davon an TPP gebunden) sowie b) einer Kondensation, bei der anstelle des ersten Aldehyds ein neuer Aldehyd in die Reaktion eingeht, vorstellen. Da immer Glykolaldehyd (ein C_2-Körper) an TPP gebunden die Zwischenstufe darstellt, verlaufen Transketolase-Reaktionen formal als C_2-Transfers ab.

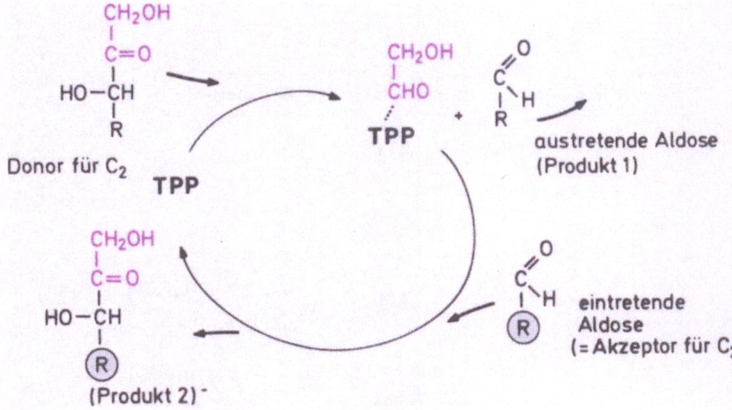

Bild 6-31: Transketolase-Reaktion. TPP ($\rightarrow$ S. 91) bildet den Träger für den C_2-Aldehyd

Transaldolase-Reaktion

Diese Reaktion ist in vielen Belangen der Aldolase-Reaktion vergleichbar; C_3-Einheiten in Form von Dihydroxyaceton werden von einer Verbindung auf die andere übertragen. Als C_3-Donoren eignen sich nur Kohlenhydrate, die ein Dihydroxyaceton (wie z.B. Ulosen) bereits vorgebildet besitzen.

Mobilisierung von Fetten

Große Mengen an Kohlenhydraten stehen der Menschheit als Naturprodukte zur Verfügung, weil Pflanzen Reserven angelegt haben. Ähnliches gilt für die gängigen Quellen an pflanzlichen Lipiden. Reservelipide sind in allen Samen enthalten, z. B. in Erdnüssen.

Reservefette sind fast ausschließlich Triglyceride

Lipide sind als Strukturelemente der Membranen ubiquitär in der lebenden Welt verbreitet. Fette als Reserven sind aber nur in spezialisierten Geweben anzutreffen. Das gilt sowohl für die pflanzlichen Lipide der Nährgewebe als auch für die Lipide der tierischen Fettgewebe.

Zu Großmutters Zeiten war es nicht ungewöhnlich, daß die Hausfrau sich die Seife selbst kochte. Die Schmierseife erhält der Seifensieder nach der Gleichung

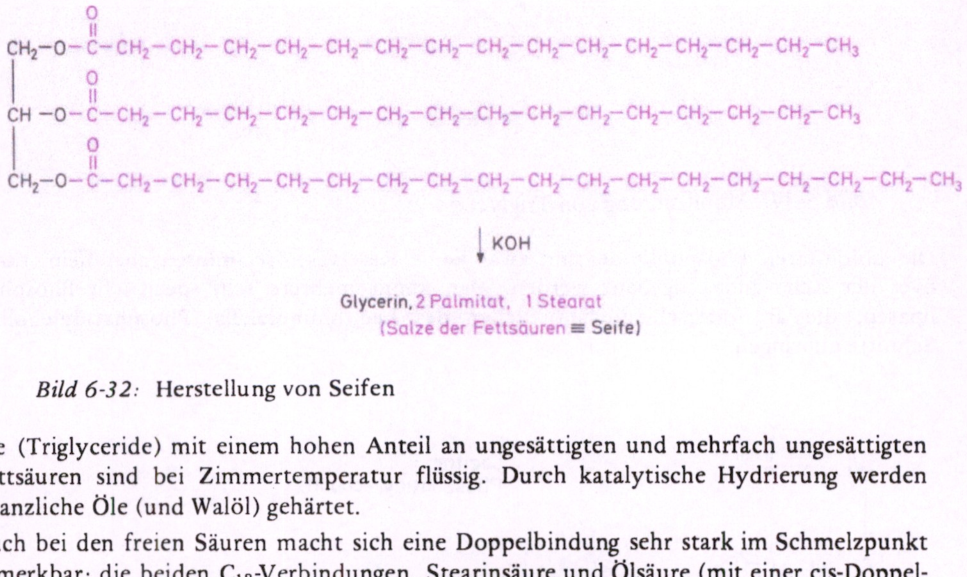

Glycerin, 2 Palmitat, 1 Stearat
(Salze der Fettsäuren ≡ Seife)

Bild 6-32: Herstellung von Seifen

Öle (Triglyceride) mit einem hohen Anteil an ungesättigten und mehrfach ungesättigten Fettsäuren sind bei Zimmertemperatur flüssig. Durch katalytische Hydrierung werden pflanzliche Öle (und Walöl) gehärtet.

Auch bei den freien Säuren macht sich eine Doppelbindung sehr stark im Schmelzpunkt bemerkbar; die beiden C_{18}-Verbindungen, Stearinsäure und Ölsäure (mit einer cis-Doppelbindung), schmelzen bei 70° bzw. 14°C. Hoch ungesättigte Lipide mit Linolensäure sind Komponenten der Chloroplastenmembranen.

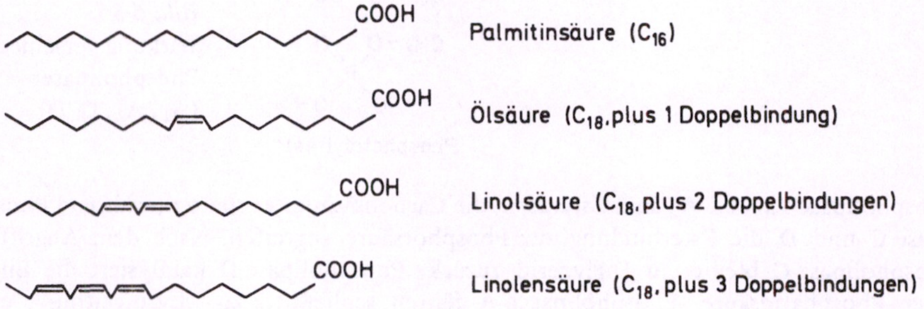

Palmitinsäure (C_{16})

Ölsäure (C_{18}, plus 1 Doppelbindung)

Linolsäure (C_{18}, plus 2 Doppelbindungen)

Linolensäure (C_{18}, plus 3 Doppelbindungen)

Bild 6-33

Fette stellen auch für den tierischen Organismus ideale Speichersubstanzen dar; pro Gramm Substanz setzt der Abbau der Fette — im Vergleich zu Kohlenhydraten und Proteinen — die höheren Energiemengen frei. Für die Mobilisierung der Triglyceride kennen wir im Fettgewebe der Tiere eine hormonsensitive Triglycerid-Lipase, die ihrerseits über Adenylat-Zyklase in ihrer Aktivität reguliert wird. Die stationäre Konzentration an cAMP hängt aber nicht nur von der Syntheserate, sondern auch von der Aktivität des abbauenden Enzyms ab. Eine Phosphodiesterase überführt cAMP in Adenosin-5'-monophosphat (AMP).

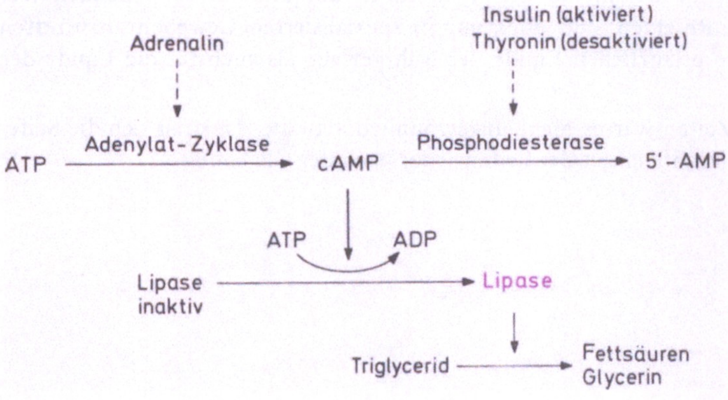

Bild 6-34: Mobilisierung von Triglycerid

Die ubiquitären **Phospholipide** sind zwar keine Reservestoffe, müssen aber beim turnover der Zelle auch abgebaut werden. Man kennt mehrere sehr spezifische Phospholipasen, die an unterschiedlichen Stellen des Lecithinmoleküls (Phosphatidylcholin) Schnitte anbringen.

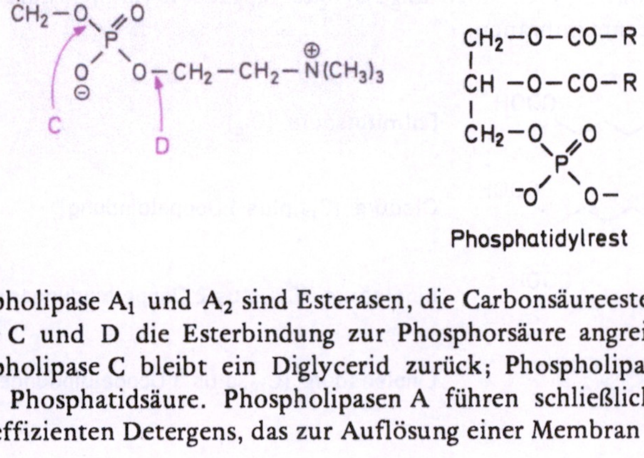

Bild 6-35: Wirkung verschiedener Phospholipasen (A_1, A_2, C, D)

Phospholipase A_1 und A_2 sind Esterasen, die Carbonsäureester spalten; während Phospholipase C und D die Esterbindung zur Phosphorsäure angreifen. Nach dem Angriff von Phospholipase C bleibt ein Diglycerid zurück; Phospholipase D katalysiert die Bildung einer Phosphatidsäure. Phospholipasen A führen schließlich zu „Lysolecithin", einem sehr effizienten Detergens, das zur Auflösung einer Membran beitragen kann.

Fettsäure-Abbau

Vor dem Abbau werden Fettsäuren an Coenzym A gebunden und über einen Träger-mechanismus in die Mitochondrien gebracht. Dazu wird die Fettsäure von Coenzym A auf Carnitin (ein Derivat der 3-Hydroxybuttersäure) übertragen und als Carnitin-Ester durch die Mitochondrien-Innenmembran transportiert. In den Mitochondrien erfolgt wieder ein Transfer auf das Coenzym A, womit nun die Fettsäure-β-Oxidation gestartet werden kann.

In tierischen Geweben werden Fettsäuren nicht nur in den Mitochondrien, sondern auch in Peroxisomen abgebaut. Peroxisomen sind Organellen, die eine ähnliche Größe wie Mitochondrien, aber nur eine einfache Membran besitzen. Der Fettsäure-Abbau in pflanz-lichen Zellen erfolgt ausschließlich in Glyoxysomen, einer den Peroxisomen ähnlichen Organellenart.

Der Ausdruck **β-Oxidation**, für den Abbauweg der Fettsäuren, rührt daher, daß jeweils zwischen dem α- und β-Atom ein Schnitt — eine Abspaltung von einer C_2-Einheit — erfolgt und daß im Zuge dieser Oxidation eine β-Hydroxycarbonsäure entsteht.

$$R - \overset{3}{\underset{\beta}{CH_2}} - \overset{2}{\underset{\alpha}{CH_2}} - \overset{1}{COOH} \qquad R - \underset{OH}{CH} - CH_2 - COOH$$

Bild 6-36:
β-Hydroxycarbonsäure

Die β-Oxidation zerschneidet eine Fettsäure mit gerader Anzahl von C-Atomen in eine größere Anzahl von C_2-Einheiten (Essigsäure-Einheiten; Acetyl-SCoA). So können aus einer C_{18}-Verbindung (Stearinsäure) 9 C_2-Einheiten entstehen.

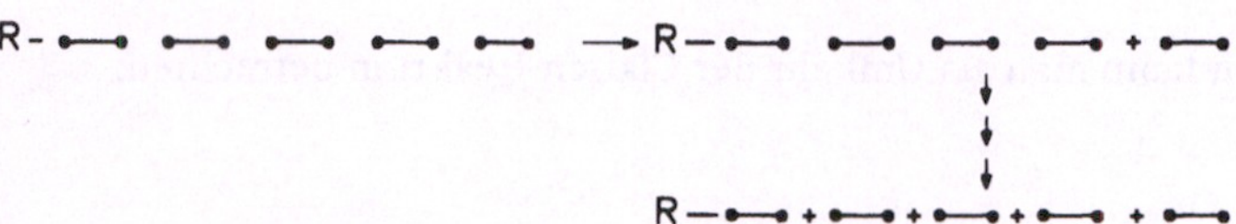

Bild 6-37: Bruttoreaktion der β-Oxidation

Der Prozeß benötigt am Anfang — zur Ausbildung des Coenzym-A-Esters — Coenzym A und ATP; in der Folge wird Wasserstoff auf Wasserstoff-Akzeptoren übertragen (NAD$^+$ und FAD), und schließlich wird für die Spaltung der C-C-Bindung in der Thiolase-Reak-tion nochmals Coenzym A benötigt.

Da in der Bruttoreaktion zwischen der Fettsäure-β-Oxidation und der späteren Verwer-tung von Acetyl-Coenzym A das Coenzym immer wieder rezyklisiert wird, da auch ferner immer wieder das reduzierte NADH und FADH$_2$ an der Elektronentransportkette der Mitochondrien reoxidiert werden, bedeutet der Abbau einer Fettsäure in bezug auf Energiegewinnung folgendes: Verbrauch von ATP bei der Überführung in den Coenzym-A-Ester, dafür Gewinnung von großen Mengen ATP bei der Verwertung der Reduktions-äquivalente an der mitochondrialen ET-Kette.

$$CH_3-CH_2-CH_2-C\underset{SCoA}{\overset{O}{<}}$$

Oxidation (FAD als H-Akzeptor)

$$CH_3-CH=CH-C\underset{SCoA}{\overset{O}{<}}$$

Wasseranlagerung

$$CH_3-\underset{OH}{CH}-CH_2-C\underset{SCoA}{\overset{O}{<}}$$

Dehydrogenase (NAD$^+$ als H-Akzeptor)

$$CH_3-\underset{O}{\overset{\|}{C}}-CH_2-C\underset{SCoA}{\overset{O}{<}}$$

Spaltung mit Thioalkohol

$$CH_3-C\underset{SCoA}{\overset{O}{<}} + CH_3-C\underset{SCoA}{\overset{O}{<}}$$

Bild 6-38:
Teilschritte der β-Oxidation

Der Abbau der Acyl-Coenzym-A-Verbindung beginnt mit der Dehydrierung zwischen C_α und C_β — mit FAD als H-Akzeptor. Es folgt die Wasseranlagerung an die Doppelbindung; dabei entsteht eine β-Hydroxy-Verbindung (β-Hydroxyacyl-Coenzym A). Eine Dehydrogenase ist für die Überführung des sekundären Alkohols in das Keton verantwortlich, und eine Thiolase katalysiert anschließend die Spaltung zwischen dem C_α und dem C_β: Produkte sind die um zwei C-Atome kürzere Fettsäure — als Coenzym-A-Ester — und Acetyl-Coenzym A.

Die Thiolase-Reaktion kann man als Umkehr der Claisen-Reaktion betrachten.

$$CH_3-C\underset{OR}{\overset{O}{<}} + CH_3-C\underset{OR}{\overset{O}{<}} \overset{NaOR}{\rightleftharpoons} CH_3-\underset{O}{\overset{\|}{C}}-CH_2-C\underset{OR}{\overset{O}{<}}$$

Claisen-Kondensation   *Bild 6-39*

Während eine Claisen-Reaktion mit einem Sauerstoff-Ester (Bild 6—39) nur in wasserfreiem Medium bei Anwesenheit einer starken Base möglich ist, gelingt im Falle eines Thioesters diese Kondensation leichter, auch in wäßrigem Milieu. Aber auch bei Verwendung von Thioestern ist die Reaktion nur wenig geeignet, in Richtung Synthese verwendet zu werden; das Gleichgewicht liegt ganz auf der Seite der Spaltung in Acetyl-Coenzym A. Dies ist einer der Gründe, warum — im Prinzip — bei der Synthese der Fettsäuren einige Schritte identisch zum Abbau verlaufen, dies aber nicht für den Thiolase-Schritt gilt. Die Spaltung der C-C-Bindung nach dem Prinzip einer Retro-Claisen-Kondensation ist in Bild 6—40 formuliert.

Der Angriff eines Thiolat-Anions des Enzyms führt zur Lockerung der C-C-Bindung und Abspaltung des Anions des Acetyl-Coenzym A.

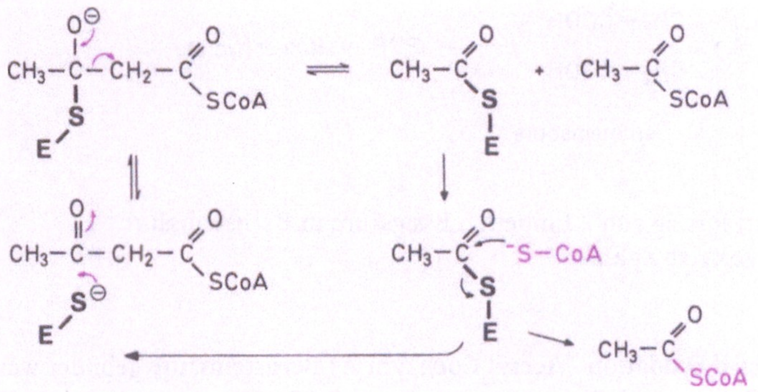

Bild 6-40: Mechanismus der Thiolase-Reaktion

Nach einem einmaligen Durchgang — einschließlich der vier Reaktionen (Bild 6–38) — entstehen aus einem Acyl-Coenzym-A-Derivat Acetyl-Coenzym A und das um zwei C-Atome verkürzte Acyl-Coenzym-A-Derivat. Dieselben Enzyme, die bereits vorher Anwendung gefunden haben, sind auch jetzt für die nächste Runde und ein abermaliges Verkürzen um eine C_2-Einheit verantwortlich. Man spricht von einer Spirale der β-Oxidation, weil das Kohlenstoffgerüst des Substrats sich jeweils um eine C_2-Einheit verringert, dieselben Enzyme aber für die verschieden langen Acyl-Coenzym-A-Verbindungen zuständig sind. Das Produkt der β-Oxidation ist Acetyl-Coenzym A.

Was geschieht im Anschluß an die β-Oxidation der Fettsäuren? Acetyl-Coenzym A wird — sofern es in den Mitochondrien gebildet wurde — sofort im Citrat-Zyklus weiter abgebaut. Wenn ein Mikroorganismus — auf Fettsäuren oder Alkanen als Kohlenstoffquelle gewachsen — oder Pflanzenzellen Fett mobilisieren, schließt sich in der Regel ein Mechanismus an, der mit minimalem Verlust die Bruchstücke des Fettabbaus für den Übergang zum Kohlenhydrat-Aufbau liefert. Häufig ist die Stoffwechselsituation die, daß Reservestoffe in Form von Lipiden nur zu dem Zweck mobilisiert werden, um Baustoffe für die Zellsynthese — und das sind mengenmäßig vor allem Kohlenhydrate (Cellulose oder andere Zellwandbestandteile) — zur Verfügung zu stellen.

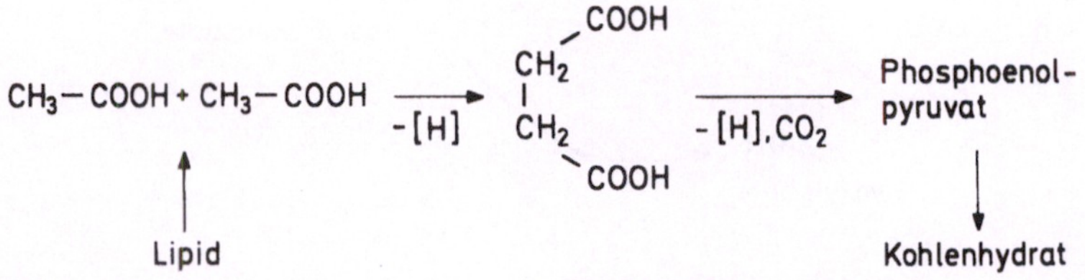

Bild 6-41: Prinzip eines Weges, um Kohlenhydrate aus Lipiden aufzubauen

Einen Mechanismus der erforderlichen Art besitzen bestimmte Organismen in Form des **Glyoxylat-Zyklus**. Ohne Decarboxylierung kann nach der Gleichung

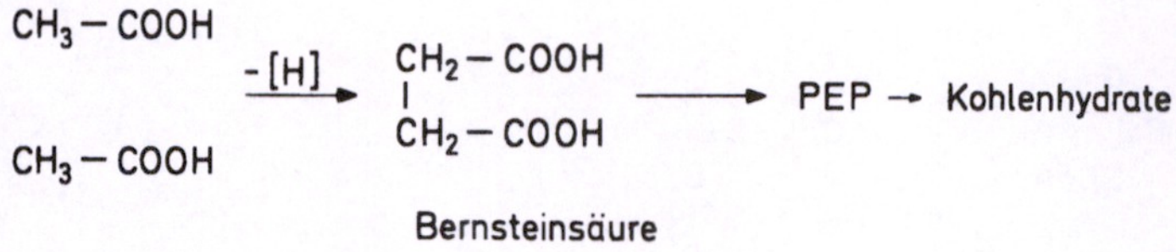

$$CH_3-COOH \;/\; CH_3-COOH \xrightarrow{-[H]} CH_2-COOH \;/\; CH_2-COOH \longrightarrow PEP \rightarrow Kohlenhydrate$$

Bernsteinsäure

Bild 6-42: Überführung von 2 Einheiten Essigsäure in Bernsteinsäure im Zuge des Glyoxylat-Zyklus

aus den Produkten der β-Oxidation (Acetyl-Coenzym A) Bernsteinsäure gebildet werden; über den Glyoxylat-Zyklus und Phosphoenolpyruvat (PEP) führt der Weg zu Kohlenhydraten.

Der Gesamtzyklus für die Überführung von Acetyl-Coenzym A in Bernsteinsäure enthält viele Reaktionen, die wir bereits vom Citrat-Zyklus her kennen, z.B. die Kondensation von Oxalacetat mit Acetyl-Coenzym A zu Citronensäure und deren Isomerisierung zu Isocitronensäure. Neu sind für uns die Spaltung der Isocitronensäure zu Glyoxylsäure und Bernsteinsäure (Prinzip der Aldol-Reaktion) sowie die Kondensation von Glyoxylsäure mit Acetyl-Coenzym A zu Malat; ein Vorgang, der mit der Citrat-Synthese Ähnlichkeit besitzt.

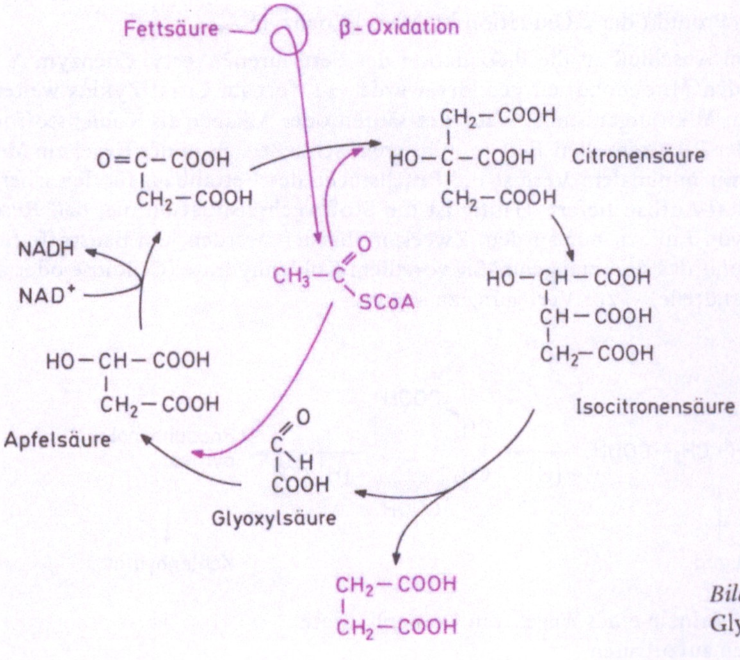

Bild 6-43: Glyoxylat-Zyklus

Mobilisierung von Protein

Die Hydrolyse von Proteinen versorgt die Zelle mit Aminosäuren für die Neusynthese von Enzymen und Strukturprotein. Protein kann aber auch als Energiequelle dienen, wenn nicht nur die Spaltung zu Aminosäuren erfolgt, sondern diese auch weiter in den Stoffwechsel und letztlich in den Citrat-Zyklus gelangen.

Bei der Mobilisierung von Proteinen wollen wir uns zwei Situationen genauer ansehen: das Schicksal der Proteine im Zuge der Verdauung im extrazellulären Raum sowie die Abbaumechanismen für Proteinreserven, die innerhalb einer Zelle — innerhalb der Speicherorganellen — angelegt worden waren.

Im Magen und Darmtrakt stehen Exo- und Endoenzyme (Proteasen) zur Verfügung, die den Abbau katalysieren. Diese Enzyme werden in der Regel von den Zellen als inaktive Vorstufen (Zymogene) ausgeschüttet und erlangen erst nach Abspaltung einer Peptidkette den Zustand des aktiven Enzyms.

Proteine sind Reserven innerhalb der Pflanzenzellen; sie werden bei Samenreifung in eigens dafür geschaffene Organellen verpackt, in die Proteinkörper. Die Mobilisierung dieser Reserven bei der Samenkeimung bedeutet eine totale Veränderung der Struktur und Funktion der Organellen.

Der Abbau beginnt häufig mit dem Angriff einer **Endoprotease**. Später beschäftigen sich Exoenzyme mit den Spaltstücken; eine Carboxypeptidase vom C-Terminus, eine Aminopeptidase vom Amino-Ende her.

Einige bekannte Proteasen sind in der folgenden Tabelle zusammengestellt. Sie sind nach reaktiven Gruppen im aktiven Zentrum klassifiziert.

Klasse	Hemmbar durch	Enzym	Funktion
Serin-Proteasen	Phosphofluoridat	Chymotrypsin Trypsin Thrombin	Verdauung Verdauung Blutgerinnung
Metallo-Exopeptidasen	o-Phenanthrolin	Carboxypeptidase Aminopeptidase	Verdauung
Thiol-Proteasen	Jodacetat	Papain	pflanzliches Protein
„saure" Proteasen	—	Pepsin	Verdauung

Je nach Wirkmechanismen der Proteasen kann die Katalyse durch selektive Inhibitoren gehemmt werden.

Bild 6-44:
Diisopropylphosphofluoridat hemmt Proteasen, die eine Seringruppe im aktiven Zentrum besitzen. Phenanthrolin wirkt als Chelat-Bildner.

Thiol-Proteasen, wie Papain, enthalten eine reaktive SH-Gruppe (des Cysteins) im Zentrum; sie muß für die Funktion in der reduzierten Form vorliegen. Es entsteht bei der Enzymkatalyse ein Acylenzym, ein Thioester, als Zwischenstufe mit kovalenter Bindung des Substrats.

Protein-Mobilisierung bei der Verdauung

Pepsinogen wird von der Magenschleimhaut sezerniert und ist die Vorstufe für die Endopeptidase Pepsin. Die Überführung der Vorstufe, des **Zymogens**, in das aktive Enzym wird durch die hohe Protonenkonzentration im Magen eingeleitet; später erfolgt der Übergang zum aktiven Enzym durch Autokatalyse. Die Säurekatalyse kann nicht in den Zellen der Magenschleimhaut vor sich gehen, sondern erst im Magensaft, wo pH-Werte unter 2 vorliegen. Daher sind Proteine im Magen einer starken Denaturierung ausgesetzt; sie werden aufgefaltet. Später kommt es im Darm zur Neutralisierung durch Gallenflüssigkeit und Pankreassekret.

Im **Pankreassekret** sind weitere inaktive Vorstufen vorhanden: Endopeptidasen wie Trypsinogen und Chymotrypsinogen sowie die inaktive Exopeptidase Procarboxypeptidase. Die Aktivierung der Proenzyme bedeutet neben der hydrolytischen Abspaltung einer kurzen Peptidkette immer auch eine Veränderung der räumlichen Struktur.

Den vollständigen Abbau der Proteine zu Aminosäuren führen dann die beiden Exopeptidasen Carboxypeptidase sowie — vom N-Terminus her — die Aminopeptidase des Darmepithels durch.

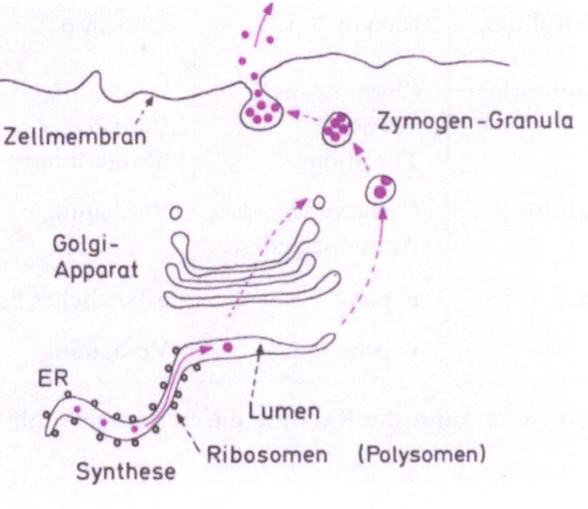

Bild 6-45:
Weg der Enzymvorstufen vom Lumen des ER bis in den extrazellulären Raum. Durch diesen Prozeß wird verhindert, daß das Protein in das Cytoplasma gelangt.

Die Synthese der Zymogene im Pankreas erfolgt am Endoplasmatischen Retikulum (ER). Dieses Membransystem durchzieht die Zelle; in seiner Nähe befinden sich häufig andere Membransysteme, wie z.B. der Golgi-Apparat. In Zellen mit ausgeprägter Produktion an sekretorischen Proteinen — Proteinen, die nach der Synthese in Membranen verpackt und von der Zelle ausgeschieden werden — ist das Endoplasmatische Retikulum mit Ribosomen, den Proteinsyntheseapparaten, belegt. Golgi-Apparat tritt mit größerer Intensität auf, wenn die Zellen Glykoproteine synthetisieren.

Der Weg der Zymogene verläuft derart, daß die fertigen Proteine nach ihrer Synthese am Ribosom im Lumen des Endoplasmatischen Retikulums aufscheinen und über die anderen Vesikel (Golgi-Vesikel, Zymogengranula) schließlich den Zellraum verlassen, ohne jemals im Cytosol aufzutauchen.

Nachdem das Proenzym auf diese Weise von Pankreas-Zellen abgegeben wurde, erfährt es seine Aktivierung durch Peptidabspaltung, Umfaltung und Ausbildung des aktiven Zentrums. Für den Übergang Proenzym → Enzym wird eine Endoprotease benötigt. Die Zellen des Zwölffingerdarms produzieren Enterokinase, die in der Lage ist, ein Hexapeptid von Trypsinogen abzuspalten und damit Trypsin zu liefern. Trypsin aktiviert durch hydrolytische Spaltung die anderen Proenzyme: Chymotrypsinogen, Procarboxypeptidase usw.

Stellvertretend für andere Proteasen, soll hier kurz der Mechanismus der Katalyse für eine spezielle Protease, nämlich **Chymotrypsin**, dargestellt werden.

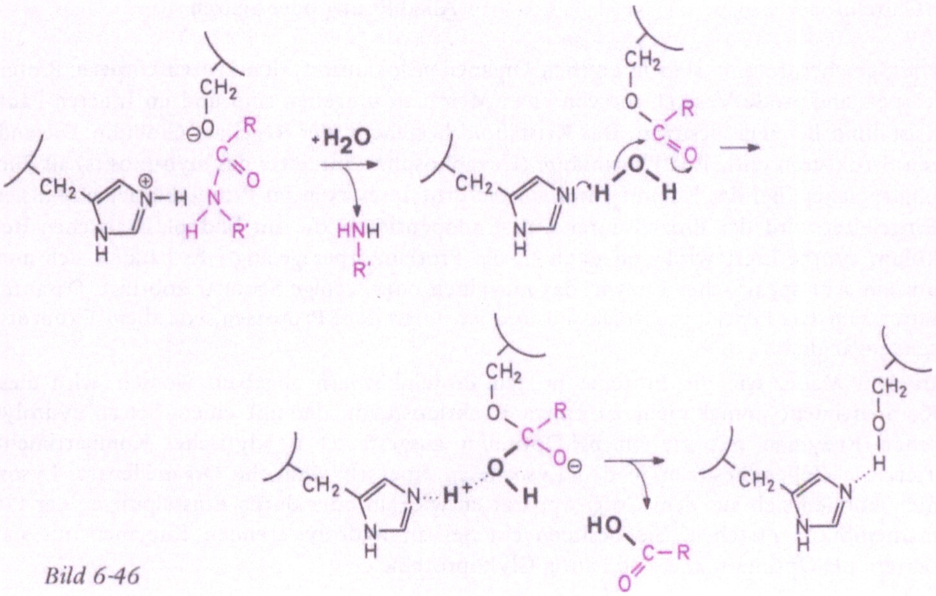

Bild 6-46

Das Substrat, ein Peptid, und seine kovalente Bindung –NH–CO– sind rot gezeichnet. Der Amino-Teil wird abgelöst, während der Carboxyl-Teil am Enzym verbleibt. Für die hydrolytische Ablösung des Carboxyl-Teils wird ein Proton von Wasser abstrahiert. Neben anderen Gruppen, die in den Gesamtprozeß eingreifen, ist besonders die Funktion eines Histidinrestes interessant, der zuerst ein Proton von Serin übernimmt, dieses später beim Lösen der N-C-Bindung des Peptids wieder abgibt, und zwar an das Stickstoffatom der Peptidbindung. Als Zwischenstufe tritt ein modifiziertes Enzym auf; am Sauerstoffatom des Serins ist kovalent eine Acylgruppe — des Peptidrestes — gebunden. Chymotrypsin und Trypsin, das nach einem ähnlichen Mechanismus arbeitet, werden aus den beschriebenen Gründen als Serin-Proteasen bezeichnet. Wenn Diisopropylphosphofluoridat (Bild 6—44) mit der essentiellen Seringruppe dieser Enzyme reagiert — und nach Abspaltung von HF eine Phosphosäureester-Bindung gibt — , führt dies zur Inaktivierung. Diisopropylphosphofluoridat hemmt auch andere Enzyme mit essentieller Seringruppe, z.B. Esterasen, wie Acetylcholin-Esterase; es wirkt deshalb als Nervengift.

Mobilisierung der endogenen Speicherproteine

Proteinreiche Samen — Beispiel Sojabohnen — zählen zu den wichtigsten natürlichen Grundstoffen. Tiere sind nur in wenigen Fällen in der Lage, Aminosäuren herzustellen, und sind deshalb bei Protein und Aminosäuren ganz besonders auf die Pflanzen angewiesen.

Die pflanzlichen Proteine, aber auch die tierischen, werden häufig nach ihrem Lösungsverhalten eingeteilt. Besonders auffällig ist das Verhalten der Globuline, die erst in 2—4 M NaCl löslich sind und bei Dialyse der Lösung gegen Wasser wieder ausfallen.

Proteinklasse	löslich in
Albumin	verdünnter Puffer
Globulin	Salzlösung
Prolamin	50 % Ethanol
Glutelin	Alkalilösung oder Säuren

Die Speicherproteine sind in eigenen Organellen lokalisiert, den **Proteinkörpern**. Proteinkörper sind große Vesikel, die von einer Membran umgeben sind und im Inneren häufig kristalline Bereiche besitzen. Das Kristalloid besteht in der Regel aus Globulin. Die anderen Strukturen enthalten Phytinsäure (Hexaphosphorsäureester des myo-Inosits) als Phosphatspeicher. Bei der Keimung werden die Proteinreserven im Proteinkörper mobilisiert. Eingeleitet wird der Prozeß durch eine Endopeptidase, die am Endoplasmatischen Retikulum synthetisiert wird und dann in die Proteinkörper gelangt. Es handelt sich meist um ein sehr spezifisches Enzym, das nur einen oder wenige Schnitte anbringt. Daraufhin faltet sich das Peptidbruchstück um und ist für weitere Proteasen, vor allem Exoproteasen, zugänglich.

In dem Maße, wie die Proteine in den Proteinkörpern abgebaut werden, wird dieses Kompartiment immer mehr zu einem Reaktionsraum, der mit einem Set an hydrolytischen Enzymen mit saurem pH-Optimum ausgestattet ist (lytisches Kompartiment). Tierische Zellen besitzen in den Lysosomen eine sehr ähnliche Organellenart. Lysosomen können sich aus dem Golgi-Apparat entwickeln oder durch Einstülpungen der Plasmamembran entstehen. Sie besitzen ein Set an hydrolysierenden Enzymen mit stark saurem pH-Optimum und sind häufig Glykoproteine.

Abbau der Aminosäuren

Obwohl die Struktur der Aminosäuren, die aus dem Abbau der Proteine stammen, sehr verschieden ist, wird doch in den meisten Fällen folgender prinzipielle Weg beschritten: Transaminierung zur α-Ketosäure, oxidative Decarboxylierung der α-Ketosäure zur nächst niederen Carbonsäure, Überführung dieser Carbonsäure zu kleineren Bruchstücken, die in den Citrat-Zyklus eingeschleust werden können.

Bild 6-47:
Einschleusen der Glutaminsäure in den Citrat-Zyklus

Anders als bei den meisten aliphatischen Aminosäuren, die durch Transaminierung in die entsprechende α-Ketosäure umgewandelt werden, verläuft die Interkonversion von Glutaminsäure ⇄ α-Ketoglutarsäure auch durch eine Dehydrogenase (Bild 6–48). Für den Übergang Aminosäure → Ketosäure stehen drei Möglichkeiten zur Verfügung; wobei eine bestimmte Zelle in einem bestimmten Kompartiment jeweils nur einen Weg einschlägt.

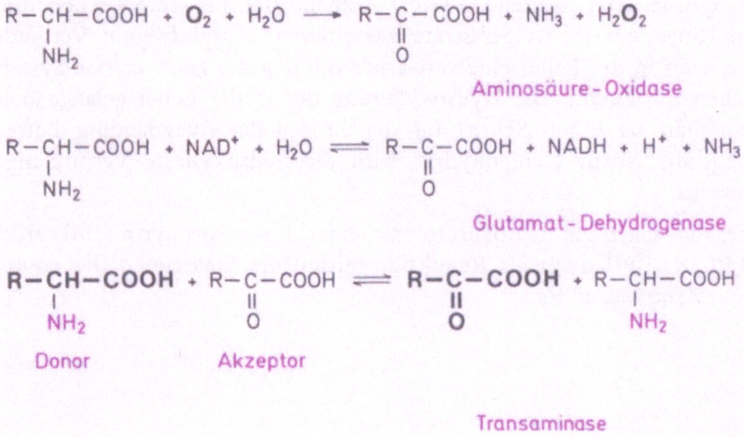

$$R-\underset{\underset{NH_2}{|}}{CH}-COOH + O_2 + H_2O \longrightarrow R-\underset{\overset{\|}{O}}{C}-COOH + NH_3 + H_2O_2$$

Aminosäure - Oxidase

$$R-\underset{\underset{NH_2}{|}}{CH}-COOH + NAD^+ + H_2O \rightleftharpoons R-\underset{\overset{\|}{O}}{C}-COOH + NADH + H^+ + NH_3$$

Glutamat - Dehydrogenase

$$R-\underset{\underset{NH_2}{|}}{CH}-COOH + R-\underset{\overset{\|}{O}}{C}-COOH \rightleftharpoons R-\underset{\overset{\|}{O}}{C}-COOH + R-\underset{\underset{NH_2}{|}}{CH}-COOH$$

Donor   Akzeptor

Transaminase

Bild 6-48: Prinzipiell mögliche Wege des Aminosäureabbaus zur Ketosäure

Etwas komplizierter gestaltet sich der Stoffwechsel einer Aminosäure, wenn es gilt, eine **aromatische Verbindung** abzubauen. Hier muß unter anderem der aromatische Ring gespalten werden, um zu aliphatischen Verbindungen zu gelangen. Der Weg enthält einige O_2-abhängige Teilschritte, anhand derer das Prinzip der Oxygenase demonstriert werden kann.

Oxygenasen verwenden O_2 als Substrat und bauen das Sauerstoffmolekül ganz oder zum Teil in das Produkt ein. **Oxidasen** (meist Kupferproteine) hingegen benützen Sauerstoff nur als Elektronenakzeptor, wobei ein Zweielektronen-Übergang zu H_2O_2, ein Vierelektronen-Übergang zu H_2O führt.

Dioxygenasen besitzen im aktiven Zentrum meistens ein Eisen und transferieren nach dem folgenden Schema beide Atome des molekularen Sauerstoffs in das Produkt.

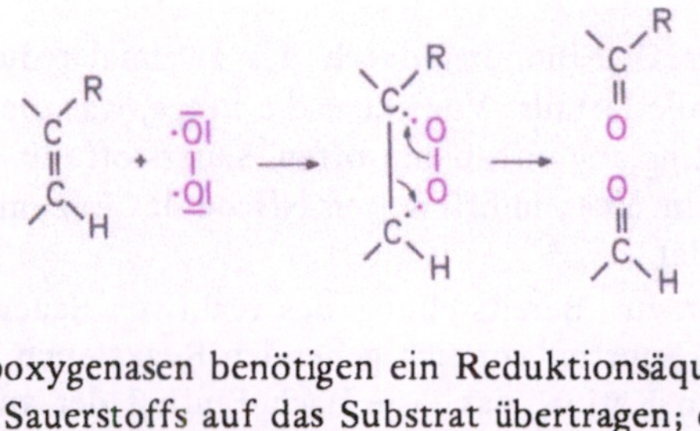

Bild 6-49:
Beispiel einer
Dioxygenase-Reaktion

Monooxygenasen benötigen ein Reduktionsäquivalent, da sie nur *ein* Atom des molekularen Sauerstoffs auf das Substrat übertragen; das zweite Sauerstoffatom wird bis auf die Stufe von O^{2-} reduziert. Als Reduktionsmittel dient häufig NADPH; aber auch reduzierte Pteridine (N-Heterozyklen), wie z.B. beim Übergang Phenylalanin → Tyrosin, werden verwendet.

$$R{-}H + X{-}H + H^+ + O{-}O \longrightarrow R{-}OH + X + HOH$$

Reduktions-
mittel

Bild 6-50:
Monooxygenase-Reaktion

Da Monooxygenasen am aromatischen Ring die Einführung einer Hydroxylgruppe bewirken, nennt man sie auch Hydroxylasen. Die in der Regel membrangebundenen Hydroxylasen können — z.B. in der Leberzelle — selbst Arzneimittel mit aromatischen und pseudoaromatischen Ringsystemen als Substrate akzeptieren. Körperfremde Verbindungen dieser Art induzieren in der Leber eine verstärkte Bildung des Hydroxylase-Systems am Endoplasmatischen Retikulum. Die Hydroxylierung der in die Leber gelangenden Verbindungen kann man als ersten Schritt für den Prozeß der Ausscheidung betrachten. Durch Kopplung mit einem Kohlenhydrat wird die hydroxylierte Verbindung noch hydrophiler gemacht.

Die Hydroxylierung führt ein Cytochrom mit einer Eisen-Porphyrin-Struktur durch: Cytochrom P-450. NADPH dient als Reduktionsmittel; die Elektronen fließen über ein Flavoprotein zum Zentralatom Fe.

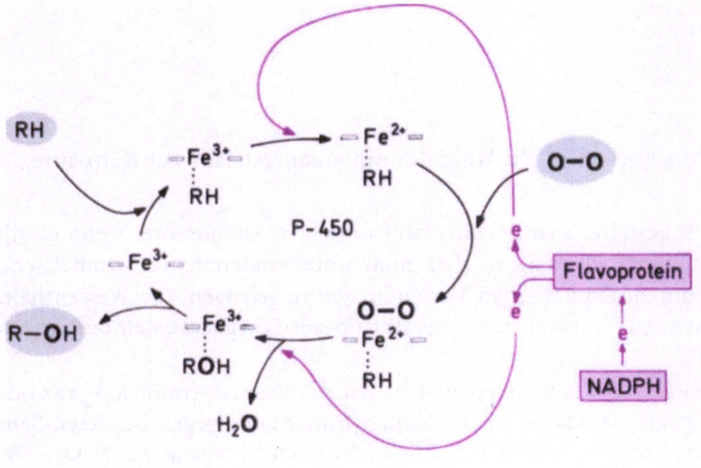

Bild 6-51: Mechanismus einer Hydroxylierung. Anstelle von Cytochrom P-450 ist jeweils nur das zentrale Eisen-Atom gezeichnet.

Über den Mechanismus der Spaltung der O-O-Bindung durch das zweimal reduzierte Cytochrom P-450 kennt man noch nicht alle Details. Vor allem die Frage, was die reaktive O-Spezies ist, die den aromatischen Ring angreift, bleibt offen. Sauerstoff mit einem Elektronensextett (Oxen) als kurzlebige, in einer indifferenten Nische des Enzyms umgesetzte Spezies wäre ein möglicher Kandidat.

Interessant ist nicht nur der Prozeß, der zur Bereitstellung des reaktiven Sauerstoffs führt, sondern auch die am aromatischen Substrat vor sich gehenden Reaktionen. Nach Angriff des Oxen-Sauerstoffs entsteht ein Kation, das — je nach Einfluß der anderen Substituenten am Aromaten — durch Umlagerung oder Abspaltung weiter reagieren kann.

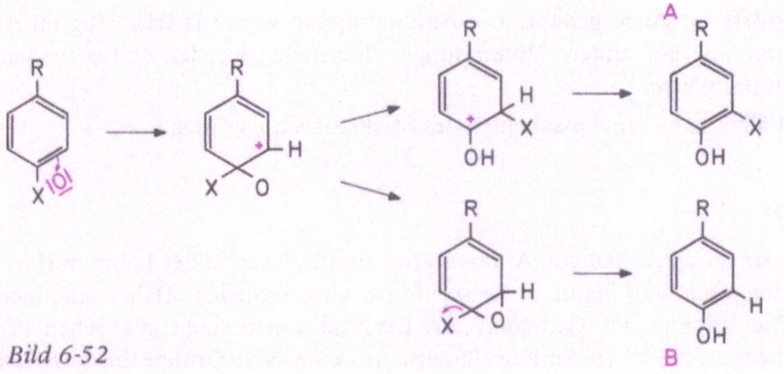

Bild 6-52

Man spricht von einer durch Hydroxylierung induzierten Wanderung einer Gruppe (Bild 6–52, Fall A). Diese Gruppe kann H sein (in Form des radioaktiven Isotops ^{3}H leicht zu verfolgen) oder eine sehr viel größere Gruppe (−Cl, −CH$_2$−COOH).

Eine Monooxygenase-Reaktion treffen wir beim Übergang Phenylalanin → Tyrosin an. Das Fehlen dieses Enzyms führt zum Aufstau von Phenylalanin und Phenylbrenztraubensäure (und deren Produkten) und ist die Ursache für Phenylketonurie.

Eine weitere Monooxygenase, die eine Wanderung des Restes R (R = −CH$_2$−COOH) induziert, führt von p-Hydroxyphenylbrenztraubensäure zu p-Hydroxyphenylessigsäure und weiter zu 2,5-Dihydroxyphenylessigsäure (Homogentisinsäure). Das Skelett dieser Verbindung wird durch die Aktion einer Dioxygenase gespalten, womit der Stoffwechsel auf der Stufe der Aliphaten bis zum Citrat-Zyklus ablaufen kann.

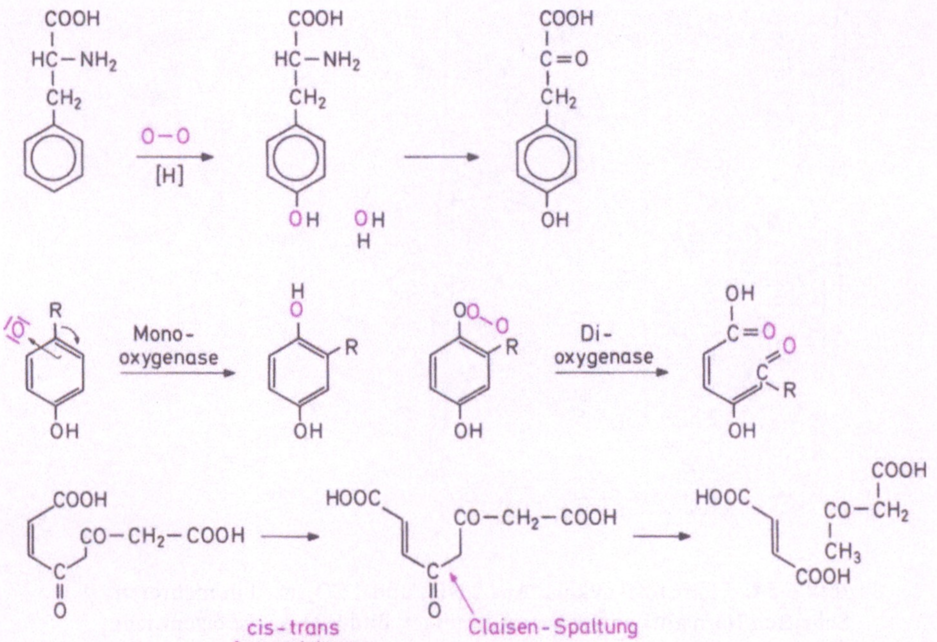

Bild 6-53: Abbau aromatischer Aminosäuren

Bisher hatten wir beim Abbau der Proteine und Aminosäuren ausschließlich das Schicksal des Kohlenstoffs im Auge gehabt. Die Aminogruppen waren ja frühzeitig im Abbau durch Transaminierung auf andere Verbindungen übertragen worden und befanden sich letztlich auf Glutaminsäure.

In bestimmten Fällen kann ein Ausscheiden des Stickstoffs notwendig sein.

Harnstoff-Zyklus

Der Stickstoff, der durch Abbau von Aminosäuren anfällt, kann in der Leber in Harnstoff umgesetzt werden und wird dann in dieser Form ausgeschieden. Dabei erkennen wir zwei Phasen: Die Bildung des Carbaminsäure-Derivats sowie einen zyklischen Prozeß, bei dem auf einem „Träger" (α-Aminovaleriansäure) eine NH_2-Gruppe bis zur Guanidinium-Gruppe komplettiert wird, aus der dann der Harnstoff durch Hydrolyse abgespalten werden kann. Der Prozeß läuft zum Teil in den Mitochondrien ab; er ist abhängig von ATP.

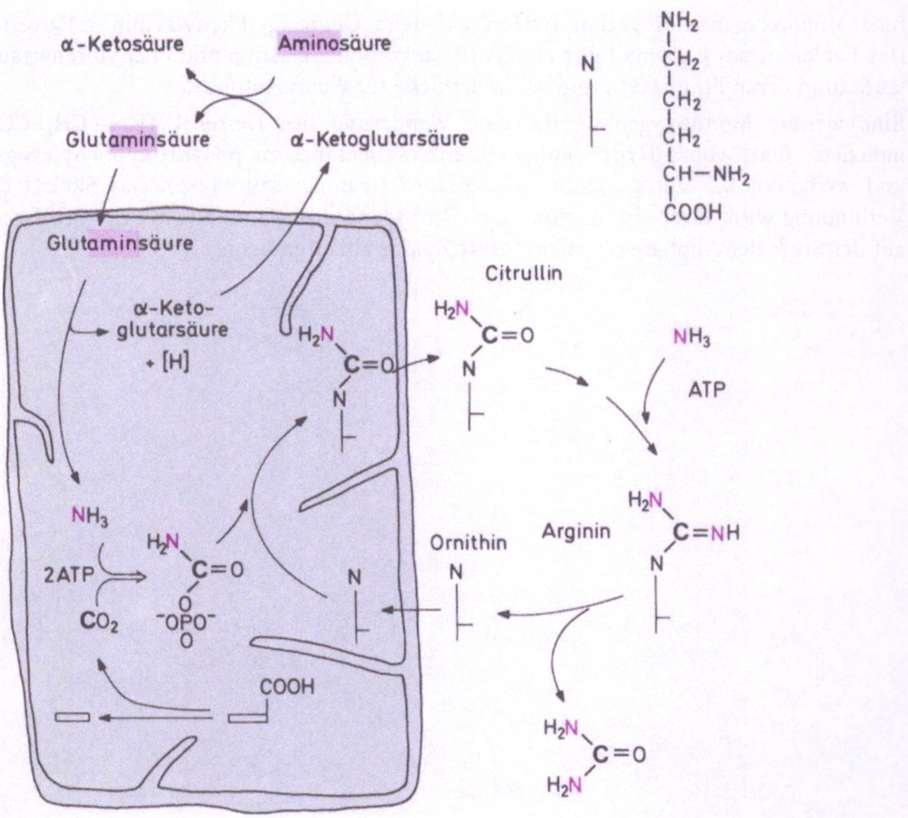

Bild 6-54: Harnstoff-Zyklus. Aus $2\,NH_3$ und $1\,CO_2$ wird in mehreren Schritten Harnstoff aufgebaut. Arginin ($\rightarrow$ Bild 1-2) ist die eigentliche Vorstufe; sie wird in Harnstoff und Ornithin (α, δ-Diaminovaleriansäure) gespalten.

Die Synthese beginnt in den Mitochondrien mit der Katalyse der Carbamoylphosphat-Synthetase.

Das Enzym benötigt zwei Mole ATP für einen Umsatz von einem Mol NH_3. Ein ATP ist vermutlich notwendig, um eine reaktive Form der Kohlensäure an das Enzym anzulagern; dann folgen die Amidbildung und zuletzt der Transfer der Carbaminsäure (Bild 6—55) auf Phosphat zum gemischten Anhydrid (siehe die Formel, im Zentrum des Mitochondrion in Bild 6—54 gezeichnet).

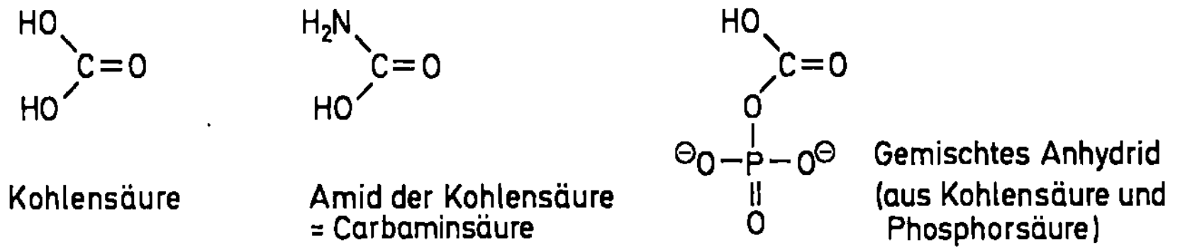

Kohlensäure   Amid der Kohlensäure   Gemischtes Anhydrid
                     = Carbaminsäure   (aus Kohlensäure und
                                                     Phosphorsäure)

Bild 6-55: Derivate der Kohlensäure

Möglichkeiten der Bildung und
Spaltung von C–C-Bindungen

Kapitel 7

Anaboler Stoffwechsel

Zellen, die wachsen und sich teilen, müssen Synthesearbeit leisten. In der Regel kann die Zelle dabei nicht von vorfabrizierten Teilen ausgehen; größere Strukturen werden vielmehr aus kleinen Einheiten zusammengebaut. Häufig geschieht dies an Ort und Stelle, dort, wo die Strukturen gebraucht werden. Man kennt aber auch das Prinzip, daß in einem der Kompartimente Synthesearbeit durchgeführt wird, das Produkt in einen anderen Bereich geschafft und dann erst zum funktionsfähigen Apparat zusammengestellt wird.

Nicht selten produzieren spezialisierte Zellen Stoffe, die sie abgeben, um andere Zellen damit zu versorgen; oder, um im extrazellulären Raum Reaktionen zu katalysieren, falls es sich bei dem abgegebenen Stoff um ein Enzym oder Proenzym handelt.

Beispiele dazu: Die Mobilisierung von Kohlenhydraten in Leberzellen gewährleistet die Versorgung anderer Zellen mit Nahrungsstoffen; die Synthese von Saccharose in photosynthetisierenden Zellen der Pflanze und der anschließende Transport der Saccharose versorgen die Speicherorgane (Wurzel, Rhizom).

Ein Anlaß für die Synthese von größeren Mengen an Biomolekülen ist ferner auch gegeben, wenn innerhalb von Zellen Reserven angelegt werden sollen, z.B. für die Lebensfähigkeit der Nachkommenschaft.

Viele Prinzipien der Synthese von Biomolekülen wurden bereits in Kapitel 3 mit der Besprechung vorweggenommen, wozu in der Zelle ATP benötigt wird. Wir wollen auch jetzt den energetischen Aspekt nicht vernachlässigen, aber auch gleichzeitig die Frage stellen, welche Prinzipien der Chemie für die Bildung neuer C-Gerüste verwendet werden und in welcher Form Regulationsphänomene eingreifen.

Einige Prinzipien der Regulation der Stoffwechselwege sind im folgenden Bild zusammengefaßt. Unabhängig davon werden wir in Kapitel 8 noch das Prinzip der Kontrolle der Enzym-*Synthese* kennenlernen.

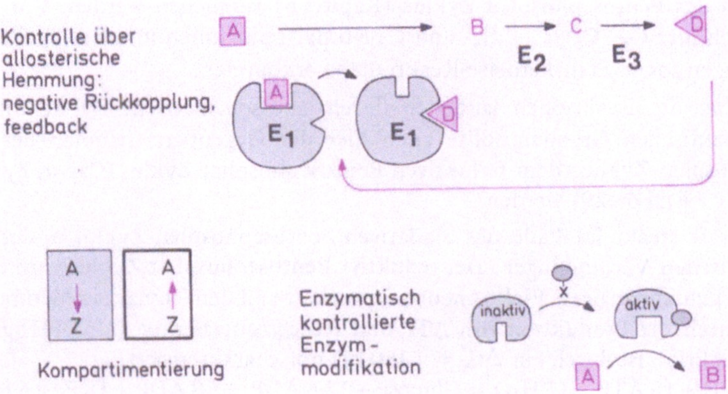

Bild 7-1

Aufbau von Kohlenhydraten

Die meisten Organismen vermögen durch teilweise Umkehr der Glykolyse-Schritte Hexosen aufzubauen. Das Schema hebt hervor, daß durch Austausch einer Phosphatase (Fructose-1,6-bisphosphat-Phosphatase) gegen eine Kinase (Fructose-6-phosphat-Kinase) der Weg Phosphoenolpyruvat $\rightleftharpoons$ Glucose in Richtung Kohlenhydrat-Synthese ablaufen kann (**Gluconeogenese**). Auch hier muß ein Fließgleichgewicht aufrechterhalten werden; durch ständige Nachlieferung von Phosphoenolpyruvat (PEP) und einen ständigen Abtransport der Glucose-Derivate kann Hexose je nach Zelltyp zum Aufbau von Stärke (in Plastiden der Pflanzen), von Glykogen (in tierischen Zellen) oder von Cellulose (in der Zellwand der Pflanzen) verwendet werden.

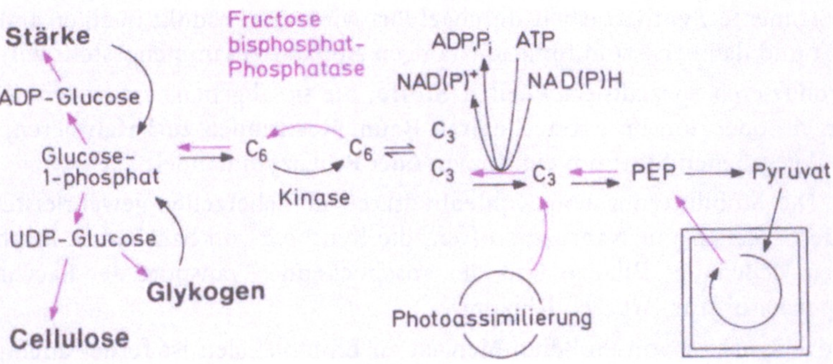

Bild 7-2: Gegenüberstellung von Kohlenhydrat-Abbau und den Möglichkeiten der Synthese polymerer Kohlenhydrate

Die in quantitativer Hinsicht wichtigste Form der Kohlenhydrat-Synthese finden wir in der **Photoassimilierung**; wenn in Chloroplasten die Photosynthese-Leistung — mit ATP und NADPH-Produktion — mit der ATP- und NADPH-konsumierenden Assimilation gekoppelt wird. Als Bruttoreaktion ist nur ein Übergang von CO_2 in Hexose zu sehen; aber hinter dieser Formulierung steht ein ganzes Bündel von Reaktionen.

Das Prinzip der vielen, z.T. auch komplexen Reaktionen kann etwa mit der umgekehrten Laufrichtung des Pentosephosphat-Zyklus (Kapitel 6) verglichen werden. Vor allem deshalb, weil auch hier C_7-, C_6-, C_5-, C_4- und C_3-Körper teilnehmen und C-C-Spaltungen und -Verknüpfungen sowie Transketolase-Reaktionen vorkommen.

Ein Überblick über die Reaktionen läßt sich durch eine schematische Darstellung erreichen. Aus didaktischen Gründen sollte auch hier der Gegenpart, nämlich der oxidative Pentosephosphat-Zyklus, dem reduktiven Pentosephosphat-Zyklus (Calvin-Zyklus) gegenübergestellt ($\rightarrow$ Bild 6—29) werden.

Die treibende Kraft steckt im Falle des oxidativen Pentosephosphat-Zyklus in der Oxidation der organischen Verbindungen. Der **reduktive Pentosephosphat-Zyklus** wird durch die Leistung der lichtabhängigen Elektronentransportkette an den Thylakoid-Membranen ($\rightarrow$ Bild 4—18) durch die Produktion von ATP und Redoxäquivalenten (NADPH) getrieben. Die Bruttoreaktion ist durch ein $\Delta G_0' = -380\,\text{kJ/mol}$ charakterisiert:

$$6\,CO_2 + 12\,NADPH + 18\,ATP + 12\,H_2O = \text{Glucose} + 12\,NADP^+ + 18\,ADP + 18\,P_i + 6\,H^+.$$

Man kann sich den Weg der Photoassimilierung am besten merken, wenn man ihn in 3 Phasen zerlegt: eine carboxylierende, eine reduktive und eine regenerierende Phase.

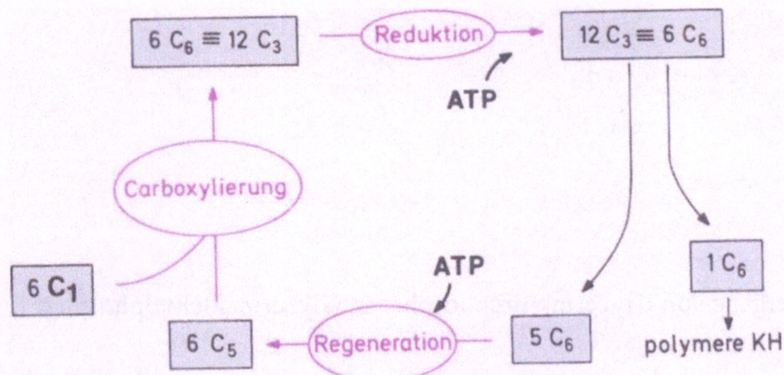

Bild 7-3: Photoassimilierung (Calvin-Zyklus, reduktiver Pentosephosphat-Zyklus)

Hervorzuheben ist im reduktiven Pentosephosphat-Zyklus der eigentliche Schritt der CO_2-Fixierung; er ist katalysiert durch die Ribulose-bisphosphat-Carboxylase.

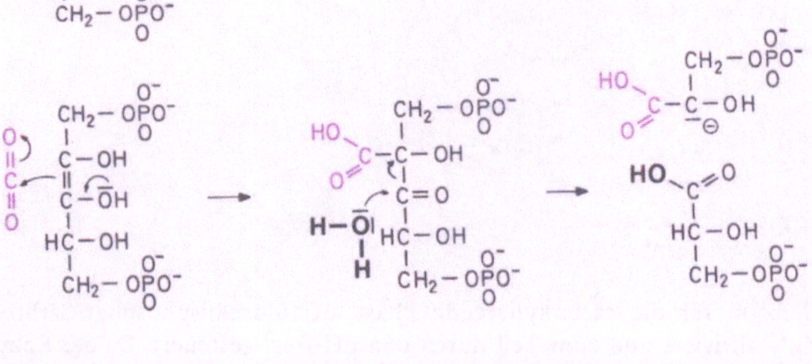

Bild 7-4: Mechanismus der Ribulose-bisphosphat-Carboxylase-Reaktion (carboxylierende Phase)

Ebenso entscheidend ist die **reduktive Phase**, in der NADPH und ATP eingebracht werden.

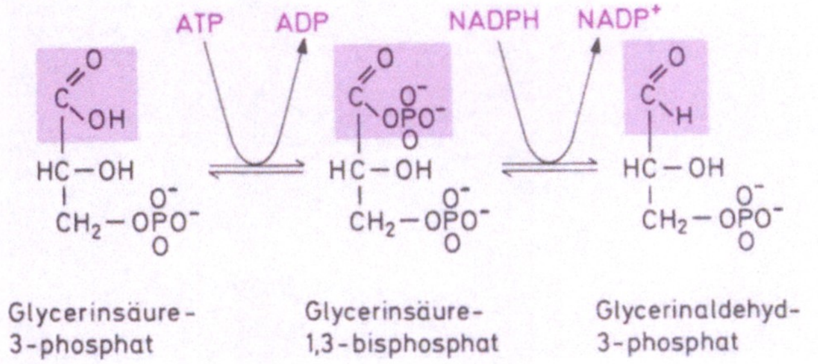

Bild 7-5: Übergang von Glycerinsäurephosphat in Glycerinaldehydphosphat

Ein Teil der Phosphoesterbindungen wird während der regenerierenden Phase durch Phosphatasen — auf der Stufe der C_7- bzw. C_6-Verbindungen — wieder gespalten. Dies sind irreversible Schritte, die sich für die Regulation besonders eignen. Die Aktivität der betroffenen Enzyme wird im Licht dadurch gewährleistet, daß ein Fluß von Redoxäquivalenten die Thiolgruppen der Enzyme in reduzierter Form hält. Als Vermittler zwischen den Redoxäquivalenten, die an den Thylakoidmembranen zur Verfügung gestellt werden, und den löslichen Enzymen fungiert ein kleines Protein, selbst ausgestattet mit mehreren Thiolgruppen: Thioredoxin. Solange die Thiolgruppen des Thioredoxins und damit auch die Thiolgruppen des von ihm gesteuerten Enzyms reduziert sind, läuft der Calvin-Zyklus ab. Im Dunkeln wird dieses Signal — eigentlich ein regulatorischer Elektronenfluß — durch oxidative Mechanismen wieder abgeschaltet.

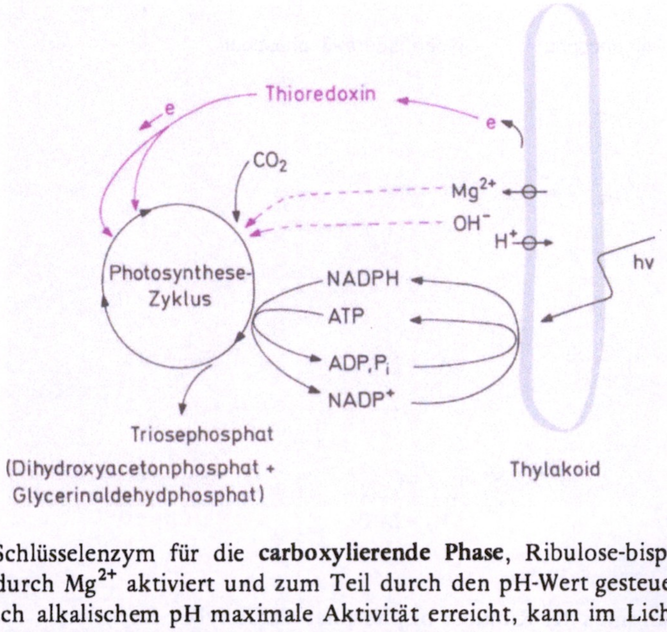

Bild 7-6

Das Schlüsselenzym für die **carboxylierende Phase**, Ribulose-bisphosphat-Carboxylase, wird durch Mg^{2+} aktiviert und zum Teil durch den pH-Wert gesteuert. Da das Enzym bei schwach alkalischem pH maximale Aktivität erreicht, kann im Licht durch Pumpen von Protonen oder Magnesium-Ionen an der Thylakoidmembran die Enzymaktivität gesteuert werden. Der pH-Wert im Stroma steigt dann von pH 7 auf pH 8, und auch die Mg-Ionenkonzentration wird erhöht. Beides bedeutet „Aufdrehen" der Carboxylierungsreaktion.

Den carboxylierenden Schritt betrachtet offenbar auch der Chloroplast als einen ganz wesentlichen Punkt seiner partiellen Autonomie. Im Gegensatz zu den meisten anderen Chloroplasten-Enzymen wird die Carboxylase — eine der beiden Untereinheiten des Enzyms — im Chloroplasten selbst hergestellt; und zwar nach der genetischen Information, die im Chloroplasten-Genom (Plastom) verankert ist. Damit wird die Synthese der Ribulose-bisphosphat-Carboxylase mit der vom Licht steuerbaren Bildung des Chloroplasten gekoppelt.

Die Photosynthesearbeit im Chloroplasten dient nicht ausschließlich der Versorgung des Chloroplasten. Mittelfristig werden zwar Produkte der Photosynthese und Photoassimilierung innerhalb der Chloroplasten in Form von Stärke und von Lipiden deponiert. Der Chloroplast beliefert jedoch auch das Cytoplasma, in dem Saccharose synthetisiert und für den Export präpariert wird; ebenso wie die Vorstufen der Cellulose-Biosynthese (Kapitel 9).

Nicht alle Verbindungen, die der Chloroplast produziert, können die Hüllenmembran passieren. ATP und ADP werden mit Hilfe eines noch unbekannten Transportmechanismus durchgeschleust; der effizienteste Translocator ist aber ein System, das Glycerinaldehyd-3-phosphat (oder Dihydroxyacetonphosphat) gegen Glycerinsäure-phosphat oder Phosphat im Gegentausch transportiert.

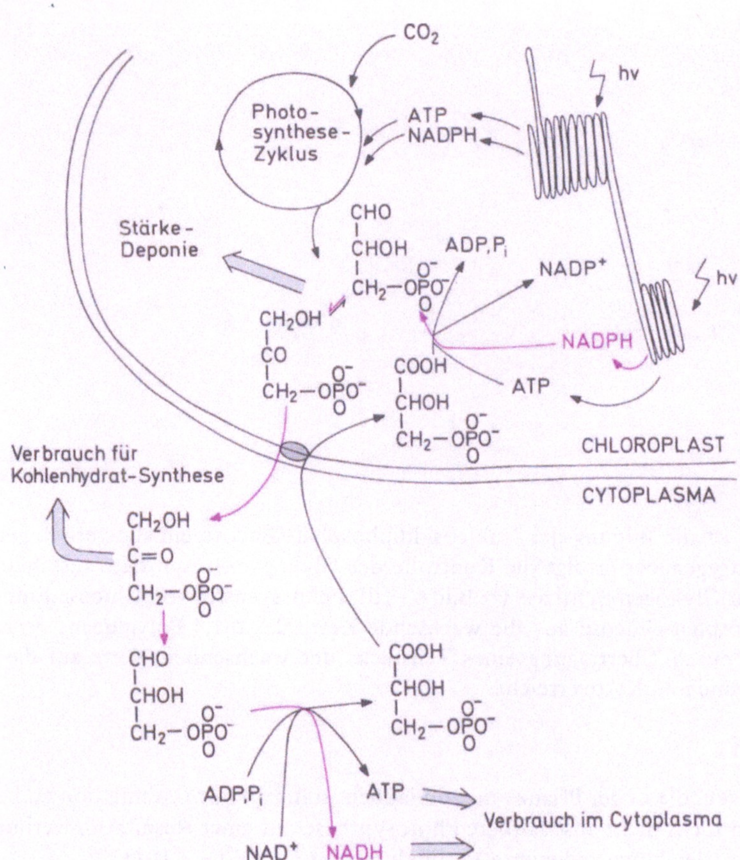

Bild 7-7

Für die Synthese von Oligo- und **Polysacchariden** ist Glucose in Form von Derivaten — nämlich an Nukleoside gebunden — erforderlich.

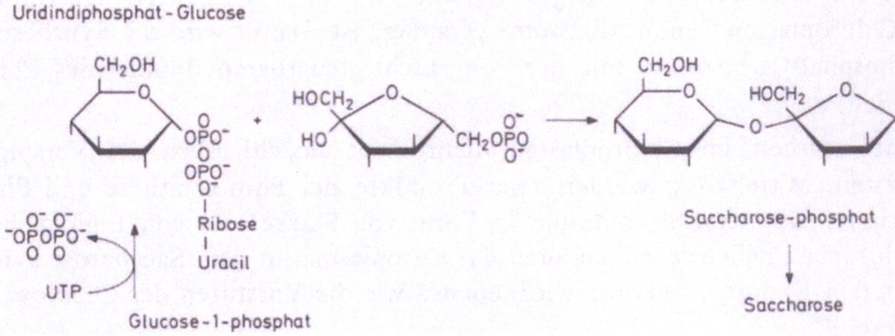

Bild 7-8

ADP-Glucose ist die Vorstufe für die Stärke-Synthese, UDP-Glucose der Vorläufer der Saccharose oder auch der Cellulose. Diese drei Prozesse können in pflanzlichen Zellen erfolgen. In tierischen Zellen findet UDP-Glucose für die Glykogen-Synthese Verwendung (→ Bild 6—16).

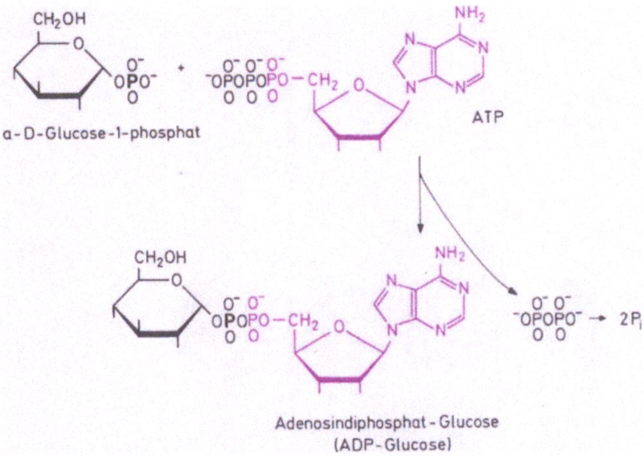

Bild 7-9

In vielen Fällen ist die Bildung der Nukleosiddiphosphat-Glucose ein allosterisch geregelter Schritt. Demgegenüber erfolgt die Kontrolle der Glykogen-Biosynthese ausschließlich auf der Stufe der Glykogen-Synthase (→ Bild 6—16), beim Transfer von Glucose-Einheiten von Uridindiphosphat-Glucose auf die wachsende Kette des α-1,4-Polyglucans. Verzweigungen werden durch Übertragung eines Teilstücks der wachsenden Kette auf die freie 6-Stellung einer anderen Kette erreicht.

Photorespiration

Unter Bedingungen, die es der Pflanze nicht erlauben, ständig Photoassimilation zu betreiben, kann die im Licht nicht abschaltbare Photosynthese mit einer Respiration verbunden werden; nach der Gleichung: reduzierte Verbindung plus $O_2 = CO_2 + H_2O$.

Die Schlüsselreaktion für die Umleitung von Photoassimilation zu Photorespiration liegt in der katalytischen Fähigkeit der Ribulose-bisphosphat-Carboxylase, bei hohem O_2-Partialdruck auch als Oxygenase zu wirken. Molekularer Sauerstoff wird auf das Substrat übertragen.

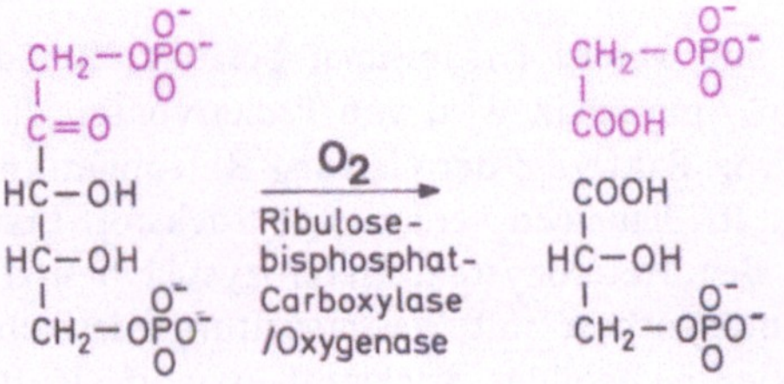

Bild 7-10:
Die Glykolat-Bildung leitet eine Sequenz ein. Da die Gesamtreaktion unter O_2-Aufnahme und CO_2-Abspaltung abläuft und gleichzeitig von Licht abhängig ist, wird sie als Photorespiration bezeichnet

Eine Übersicht über O_2-Verbrauch und CO_2-Bildung während der Photorespiration gibt das Schema; die angedeutete Gleichung $C_2 + C_2 = C_3 + C_1$ wird später besprochen ($\rightarrow$ Bild 7–25).

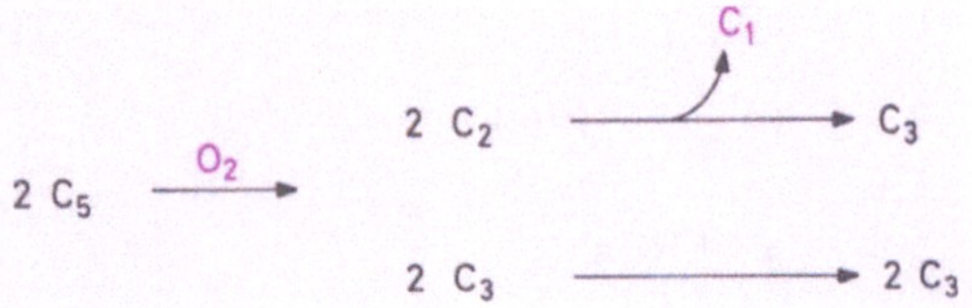

Bild 7-11:
Bilanz bei der Photorespiration

Modifikationen von Hexosen

Hexosen unterliegen Epimerisierungsreaktionen und stellen auch die Vorläufer für Desoxyzucker dar.

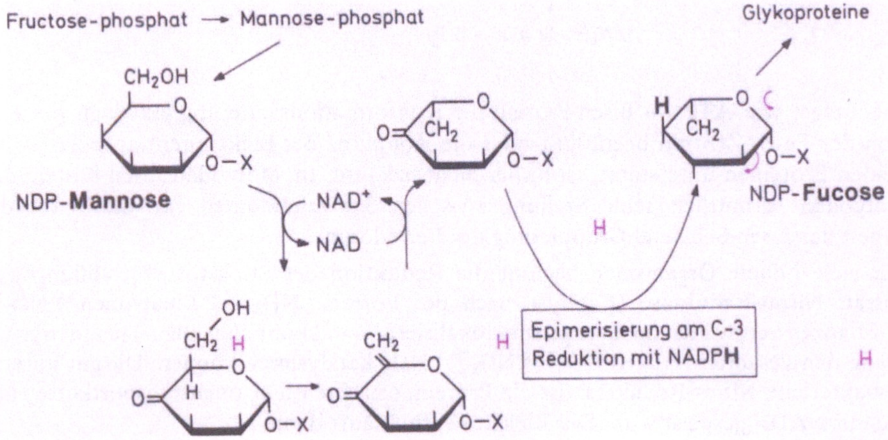

Bild 7-12

Biosynthese von Aminosäuren

Die Bildung von Aminosäuren sollte man sowohl vom Standpunkt des Kohlenstoff-Gerüsts als auch anhand der Versorgung mit Amino-Stickstoff betrachten. Deshalb wollen wir mit der Reduktion von molekularem Stickstoff (N_2) und dessen Einschleusung in den Stoffwechsel beginnen.

Zur **Stickstoff-Fixierung** sind allerdings nur wenige Organismen befähigt. Der direkte Übergang von molekularem Stickstoff in Ammoniak wird von Prokaryonten durchgeführt; von freilebenden Bakterien sowie von Bakterien der Gattung Rhizobium in Symbiose mit Wurzelzellen höherer Pflanzen. In Blaualgen verläuft die Stickstoff-Fixierung in besonders ausgestatteten Zellen ab, den Heterozysten. Heterozysten besitzen, im Gegensatz zu anderen Zellen, keine Photosynthese mit Wasserspaltung; deshalb wird kein Sauerstoff am Ort der Stickstoff-Fixierung gebildet. Stickstoff-Fixierung läuft nicht in Anwesenheit von Sauerstoff.

Der Prozeß benötigt neben Reduktionsäquivalenten — in Form von reduziertem Ferredoxin — vor allem eines: ATP. Für die Katalyse ist ein komplexes Enzymsystem, die Nitrogenase, verantwortlich; sie besteht aus zwei Arten von Proteinen: einem Eisen-Protein mit Eisen-Schwefel-Zentren sowie einem Molybdän-Eisen-Protein mit Fe_4S_4-Zentren (in der Abbildung angedeutet als rote Würfel).

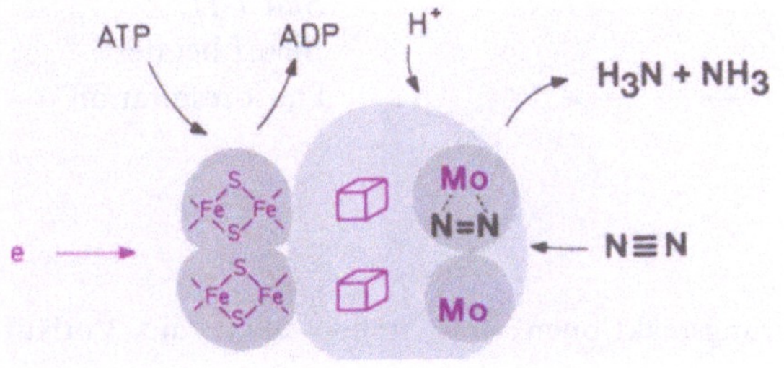

Bild 7-13:
Nitrogenase-Reaktion

Die Frage, wie ATP am Eisen-Protein die Konformationsänderung erzwingt, die Reduktion der Fe_2S_2-Zentren beeinflußt oder die Kopplung des Elektronentransports zwischen beiden Proteinen unterstützt, ist bisher nicht bekannt. Im Molybdän-Eisen-Protein nimmt Molybdän vermutlich seine Stellung zwischen Schwefelatomen ein; diese Anordnung ähnelt der Eisen-Schwefel-Gruppierung der Ferredoxine.

Für viele höhere Organismen beginnt die Reduktion der Stickstoff-Verbindungen beim Nitrat. **Nitrat-Reduktase** (Katalyse nach der Formel: $NO_3^- + 2\,\text{Elektronen} \rightarrow NO_2^-$) ist in Pflanzen vermutlich im Cytoplasma lokalisiert. Man kennt aber Blaualgen, deren Thylakoide den gesamten Prozeß $NO_3^- \rightarrow NO_2^- \rightarrow NH_3$ katalysieren können. Die gut untersuchte bakterielle Nitrat-Reduktase ist ein Protein, das eine Elektronentransportkette enthält, die mit NADH gespeist wird. Der Elektronenfluß läuft dann:

$$NADH \rightarrow FAD \rightarrow Cytochrom\ b \rightarrow Mo^{5+} \rightarrow NO_3^-.$$

Die **Nitrit-Reduktase** katalysiert die Reduktion nach der Gleichung $NO_2^- + 6$ Elektronen $+ 8H^+ = NH_4^+ + 2H_2O$. Das Enzym ist an der Thylakoid-Membran der höheren Pflanzen lokalisiert und verwendet reduziertes Ferredoxin als Elektronen-Donator.

Damit hat die Reduktion des Stickstoffs die Oxidationsstufe von $+3$ erreicht. NH_3 muß nun in die organischen Carbonsäuren eingebaut werden. Es ist bekannt, daß NH_3 in heterotrophen Organismen sowohl in der Glutamat-Dehydrogenase- als auch in der Glutamin-Synthetase-Reaktion umgesetzt wird. Unser Augenmerk sollte aber auf den in Chloroplasten ablaufenden Prozeß der Einbindung von NH_3 in die Aminosäure-Biosynthesen gelenkt werden. Wir haben die vorhergehenden Prozesse der NH_3-Bildung primär unter dem Blickwinkel der Neubildung von Aminosäuren in der photoautotrophen Zelle gesehen. Dies ist wegen der Sonderstellung der Pflanzenzellen bei der Versorgung mit Aminostickstoff gerechtfertigt.

Die eindeutig höchste Affinität für NH_3 besitzt die **Glutamin-Synthetase**, die unter Aufbietung von ATP — über die Stufe des gemischten Anhydrids (Glutamyl-Phosphat) — die Bildung des Säureamids katalysiert.

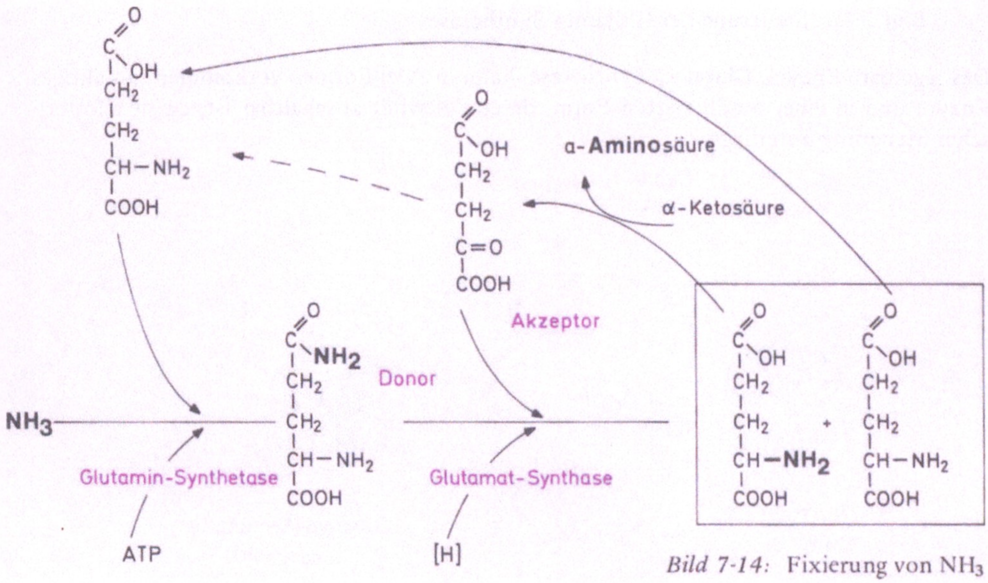

α-Aminosäure · α-Ketosäure · Akzeptor · Donor · NH_2 · NH_3 · Glutamin-Synthetase · Glutamat-Synthase · ATP · [H]

Bild 7-14: Fixierung von NH_3

Der nächste Schritt — unter der Katalyse der **Glutamat-Synthase** — ist in mehrfacher Hinsicht ungewöhnlich. NH_3 wird von der Säureamid-Gruppe auf eine α-Ketogruppe übertragen; die Einbeziehung eines Reduktionsmittels — reduziertes Ferredoxin — läßt den Prozeß als eine Variante der Glutamat-Dehydrogenase-Reaktion erscheinen. Der Übersicht über diese Schritte kann man entnehmen, daß für das Weiterlaufen des zyklischen Vorgangs die Regenerierung von α-Ketoglutarat erforderlich ist. Dies wird leicht erreicht, da Glutamat als primärer NH_3-Verteiler ohnehin immer wieder durch Transaminasen in die Ketosäure überführt wird.

Falls NH_3 nicht sofort benötigt wird oder wenn NH_3 in andere Biosynthesewege eingebracht werden soll, kann Glutamin als Speicher für NH_3 dienen. Damit wird Glutamin-Synthetase gleichzeitig zu einem Schlüsselenzym für die Entscheidung, bei welchen äußeren Bedingungen eine NH_3-Reserve in Form von Glutamin anzulegen ist.

Glutamin-Synthetase wird durch eine Reihe von Endprodukten ganz unterschiedlicher Syntheseketten gehemmt; z.B. durch das Nukleotid Cytidintriphosphat, durch den Aminozucker Glucosamin-6-phosphat und durch einige Aminosäuren.

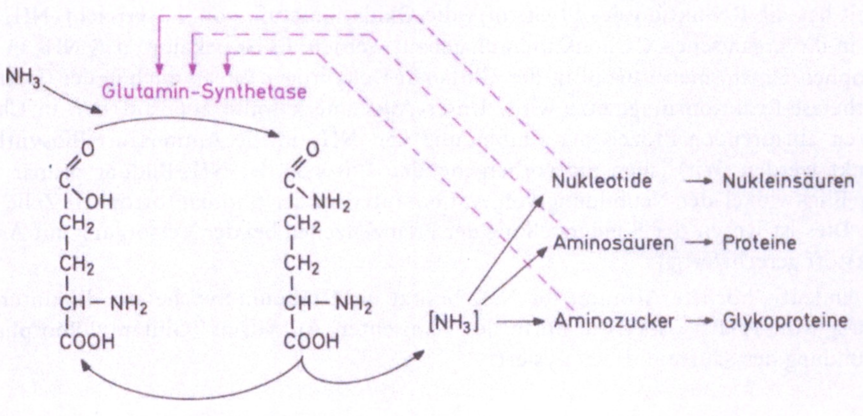

Bild 7-15: Steuerung der Glutamin-Synthetase

Das regelbare Enzym, **Glutamin-Synthetase**, kann in zwei Formen vorkommen: als aktives Enzym und in einer modifizierten Form, deren Aktivität abschaltbar ist, da sie allosterischer Steuerung unterliegt.

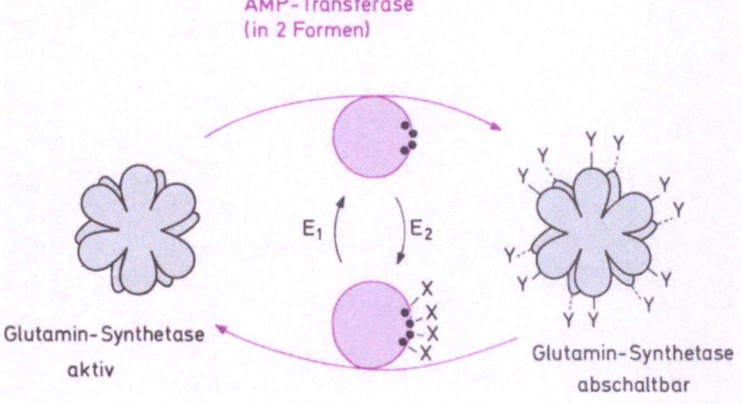

Bild 7-16

-Y: -AMP
(Adenylsäure-Rest)

-X: -UMP
(Uridylsäure-Rest)

Eine Transferase, die Adenylsäure auf die OH-Gruppe von Tyrosin-Resten überträgt und damit die Glutamin-Synthetase modifiziert, unterliegt selbst der Modifikation und der Aktivitätsänderung. Das modifizierende Enzym (AMP-Transferase, rot) kann in zwei Formen mit zwei unterschiedlichen katalytischen Aktivitäten existieren: in einer chemisch nicht veränderten Form (als AMP-Transferase) und als Protein, das Uridylreste trägt und AMP-Reste wieder entfernen kann. Zwei Enzyme sind für den Transfer von UMP-Resten auf AMP-Transferase bzw. deren Spaltung vom Enzym verantwortlich. Diese überaus komplexe Art einer Regulation treffen wir beim Enzym aus Escherichia coli an.

Die Bildung des Kohlenstoff-Skelettes der Aminosäuren

Einige Aminosäuren können aus dem bisher beschriebenen Stoffwechsel direkt entnommen werden. Durch Transaminierung sind Aminosäuren dann ohne Einschränkung für den Organismus zugänglich, wenn die entsprechenden α-Ketosäuren am Citrat-Zyklus oder an der Glykolyse beteiligt sind. Dies gilt z.B. für den Übergang Pyruvat $\rightarrow$ Alanin oder Oxalacetat $\rightarrow$ Asparaginsäure. Tierische Organismen sind nicht in der Lage, alle 20 Aminosäuren selbst herzustellen. Vor allem diejenigen Aminosäuren, deren Biosynthese besondere Mechanismen für den Zusammenbau des Kohlenstoff-Skelettes erfordert, sind für Tier und Mensch essentiell; sie müssen mit der Nahrung aufgenommen werden.

Bakterien und Pflanzen übernehmen die Aufgabe, alle proteinogenen Aminosäuren – und viele weitere – herzustellen

Als ein Beispiel für die Bildung von Aminosäuren unter Beibehaltung des Kohlenstoff-Gerüsts nehmen wir die sogenannte **Aspartat-Familie**. Über den Asparaginsäuresemialdehyd und Homoserin kann Threonin hergestellt werden. Ein überaus interessantes Beispiel für die Organisation eines Stoffwechselweges bietet das Protein aus Bakterien; es enthält die katalytische Aktivität für den ersten und dritten Schritt der Threonin-Synthese: Aspartat-Kinase- und Homoserin-Dehydrogenase-Aktivität liegen auf einem Protein.

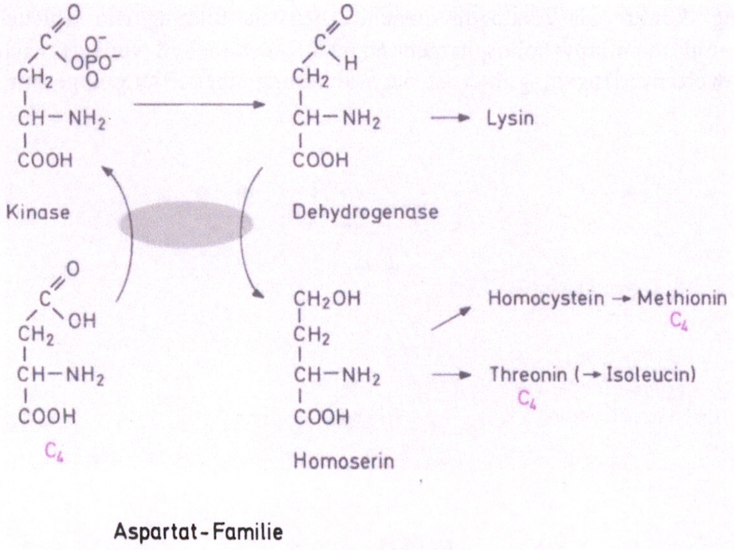

Bild 7-17: Bildung von Threonin und Methionin

Zwei allgemeine Prinzipien der Aminosäure-Biosynthese sollen hier gestreift werden: die C_1-Kettenverlängerung und die C_2-Kettenverlängerung. Die wichtigsten Teilschritte der **C_1-Kettenverlängerung** sind uns bereits beim Übergang Oxalacetat $\rightarrow$ α-Ketoglutarat innerhalb des Citrat-Zyklus begegnet. Bei der Umwandlung Valin (α-Ketoisovaleriansäure) $\rightarrow$ Leucin (α-Ketoisocapronsäure) tritt uns dieser Mechanismus wieder entgegen. Die Alkylierung der Carbonylfunktion einer α-Ketosäure mit dem Anion des Acetyl-SCoA liefert ein Äpfelsäure-Derivat.

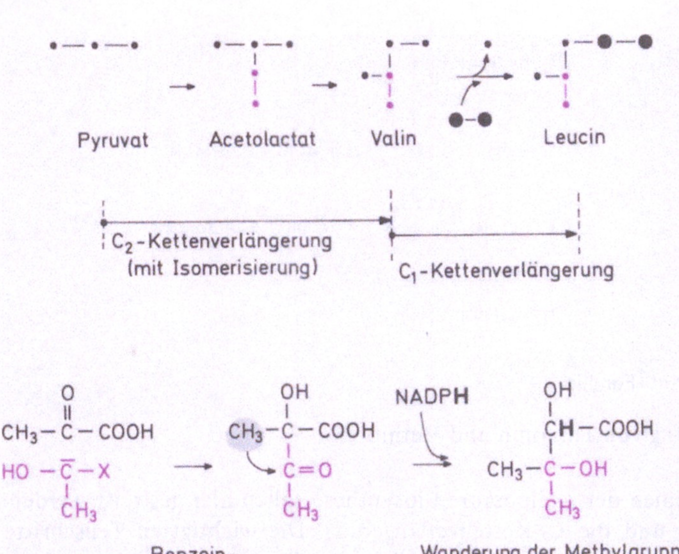

C$_1$-Kettenverlängerung

Bild 7-18

Komplizierter ist die **C$_2$-Kettenverlängerung**, bei der — durch Benzoinkondensation — die Carbonylfunktion eines C$_3$-Körpers (Pyruvat) mit der Carbonylfunktion einer C$_2$-Einheit (reaktiver Acetaldehyd) zu einem Ketol (Acetolactat) reagiert. Es folgt eine Isomerase-Reaktion, womit die dem Valin entsprechende α-Ketosäure (α-Ketoisovaleriansäure) entsteht. Die Reaktionsfolge enthält einen ungewöhnlichen Schritt mit Wanderung einer Methylgruppe. Eine Retropinakolin-Umlagerung, ein Spezialfall der Meerwein-Umlagerung, könnte als Analogon dienen. Auch die Bildung von Isoleucin aus α-Ketobutyrat und thiaminpyrophosphatgebundenem Acetaldehyd verläuft nach dem Schema der C$_2$-Kettenverlängerung; hier ist die Wanderung einer Ethylgruppe mit eingeschlossen.

Bild 7-19: C$_2$-Kettenverlängerung (Biosynthese von Valin)

Ebenfalls kompliziert und für den Anfang wenig übersichtlich gestaltet sich die Biosynthese der **aromatischen Aminosäuren**.

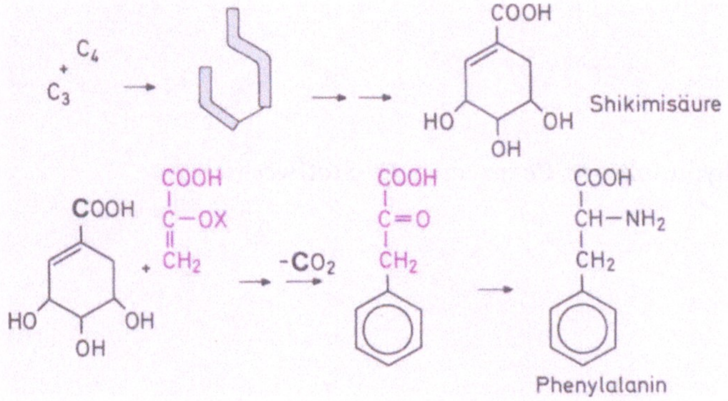

Bild 7-20: Prinzip des Weges zum Phenylalanin

Nach Kondensation einer C_3- und einer C_4-Einheit — in einer aldolartigen Reaktion — zum Cyclohexanring entsteht als Zwischenstufe Shikimisäure; diese Verbindung hat dem Weg den Namen gegeben. Der C_6C_3-Körper des Phenylalanins resultiert aus der Kondensation eines Derivats der Shikimisäure mit einer reaktiven C_3-Verbindung.

Bei der Biosynthese des **Methionins** stellt sich u.a. die Frage, woher das extra C-Atom kommt, das nicht in der Hauptkette liegt. Eine ähnliche Frage ist zu beantworten, wenn man sich den Übergang Serin → Glycin und umgekehrt vorstellen will. In beiden Fällen wird ein **C_1-Körper** transferiert.

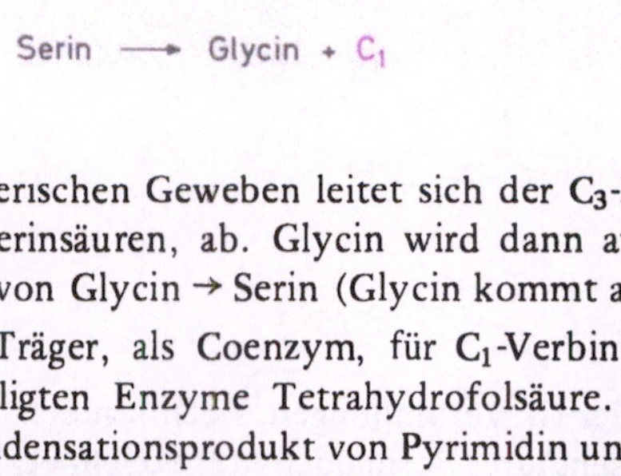

Bild 7-21:

C_1-Körper im Stoffwechsel

In tierischen Geweben leitet sich der C_3-Körper des Serins von anderen C_3-Körpern, wie Glycerinsäuren, ab. Glycin wird dann aus Serin hergestellt. In Pflanzen dominiert der Weg von Glycin → Serin (Glycin kommt aus der Photorespiration).

Als Träger, als Coenzym, für C_1-Verbindungen verwenden die an diesem Stoffwechsel beteiligten Enzyme Tetrahydrofolsäure. Das Coenzym besitzt ein Pteridin-Grundgerüst (Kondensationsprodukt von Pyrimidin und Pyridazin), mit dem über eine Methylenbrücke p-Aminobenzoesäure verbunden ist. Schließlich finden wir Glutaminsäure — oder Oligoglutamat — über eine Peptidbindung verknüpft.

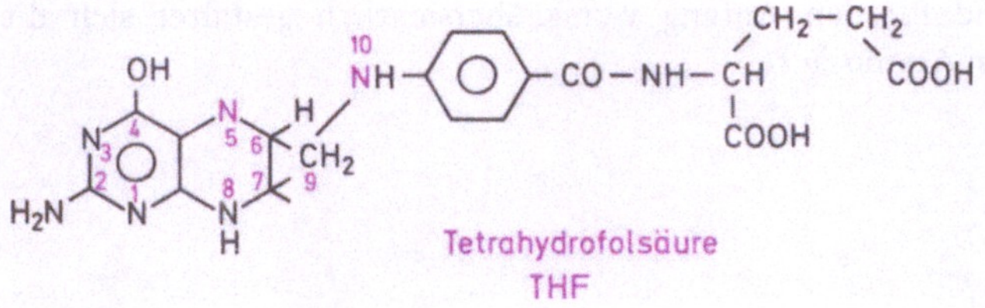

Bild 7-22: Tetrahydrofolsäure, Coenzym im C_1-Stoffwechsel

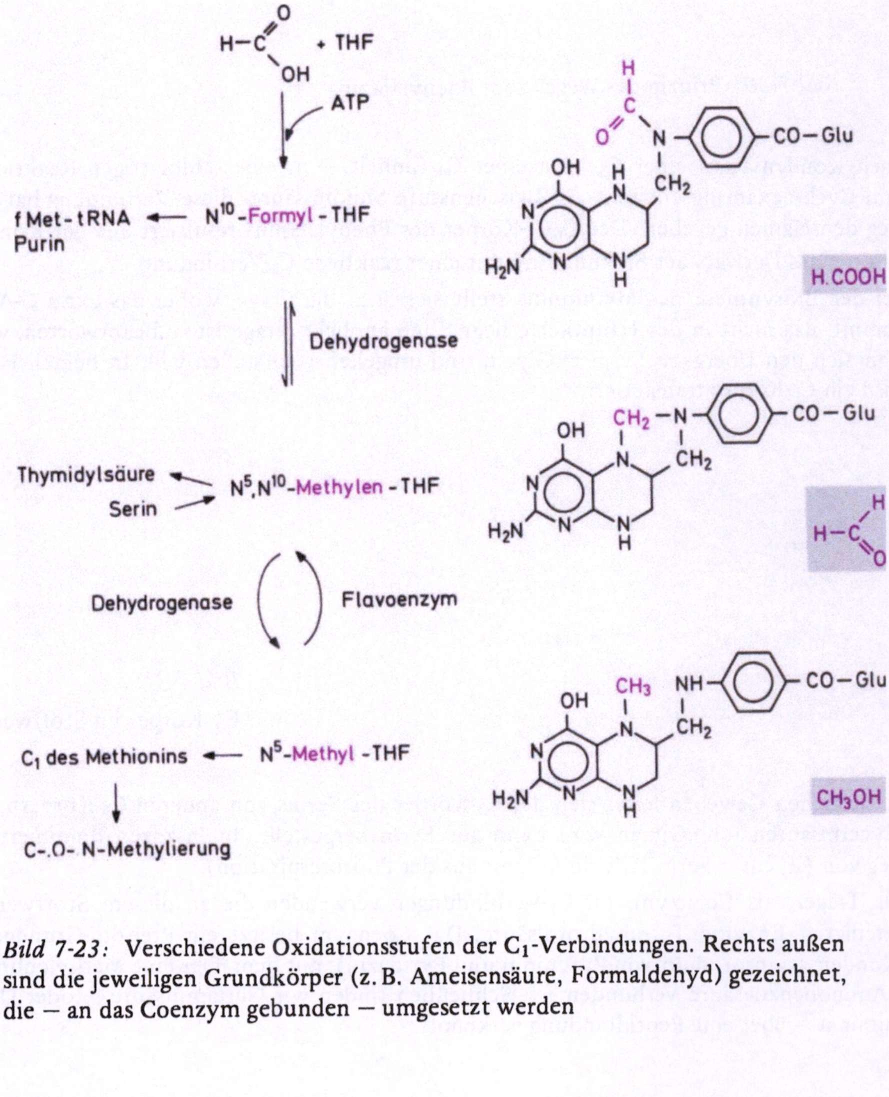

Bild 7-23: Verschiedene Oxidationsstufen der C_1-Verbindungen. Rechts außen
sind die jeweiligen Grundkörper (z. B. Ameisensäure, Formaldehyd) gezeichnet,
die — an das Coenzym gebunden — umgesetzt werden

Reaktionen mit C_1-Körpern, einmal abgesehen von Decarboxylierungs- und Carboxylierungsreaktionen, schließen Ameisensäure, Formaldehyd und Methanol ein; jeweils an Tetrahydrofolsäure gebunden. Am Gerüst der Tetrahydrofolsäure verankert, durchlaufen die C_1-Verbindungen verschiedene Redoxstufen.

Der Pool dieser C_1-Verbindungen wird vorwiegend durch Abspaltung aus Serin gespeist; Verbrauch an C_1-Verbindungen ergibt sich auf der Stufe der Ameisensäure, nämlich für die Purin-Biosynthese und andere formylierte Verbindungen ($\rightarrow$ Bild 7–23).

Formaldehyd – als Methylentetrahydrofolsäure-Derivat – ist Ausgangsstoff für die Thymidin-Derivate. Die Methylgruppe auf der Stufe des Methanols (N^5-Methyl-Tetrahydrofolsäure) wird für die Synthese von Methionin benötigt ($\rightarrow$ Bild 7–21). Diese wiederum kann – nach Aktivierung – auf C, O oder N übertragen werden (z.B. Bildung von Methylether).

Serin gibt in einer Retro-Aldol-Reaktion Formaldehyd als Carbonylverbindung ab. Tetrahydrofolsäure stellt einen Akzeptor für den freiwerdenden Aldehyd dar. Die Aldol-Reaktion findet nicht an der freien Aminosäure statt, sondern auf der Stufe der Schiffschen Base, durch Reaktion mit Pyridoxalphosphat.

$$\text{Serin} + \text{THF} \rightleftharpoons \text{Glycin} + \text{Methylen-THF}$$

Bild 7-24: Bildung von aktivem Formaldehyd

Komplexer und deshalb schwieriger zu verstehen ist die Bildung von einem Mol Serin aus zwei Molen Glycin; hier geht zusätzlich eine Redoxreaktion mit ein.

$$2\,C_2 = C_3 + C_1$$

Bild 7-25: Bildung von Serin aus Glycin unter CO_2-Abspaltung

Die Stellung dieser Reaktion innerhalb des Überganges von C_3- und C_2-Körpern sowie die spezielle Situation bei der **Photorespiration** sieht so aus:

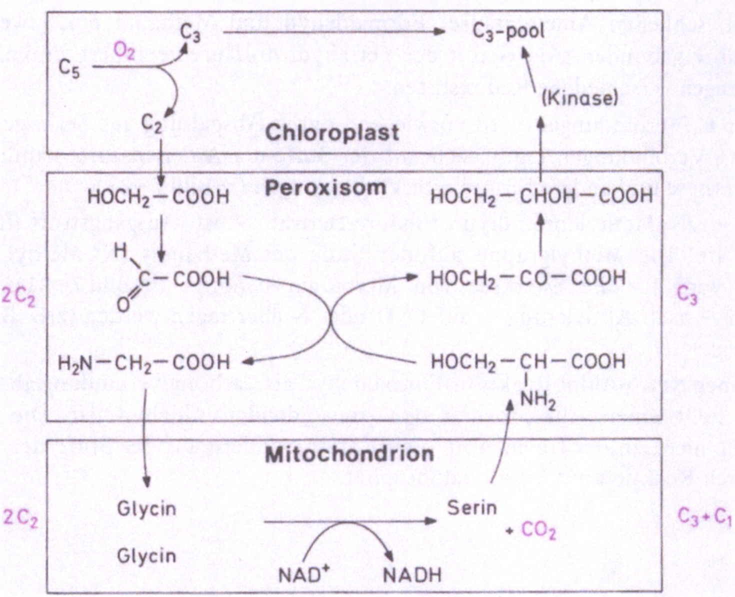

Bild 7-26: Bildung von 1 CO_2 aus 2 Glykolsäuren (→ Bild 7-10)

Die Kombination des Umsatzes von Methylentetrahydrofolsäure (Methylen-THF) mit einer Redoxreaktion finden wir auch bei der Bildung der Thymidin-Derivate.

Bild 7-27: Bildung von Thymidylsäure

Die **Thymidylat-Synthase** verwendet auch Formaldehyd als Substrat, reduziert ihn aber auf die Stufe des Methanols, bevor der C_1-Körper auf das Pyrimidin-Derivat, Desoxyuridylsäure, transferiert wird. Als Produkt der intramolekularen Redoxreaktion tritt Dihydrofolsäure auf, die durch eine Reduktion wieder in die Tetrahydrofolsäure überzuführen ist; womit der Ausgangszustand erreicht wäre.

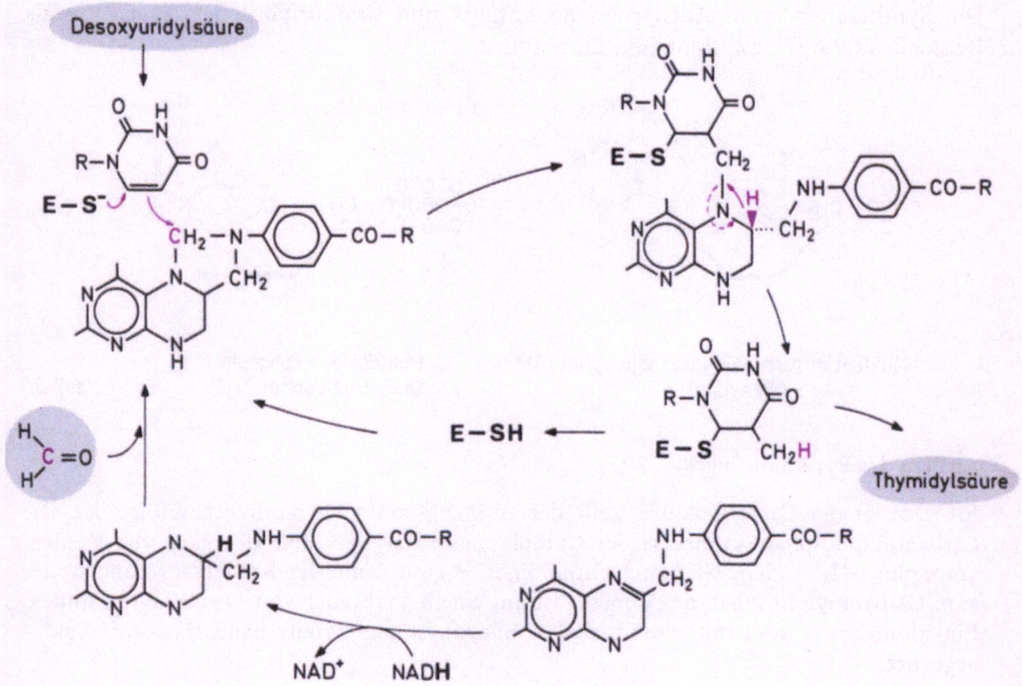

Schließlich soll ein wirtschaftlich wichtiger Prozeß, der den C_1-Stoffwechsel betrifft, aber von Tetrahydrofolsäure unabhängig ist, kurz angedeutet werden: methan-bildende Bakterien setzen $CO_2 + H_2$ zu CH_4 um. Dabei tritt eine 2-Mercaptoethansulfonsäure als Träger der C_1-Einheit auf. Nicht vollständig geklärt dabei ist die Funktion einer rudimentären Elektronentransportkette, die Elektronen von H_2 über NADPH bis auf die C_1-Körper überträgt.

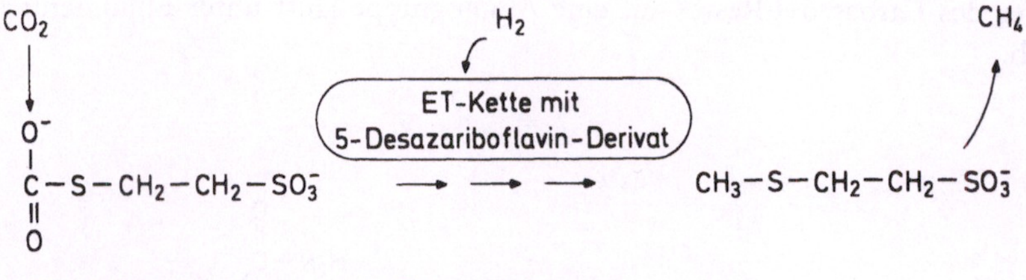

Bild 7-29: Reduktion von CO_2 zu Methan

Biosynthese von Nukleotiden und Porphyrinen

Heterozyklische Ringsysteme, wie sie in Coenzymen, in den Basen der Nukleinsäuren und in großen Molekülen der Porphyrin-Komplexe nicht gerade selten dem Biochemiker gegenübertreten, werden aus kleineren Bruchstücken gefertigt. Acylierungen von Aminen, Bildung von Schiffschen Basen sowie Aldol-Reaktionen sind die Standardreaktionen, die zu Imidazol-, Pyrimidin- und Pyrrol-Verbindungen führen.

Die Synthesewege zum Adenosinmonophosphat und Uridintriphosphat dienen uns als Beispiele für Purin- bzw. Pyrimidin-Biosynthese.

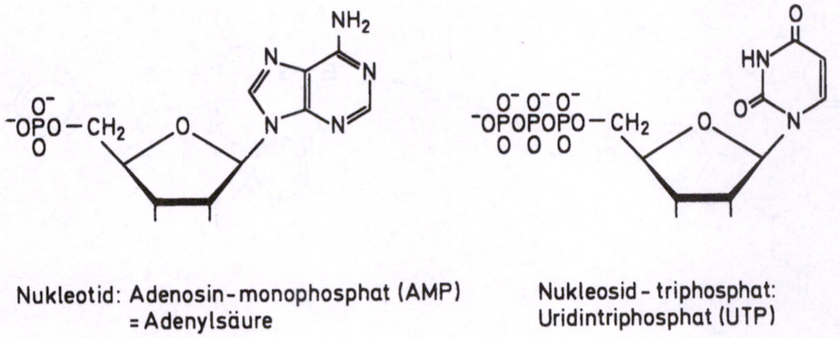

Nukleotid: Adenosin-monophosphat (AMP)
= Adenylsäure

Nukleosid-triphosphat:
Uridintriphosphat (UTP)   *Bild 7-30*

Aufbau des Pyrimidinringes

Ein Derivat der Carbaminsäure stellt den Ausgangspunkt für die Synthesefolge dar. Die Carbamoylphosphat-Synthetase des Cytoplasmas katalysiert den Übergang von Kohlensäure plus NH_3 — dem Glutamin entnommen — zum Amid der Kohlensäure und weiter zum Carbamoylphosphat; der Vorgang ist mit einem Verbrauch von zwei ATP verbunden. Ein ähnliches — aber mitochondriales — Enzym ist uns bereits beim Harnstoff-Zyklus begegnet.

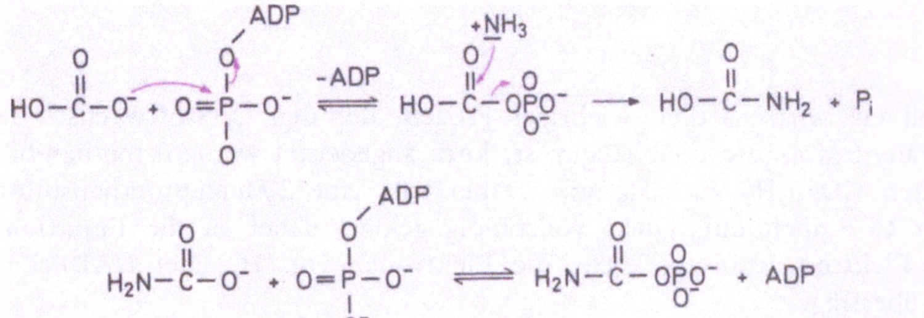

Bild 7-31

Der Transfer des Carbamoyl-Restes auf eine Aminogruppe läuft unter Eliminierung von Phosphat ab.

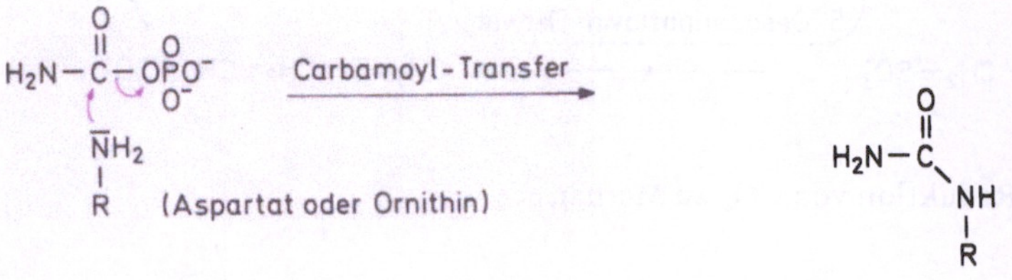

(Aspartat oder Ornithin)   Carbamoyl-Transfer   *Bild 7-32*

Mit dem Transfer der Carbamoyl-Gruppe auf die Aminogruppe der Asparaginsäure ist bereits eine Verbindung erreicht, die alle Teile für das heterozyklische Ringsystem enthält; die Zyklisierung führt zu einem Dihydropyrimidin, der Dihydroorotsäure. Oxidation sowie Ankoppelung eines Ribosephosphat-Restes an den Stickstoff (→ Bild 3—15) bringt die Synthese auf die Stufe eines Nukleotids (Orotidylsäure), die Vorstufe der Uridylsäure (UMP).

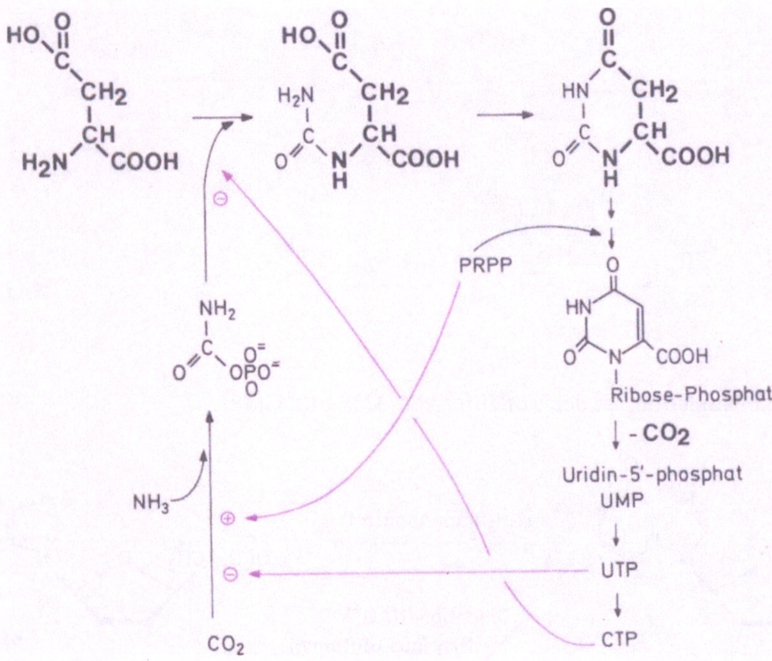

Bild 7-33: Regulation der Pyrimidin-Biosynthese

Ein Nukleosidmonophosphat kann in zwei Kinase-Schritten in ein Nukleosidtriphosphat überführt werden. Daraus kann unter der Katalyse der Cytidintriphosphat-Synthetase unter Verbrauch von NH_3 und ATP das Cytidintriphosphat hergestellt werden.

Anhand der Carbamoyl-Transferase-Reaktion läßt sich die allosterische Beeinflussung der Enzymaktivität demonstrieren. Das Enzym — aus je sechs katalytischen und sechs regulatorischen Untereinheiten zusammengesetzt — wird durch Cytidintriphosphat, dem Produkt der Reaktionssequenz, zu einer sigmoiden Kinetik gezwungen.

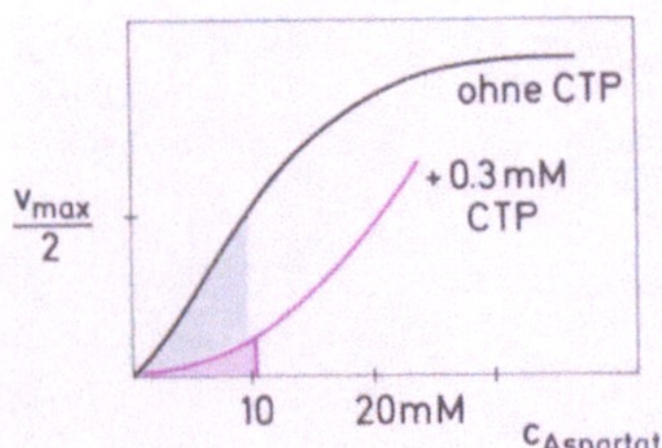

Bild 7-34:
Regulation der Carbamoyl-Transferase (→ Bild 7-33, oben links). CTP hemmt; angedeutet durch das Symbol ⊖

Aufbau des Purinringes

Phosphoribosylamin ist der Starter für den schrittweisen Zusammenbau des Imidazol-
und dann des Pyrimidinringes.

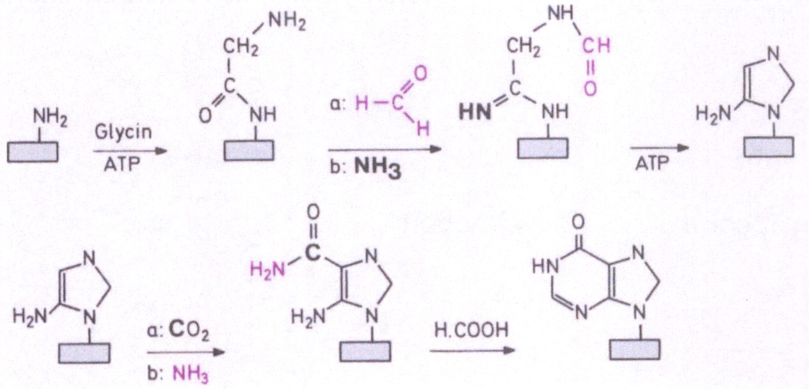

Bild 7-35

Inosinsäure, ein Nukleotid, ist der Vorläufer von AMP und GMP:

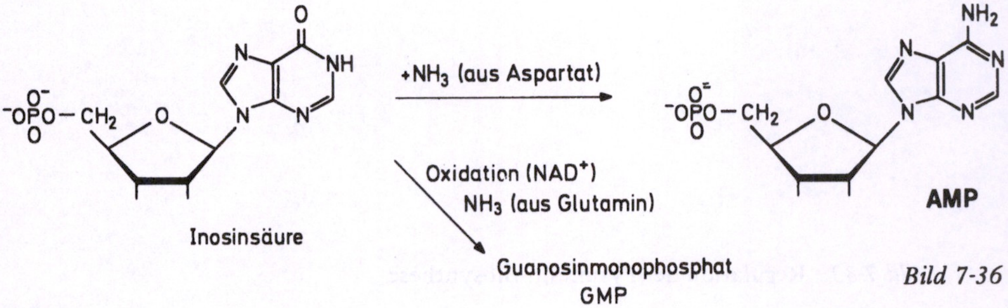

Bild 7-36

Um für die Biosynthese der DNA zur Verfügung zu stehen, müssen Nukleotide in **2-Des-
oxynukleotide** überführt werden. In einer mechanistisch noch nicht ganz verständlichen
Reaktion werden Elektronen aus der Konversion Thiol → Disulfid mit Thioredoxin als
Reduktionsmittel verwendet.

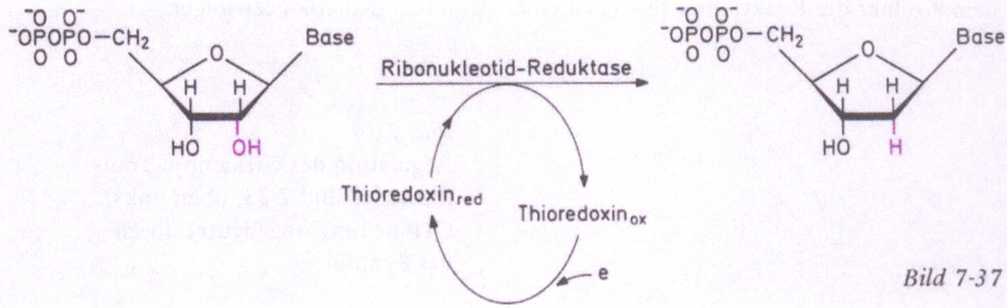

Bild 7-37

Porphyrine und ihre Biosynthese

Chlorophyll besitzt ein Magnesiumion als Zentralatom, das fünf Liganden trägt
(→ Bild 4—11); vier Ligandenstellen beziehen sich auf die N-Atome der Pyrrolringe, eine
Koordinationsstelle besetzt der Imidazol-Stickstoff einer Histidin-Seitenkette des Pro-
teins.

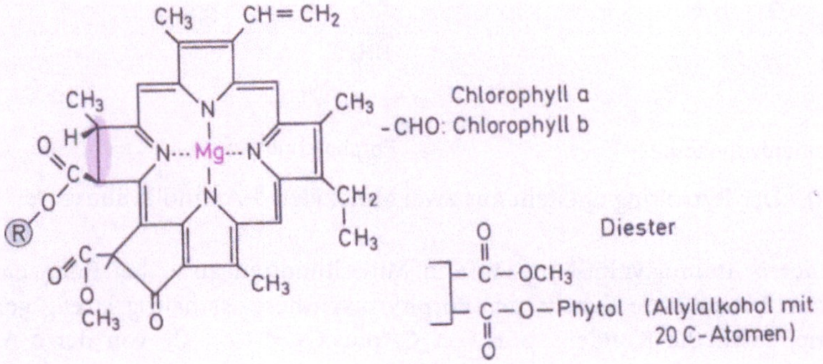

Bild 7-38

Die Synthese der Porphyrine, die man als ein Tetrapyrrolsystem ansprechen kann, erfolgt
durch Aneinanderlagerung von vier Pyrrolvorstufen.

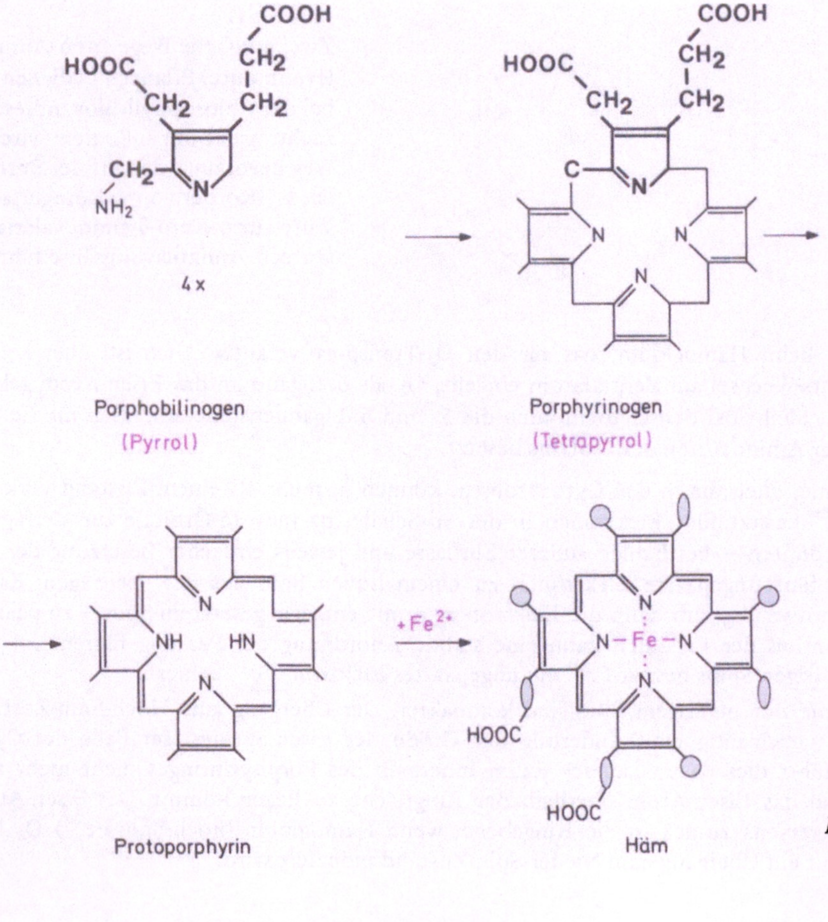

Bild 7-39

2 x δ-Aminolävulinsäure　　　　　　　　　　Porphobilinogen

Bild 7-40: Der Pyrrolring entsteht aus zwei Molekülen δ-Aminolävulinsäure

Die Synthese der δ-Aminolävulinsäure läuft in Mitochondrien ab — bei Pflanzen auch in Chloroplasten. Dieser erste Schritt der Porphyrinsynthese ist häufig streng geregelt. In Mitochondrien wird die Kondensation von C_4 plus $C_2 = C_5 + C_1$ von der δ-Aminolävulinsäure-Synthase katalysiert; sie ist durch das Endprodukt hemmbar.

Bild 7-41:
Zwei mögliche Wege zur δ-Aminolävulinsäure. Pflanzen bedienen sich bei der Chlorophyll-Biosynthese der Lichtregulation; außerdem wird ein Weg bevorzugt, der auf der Stufe der C_5-Körper von α-Ketoglutarsäure zur γ-Keto-δ-aminovaleriansäure, δ-Aminolävulinsäure führt.

Während beim Hämoglobin, das für den O_2-Transport verantwortlich ist, aber keinen Wertigkeits-Wechsel am Zentralatom eingeht, O_2 als 6. Ligand an das Eisen-Atom gebunden wird, bleibt bei den Cytochromen die 5. und 6. Ligandenstelle am Eisen mit Seitenketten der Aminosäuren des Proteins besetzt.

Eisenatome, auch die in den Cytochromen, können in mehr als einem Zustand vorkommen. Fe^{3+} besitzt fünf Elektronen in der 3d-Schale; da fünf 3d-Orbitale zur Verfügung stehen, könnten — bei Fehlen äußerer Einflüsse und jeweils einfacher Besetzung der Orbitale — fünf ungepaarte Elektronen zu einem hohen Spin des Fe^{3+} beitragen. Es ist Energie notwendig, um dann die Elektronen — mit entgegengesetztem Spin — zu paaren. Unter Einfluß der Liganden kann eine stabile Anordnung zur Paarung führen: im Zustand niedrigen Spins besitzt Fe^{3+} ein ungepaartes Elektron, Fe^{2+} keines.

Eisenatome mit niedrigem Spin sind kompakter. Der Übergang zum Hoch-Spin-Zustand bedeutet gleichzeitig eine Änderung der Größe der Eisen-Spezies. Im Falle der Cytochrome führt dies dazu, daß der Raum innerhalb des Porphyrinringes nicht mehr ausreicht und das Eisen-Atom oberhalb der Ringfläche zu liegen kommt. Das Eisen-Atom fällt andererseits zurück in die Ringebene, wenn Hämoglobin (hoch-Spin-Fe^{2+}) O_2 bindet, womit ein Übergang zum Nieder-Spin-Zustand induziert wird.

Biosynthese von Fettsäuren und Lipiden

Lipid-Synthese ist notwendig, wenn Strukturlipide der Membran bei Zellvermehrung oder Zelldifferenzierung gebraucht werden; oder wenn Reserven angelegt werden müssen. Im ersten Fall handelt es sich um die Synthese eines Derivats des Diglycerids, im anderen Fall um Triglyceride. Voraussetzung für den Aufbau ist jedenfalls Synthese von Fettsäuren.

Fettsäure-Synthese führt die tierische Zelle im Cytoplasma durch. Pflanzen besitzen in Chloroplasten einen zusätzlichen, meist sehr autonomen Fettsäure-Synthese-Apparat. So ergibt sich eine räumliche Trennung der Abbau-Sequenz und der Synthesemaschinerie durch ihre Lokalisierung in verschiedenen Kompartimenten. Neben diesen Aspekten erlauben auch andere Charakteristika, Fettsäure-Aufbau und -Abbau zu unterscheiden. Diese Merkmale reichen vom unterschiedlichen Konzept bei Synthese und Abbau des Acetoacetyl-Coenzym A, von der Verwendung von NADPH als Reduktionsmittel bei der Biosynthese und der Entstehung von NADH beim Abbau, bis zur Feststellung, daß unterschiedliche optische Isomere der Hydroxyacyl-SCoA-Derivate bei Abbau und Aufbau die entsprechenden Positionen einnehmen.

Zuerst wollen wir fragen, wie die Substrate für die Fettsäure-Synthese in dem Kompartiment, in dem der Prozeß ablaufen soll, bereitgestellt werden.

Acetyl-SCoA wird in den Mitochondrien gebildet und muß über einen Austausch in das Cytoplasma gelangen. Citrat passiert die Mitochondrien-Innenmembran und wird im Cytoplasma durch eine Lyase unter ATP-Einsatz in Oxalacetat plus Acetyl-SCoA gespalten. Oxalacetat kann wieder in Mitochondrien zurückkehren und so als Substrat der Citrat-Synthase zur Verfügung stehen.

Für die Synthese eines Moleküls Palmitoyl-SCoA benötigt die Zelle ein Molekül Acetyl-SCoA und sieben Moleküle Malonyl-SCoA. Die Carboxylierung von Acetyl-SCoA zu Malonyl-SCoA ist eine der Schlüsselreaktionen der Lipid-Synthese überhaupt. Das Enzym, **Acetyl-SCoA-Carboxylase**, arbeitet mit Biotin als Coenzym nach dem Schema, das wir bereits kennengelernt haben (→ Bilder 3—5, 3—6).

Das folgende Bild zeigt das Biotin an einem langen Arm mit einem kleinen Protein, dem Biotin-Trägerprotein, verbunden. Der Transfer von CO_2 auf das Biotin erfordert ATP; eine Carboxylase für diese Aufgabe stellt die zweite Protein-Komponente des Systems dar. Die größte Untereinheit der Acetyl-SCoA-Carboxylase führt die Übertragung der Carboxylgruppe vom Biotin auf das enzymgebundene Acetyl-SCoA durch.

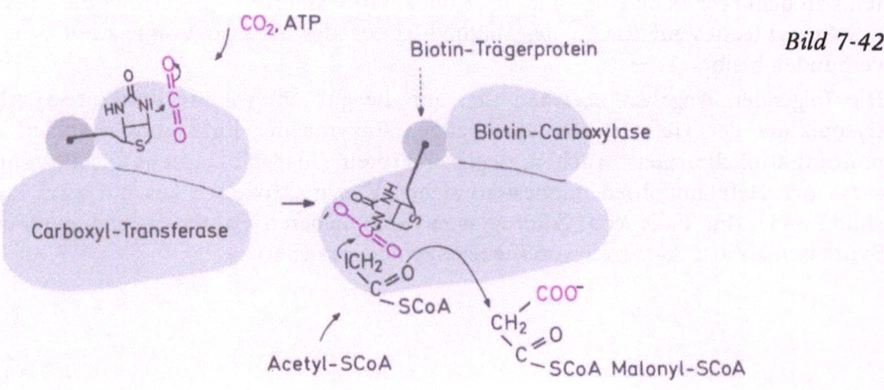

Mit der Synthese von Malonyl-SCoA steht eine besonders reaktionsfähige Form eines Essigsäureesters für die Esterkondensationen (Claisen-Kondensation, → Bild 6—39) zur Verfügung. Die zusätzliche Carboxylgruppe verstärkt den Elektronenzug und damit die Polarisierung der C-H-Bindung am C_α.

Durch „Malonester-Synthese" entsteht aus Acetyl-SCoA und Malonyl-SCoA — unter CO_2- und CoA-SH-Abspaltung — Acetoacetyl-SCoA (→ Bild 6—40). Dieser Vorgang ist im nächsten Bild skizziert; wobei die Acylgruppen vor der eigentlichen Esterkondensation von einem Thiol (CoA–SH) auf ein anderes (–SH des Proteins) transferiert werden (Transfer-Reaktionen Ⓐ und Ⓑ).

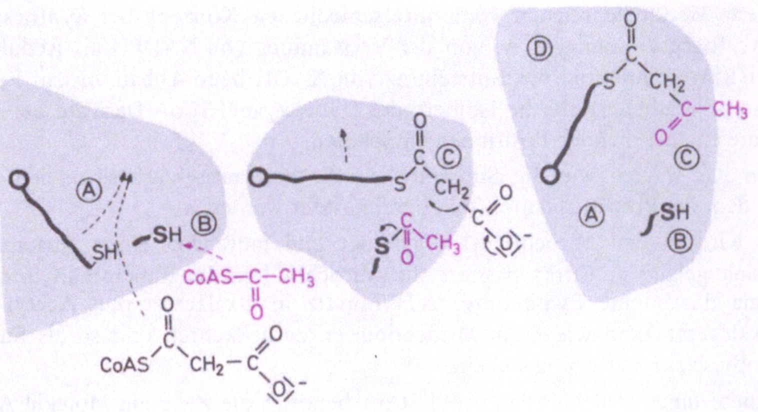

Bild 7-43: Bildung von enzymgebundenem Ester der Acetessigsäure (β-Ketobuttersäure). Es sind 3 aufeinanderfolgende Phasen in Zeitlupe gezeigt. Zuerst sehen wir, daß der Malonylrest auf die zentrale SH-Gruppe (am langen Arm) gebracht wird (Ⓐ); die Acetylgruppe wird auf die periphere SH-Gruppe transferiert (Ⓑ). Im zweiten Bild hat sich der Arm weiter — gegen den Uhrzeigersinn — gedreht; das kondensierende Enzym Ⓒ bewirkt die Bildung der Acetessigsäure

Angedeutet ist hier ferner die Tatsache, daß zwei unterscheidbare SH-Gruppen des Proteins an dem Prozeß beteiligt sind. Im Kondensationsschritt (Ⓒ) erfolgt die Übertragung des Acetyl-Restes auf das C_α des Malonyl-Restes, der bei dem Vorgang mit dem Enzym verbunden bleibt.

Die folgenden Angaben beziehen sich auf die gut untersuchte **Fettsäure-Synthase** im Cytoplasma der Hefe. Die entsprechenden Enzyme der Eukaryonten stellen sich als multifunktionelle, meist auch aggregierte Proteine dar. So besteht die Fettsäure-Synthase der Hefe mit ihren mindestens sieben Enzymaktivitäten aus nur zwei Proteinen (Bild 7—44). Im Falle von Chloroplasten und niederen Bakterien sind die Fettsäure-Synthasen als lose Aggregate von Einzelenzymen arrangiert.

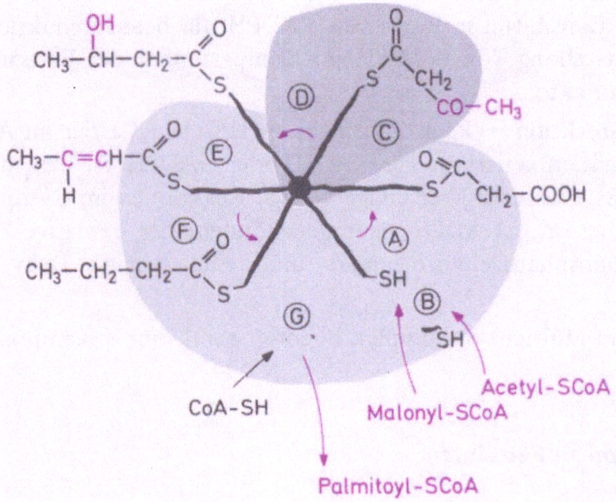

Bild 7-44: Fettsäure-Synthase

Die zentrale –SH(-)Gruppe, welche die Acylgruppen von einem aktiven Zentrum zum nächsten trägt, ist Teil des Pantethein-Armes.

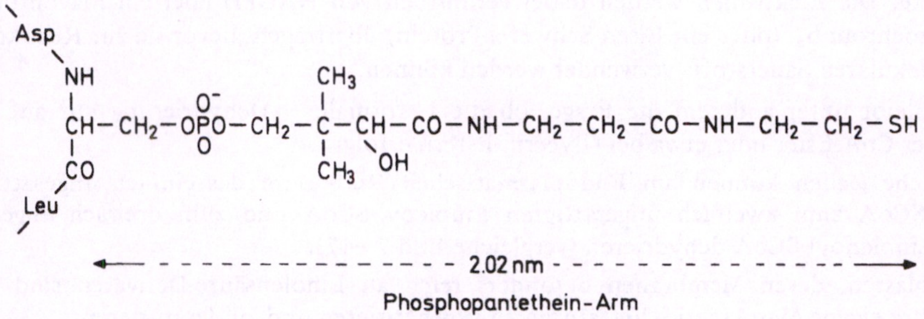

Bild 7-45: Arm mit zentraler SH-Gruppe

Nach der Kette von Reaktionen β-Ketosäureester $\rightarrow$ β-Hydroxysäureester $\rightarrow$ Alkensäure-Derivat und Alkansäure-Derivat muß entweder eine neue Runde der C_2-Kettenverlängerung gestartet oder der Acyl-Rest auf CoA–SH übertragen werden. In der Regel geschieht der Transfer auf CoA–SH auf der Stufe der Palmitinsäure; Palmitoyl-SCoA ist das Produkt der Fettsäure-Synthese. Falls die Kettenverlängerung wiederholt wird, muß der Acyl-Rest vorerst von der zentralen –SH(-)Gruppe auf die periphere übertragen werden; damit die zentrale –SH(-)Gruppe für einen weiteren Malonyl-Rest offensteht.

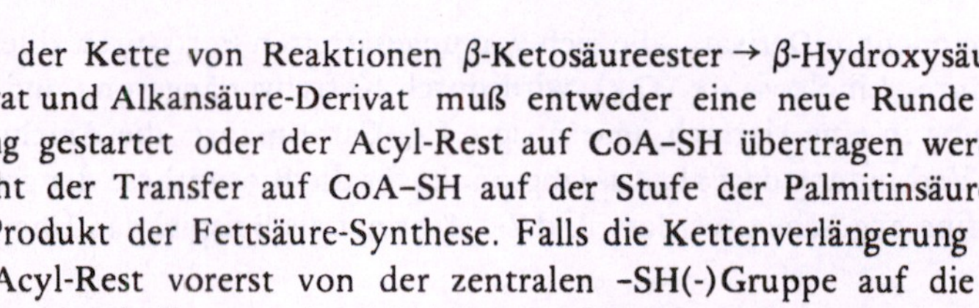

Bild 7-46: Transfer eines Acyl-Restes von der zentralen –SH(-)Gruppe auf die periphere –SH(-)Gruppe

Neben dem „Starter" Acetyl-SCoA und dem Substrat Malonyl-SCoA benötigt die Fettsäure-Synthese vor allem Reduktionsmittel in Form von NADPH; für beide Reduktionsschritte. Damit wird die Bereitstellung von NADPH im Kompartiment der Fettsäure-Synthese zu einem limitierenden Faktor.

ATP — für die Carboxylierungsreaktion — kann an einem spezifischen Carrier im Austausch gegen ADP die Mitochondrien verlassen. Für NADH, oder NADPH, ist dies nicht direkt möglich (→ Bild 6—26). Es existieren aber einige wenige Reaktionen im Cytoplasma, welche die Fettsäure-Synthese mit NADPH versorgen können: der oxidative Pentosephosphat-Weg (Glucose-6-phosphat-Dehydrogenase) und eine Isocitrat-Dehydrogenase-Reaktion.

Die Fettsäure-Synthese an einem Multienzymkomplex benötigt somit nur 4 Komponenten: 1 Protein, 3 Substrate.

Sauerstoff-abhängige Modifikation an Fettsäuren

a) Desaturierung

Eine Monooxygenase am Endoplasmatischen Retikulum katalysiert den Übergang der Stearinsäure zur Ölsäure auf der Stufe der CoA-Ester. O_2 und NADPH sind die weiteren Substrate. Die Elektronen werden dabei vermutlich von NADPH über ein Flavoprotein auf Cytochrom b_5 (oder ein Eisen-Schwefel-Protein) übertragen, bevor sie zur Reduktion des molekularen Sauerstoffs verwendet werden können.

Offen bleibt unter anderem die Frage, ob die — formale — Dehydrierung nur auf der Stufe der CoA-Ester oder etwa bei Glycerin-Estern erfolgt.

Pflanzliche Zellen können am Endoplasmatischen Retikulum das einfach ungesättigte Oleoyl-SCoA zum zweifach ungesättigten Linoleoyl-SCoA und zum dreifach ungesättigten Linolenoyl-SCoA dehydrieren (vergleiche Bild 7—47).

Chloroplasten, deren Membranen besonders reich an Linolensäure-Derivaten sind, besitzen ihre eigene Maschinerie, Fettsäuren zu synthetisieren und zu desaturieren.

b) Biosynthese von Prostaglandinen

Prostaglandine sind Cyclopentan-Derivate, die sich von ungesättigten Fettsäuren ableiten. Die ungesättigte Fettsäure, Linolensäure (C_{18}), wird durch Kettenverlängerung und darauffolgende Desaturierung in eine vierfach ungesättigte C_{20}-Carbonsäure, die Arachidonsäure, überführt. Diese Verbindung darf als Ausgangspunkt für die Biosynthese der großen Familie der Prostaglandine angesehen werden. Bild 7—47 bringt als Beispiel den Übergang zum Prostaglandin E_2.

Prostaglandine beeinflussen die Wirkung der Hormone. Sie wirken auf hormongesteuerte Enzyme der Zellmembran, z.B. die Adenylat-Zyklase. Prostaglandine regeln in verschiedenen Zellen die Stoffwechselprozesse; dabei werden je nach Zelltyp unterschiedliche Prozesse auf- oder abgedreht.

Prostaglandin steigert die Sekretion von Hormonen, z.B. die Biosynthese des Wachstumshormons Somatotropin in den Hypophysen-Vorderlappen. Prostaglandin E hemmt die Mobilisierung des Fettes in Speichergeweben. Darüber hinaus wirken Prostaglandine in der Regel in dem Gewebe, in dem sie synthetisiert und dann auch abgebaut werden. Die für die Synthese notwendige Arachidonsäure kann gegebenenfalls aus Komponenten der Membran, nämlich den Phospholipiden, entnommen werden.

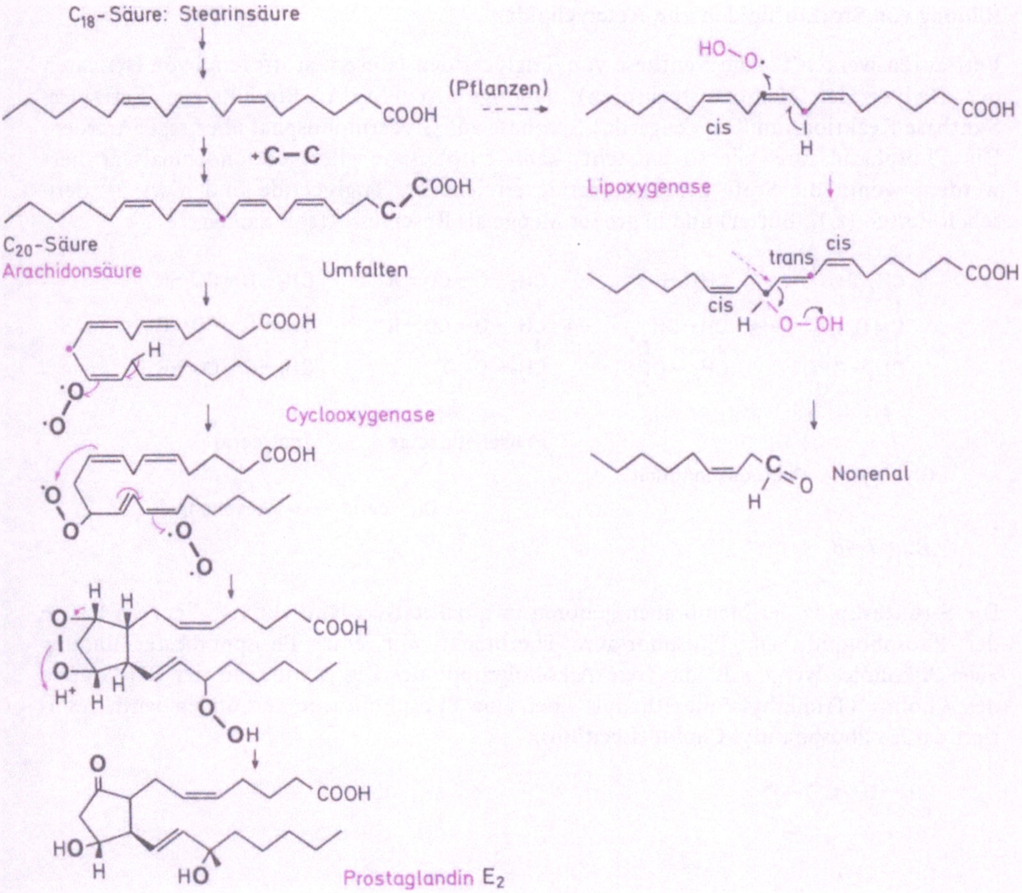

Bild 7-47: Bildung von Prostaglandin. Die dreifach ungesättigte Linolensäure, die im Falle der tierischen Zellen mit der Nahrung aufgenommen werden muß, ist die Vorstufe für die folgenden C$_{20}$-Verbindungen.

O_2 wird nicht nur für die Bildung der Arachidonsäure, zur Desaturierung, benötigt. Auch die weiteren Reaktionen, bis hin zum Prostaglandin E$_2$ (zwei Doppelbindungen in den Seitenketten), verlangen O_2. Sauerstoff findet sich in den zusätzlichen funktionellen Gruppen, ist aber auch für die Auslösung der Zyklisierung verantwortlich. Das Prinzip dieser Reaktionen, bei denen eine noch nicht bekannte Sauerstoffspezies mitwirkt, läßt sich am besten anhand der Lipoxygenase-Reaktion beschreiben. Dieses Enzym bzw. das entsprechende Prinzip der Einführung von Peroxidgruppen findet sich bei der Spaltung von Linolensäuren in pflanzlichen Zellen.

Oxygenasen (→ Bild 6—49) sind auch an Reaktionen mit anderen lipidartigen Verbindungen beteiligt; bei Carotinoiden (→ Bild 7—55) finden wir C-C-Spaltungen sowie Epoxidbildungen.

Bildung von Strukturlipiden und Reservelipiden

Fettsäuren werden für die Synthese von Triglyceriden (Reservestoffe) und von Derivaten der Diglyceride (Membranstrukturen) benötigt. Acyl-SCoA, Produkt der Fettsäure-Synthase-Reaktion, muß im Zuge der Synthese auf Glycerinphosphat übertragen werden. Die Phosphatidsäure, die so entsteht, kann entphosphoryliert und nochmals acyliert werden, womit die Stufe der Triglyceride erreicht ist. Triglyceride finden wir in tierischen Fetten (z. B. Butter) und in großer Menge als Reservestoffe in Samen.

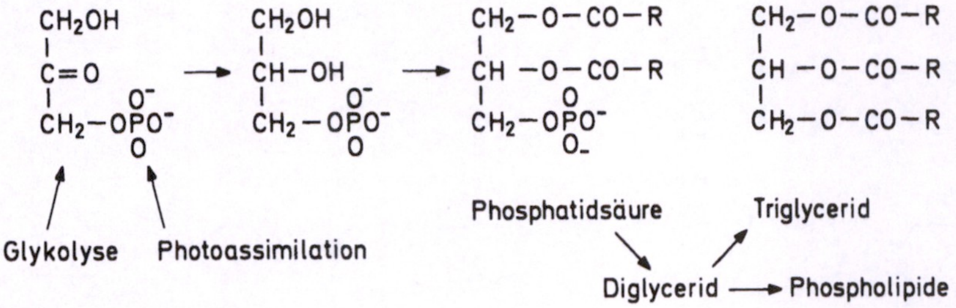

Bild 7-48

Die Strukturlipide der Membranen gehören in quantitativer Hinsicht vor allem der Klasse der Phospholipide an. Phosphorsäure überbrückt mit einer Phosphodiester-Bindung zwei Alkohole. Wenn z. B. die freie Alkoholgruppe des Diglycerids mit der OH-Gruppe des Cholins (Trimethylaminoethanol) über eine Phosphobrücke verbunden wird, resultiert daraus Phosphatidyl-Cholin (Lecithin).

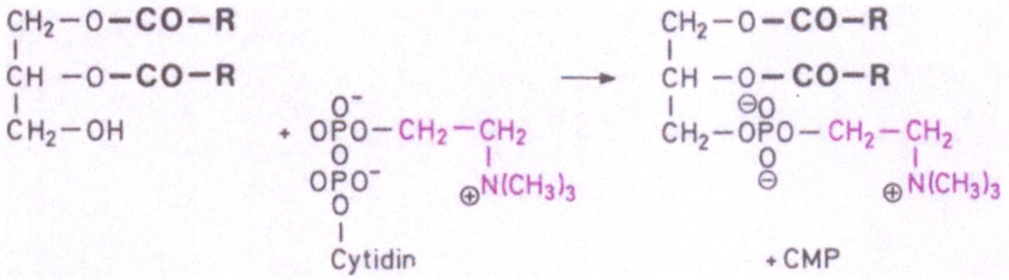

Bild 7-49

Die Verknüpfung der Alkohole über die Phosphobrücke kann auf zwei Wegen durchgeführt werden: eine der beiden alkoholischen Gruppen muß aber vorher durch Derivatisierung über ein Nukleosid-diphosphat „aktiviert" werden (Bilder 7—49 und 7—50).

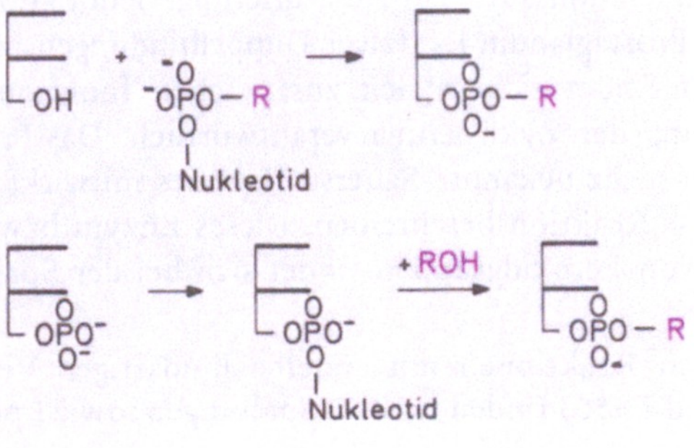

Bild 7-50

Im Falle der Synthese des Phosphatidyl-Cholins wird das Diglycerid mit Cytidyldiphosphat-Cholin (CDP-Cholin) umgesetzt. Ein analoger Vorgang mit Ceramid als Akzeptor der Cholinphosphat-Gruppe führt zu Sphingomyelin.

Damit machen wir einen Sprung von Phospholipiden mit einem Glycerin-Rückgrat zu Lipiden, die sich vom Sphingosin ableiten. Der Sphingosin-Grundkörper mit 18-C-Atomen leitet sich von Palmitinsäure ab. Hervorstechendes Merkmal am Sphingosin ist neben der alkoholischen Endgruppe eine Aminogruppe in α-Stellung; sie kann acyliert werden, wodurch ein Ceramid entsteht. Ceramid besitzt die für die lipophilen Eigenschaften verantwortlichen zwei langen Alkanketten.

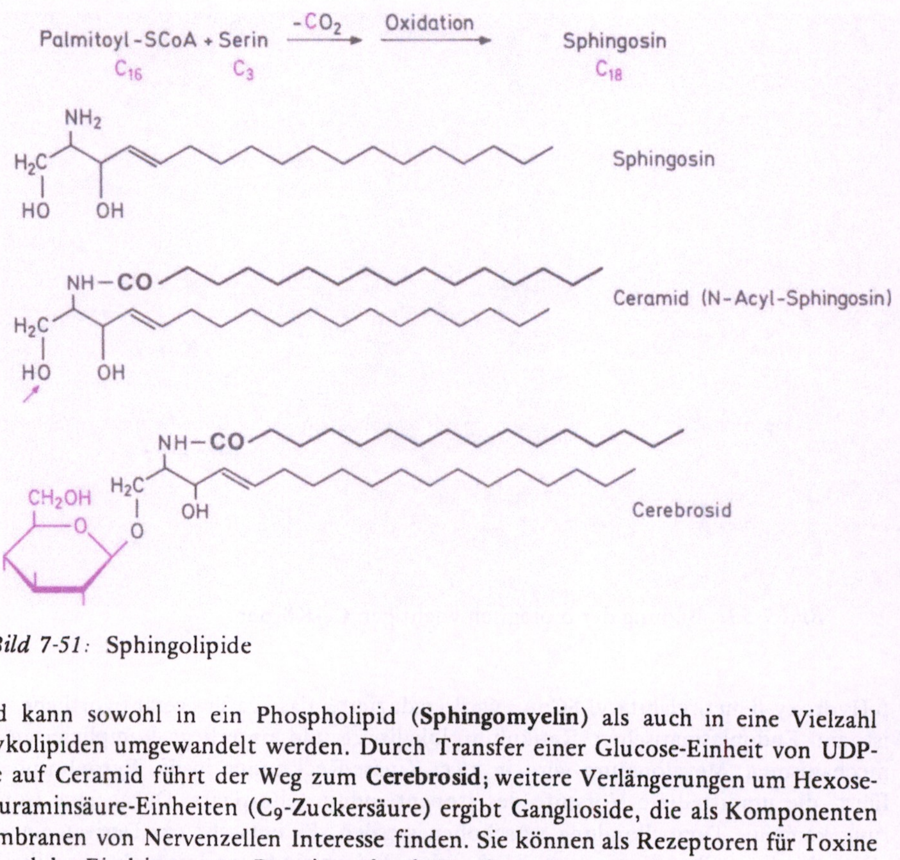

Bild 7-51: Sphingolipide

Ceramid kann sowohl in ein Phospholipid (**Sphingomyelin**) als auch in eine Vielzahl von Glykolipiden umgewandelt werden. Durch Transfer einer Glucose-Einheit von UDP-Glucose auf Ceramid führt der Weg zum **Cerebrosid**; weitere Verlängerungen um Hexose- und Neuraminsäure-Einheiten (C_9-Zuckersäure) ergibt Ganglioside, die als Komponenten der Membranen von Nervenzellen Interesse finden. Sie können als Rezeptoren für Toxine dienen und das Eindringen von Proteinen durch Membranen vermitteln.

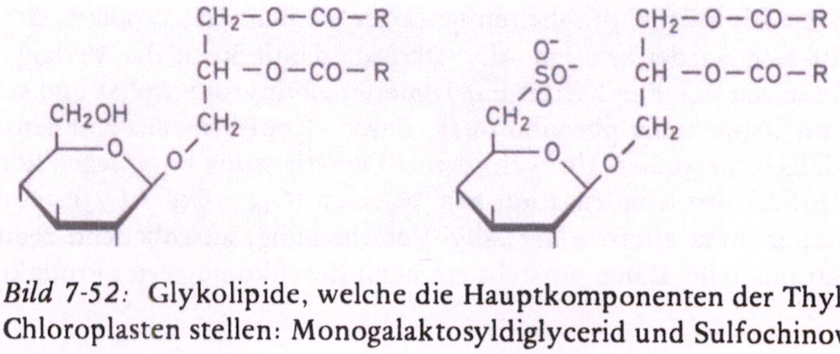

Bild 7-52: Glykolipide, welche die Hauptkomponenten der Thylakoid-Membran von Chloroplasten stellen: Monogalaktosyldiglycerid und Sulfochinovosyldiglycerid

Isoprenoide

Eine andere Klasse von Lipiden leitet sich vom C_5-Körper Isopren (2-Methyl-butadien) ab; in ihr sind so verschiedene Verbindungen wie Steroide und Terpene eingeschlossen. Das übergeordnete Prinzip stellt die Biosynthese aus der „biologischen Isopren-Einheit", dem Isopentenylpyrophosphat, dar. Isopentenylpyrophosphat leitet sich von der Mevalonsäure ab, einem C_6-Körper, der aus 3-Acetyl-SCoA-Molekülen aufgebaut wird.

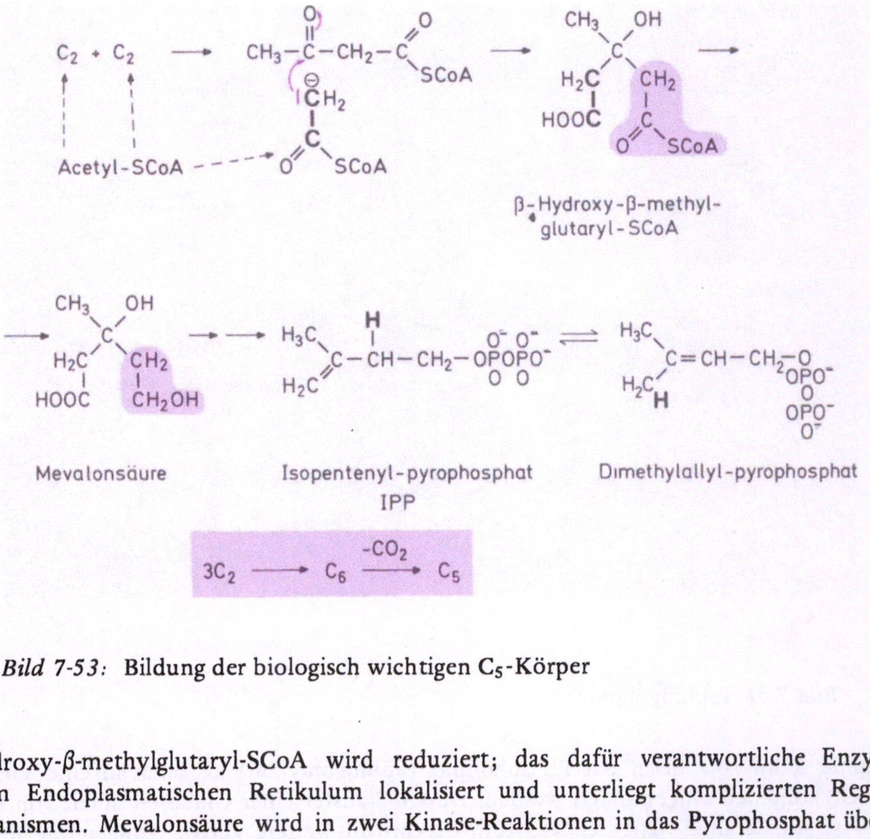

Bild 7-53: Bildung der biologisch wichtigen C_5-Körper

β-Hydroxy-β-methylglutaryl-SCoA wird reduziert; das dafür verantwortliche Enzym ist am Endoplasmatischen Retikulum lokalisiert und unterliegt komplizierten Regelmechanismen. Mevalonsäure wird in zwei Kinase-Reaktionen in das Pyrophosphat überführt, die unmittelbare Vorstufe des Isopentenylpyrophosphats. Durch eine Isomerisierung kann die Doppelbindung verschoben werden. Es entsteht ein Derivat eines Allylalkohols, das nach Abgang des Pyrophosphat-Anions ein besonders reaktives Allyl-Kation liefert.

Damit kann die Kondensation der C_5-Einheiten gestartet werden. Das Produkt, Geranylpyrophosphat, verhält sich wieder wie ein Allyl-Derivat; damit kann die Verlängerung fortgesetzt werden. So lassen sich durch Start mit Dimethylallylpyrophosphat und schrittweises Anhängen von Isopentenylpyrophosphat durch Kopf-Schwanz-Kondensation C_{15}- und C_{20}-Verbindungen herstellen, die weiter einer Dimerisierung unterliegen können. Im Falle der Schwanz-Schwanz-Kondensation zum Squalen (C_{15} + C_{15} = C_{30}) unterliegt eine der beiden Komponenten zuerst einer Allyl-Verschiebung; anschließend reduziert NADPH die Kondensationsstelle. Daher entsteht ein nicht durchkonjugiertes Produkt.

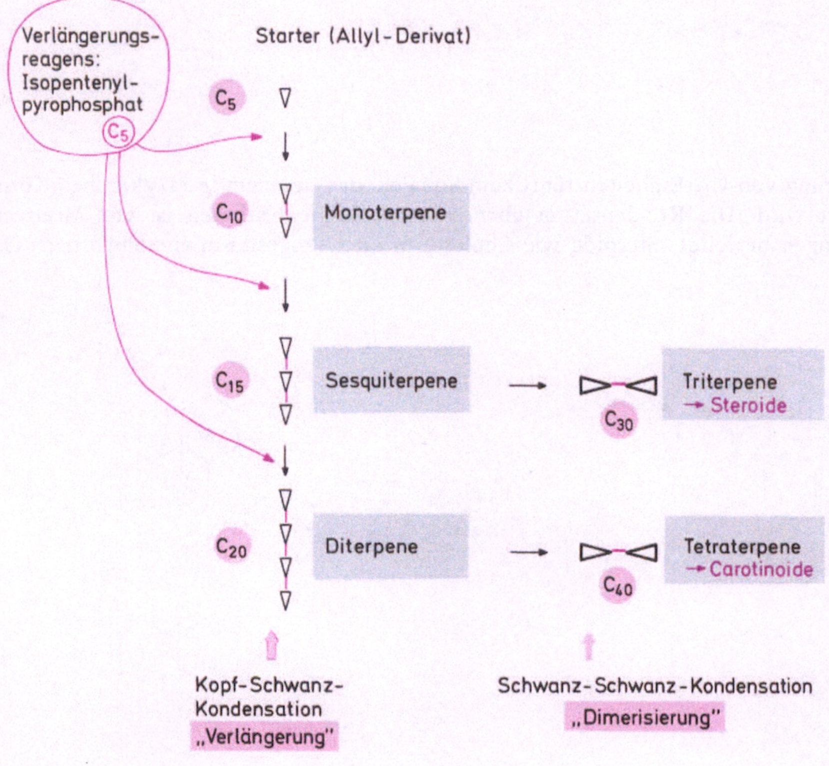

Bild 7-54: Kopf-Schwanz-Kondensation $C_5 + C_5 \rightarrow C_{10}$

Eine Übersicht über Kettenverlängerung mit Kopf-Schwanz-Kondensation sowie die „Dimerisierung" gibt die wichtigsten Klassen von Isoprenen und Terpenoiden wieder.

Bild 7-55: Übersicht über die Biosynthese der wichtigsten Isoprenoide

Als ein Beispiel für die Synthese eines Monoterpens: die Bildung von α-Pinen.

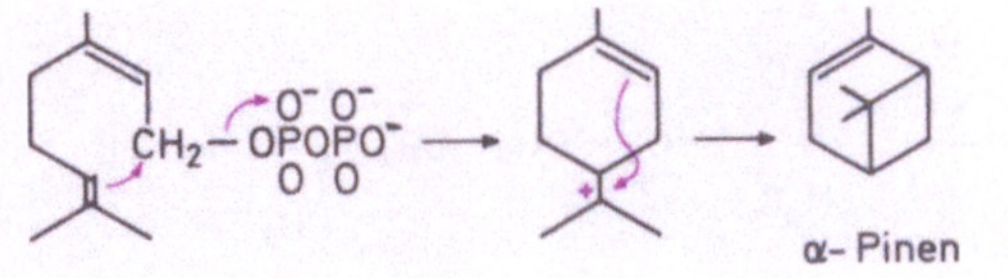

Bild 7-56

β-Carotin kommt als Komponente des Photosyntheseapparates in größeren Mengen vor; es entsteht über mehrere Stufen aus zwei Molekülen Geranyl-geranyl-pyrophosphat.

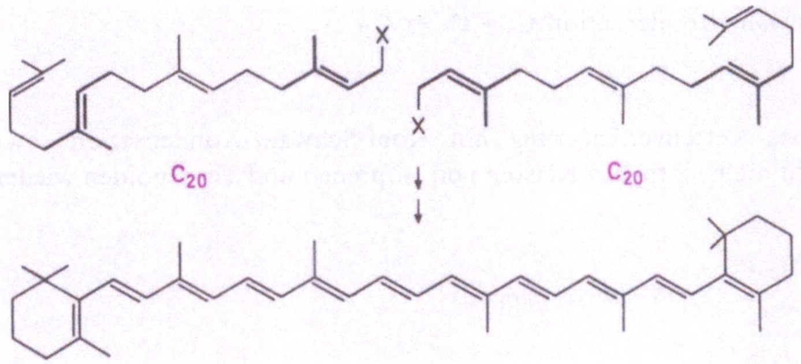

Dimerisierung von C_{15}-Einheiten führt zum Squalen, das zu einem tetrazyklischen Körper umgelagert wird. Die Kondensation über nicht-klassische Kationen ist von Meerwein-Umlagerungen begleitet. Steroide wie Cholesterin oder Progesteron entstehen nach Oxidationen.

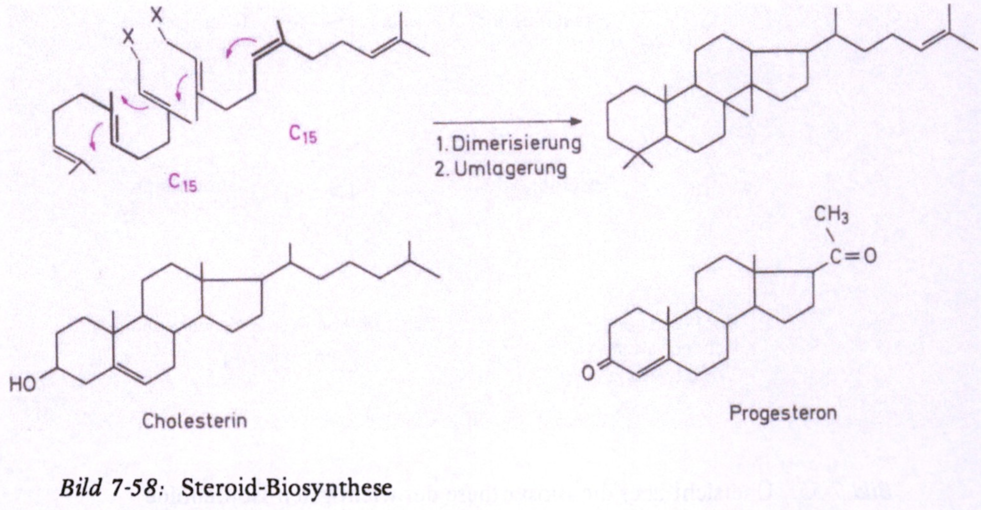

Bild 7-58: Steroid-Biosynthese

Ein Mechanismus zur Squalen-Bildung:

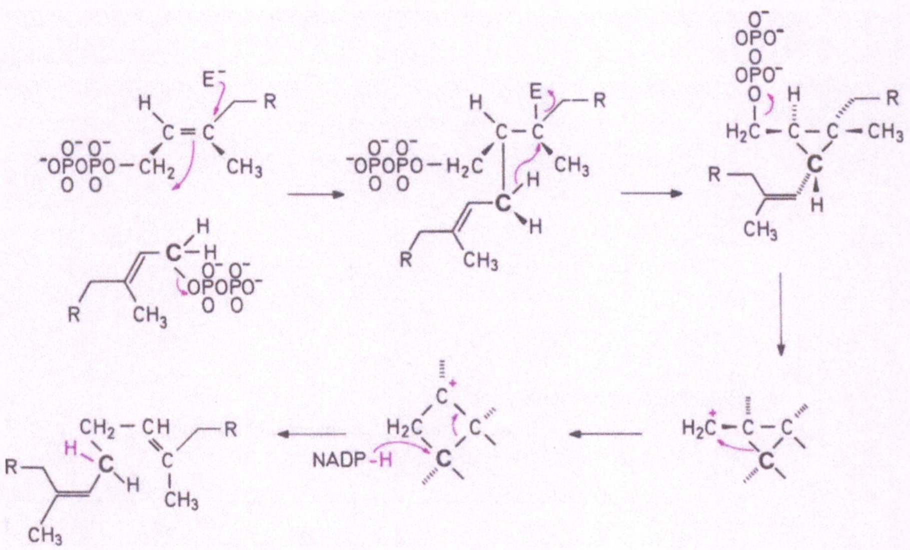

Bild 7-59: Möglicher Mechanismus der Bildung von
Squalen (C_{30}) aus 2 Einheiten Farnesylpyrophosphat (2 x C_{15})

Beeinflussung der Zelle von außen:
interzelluläre Informationsweiterleitung
(Hormone)

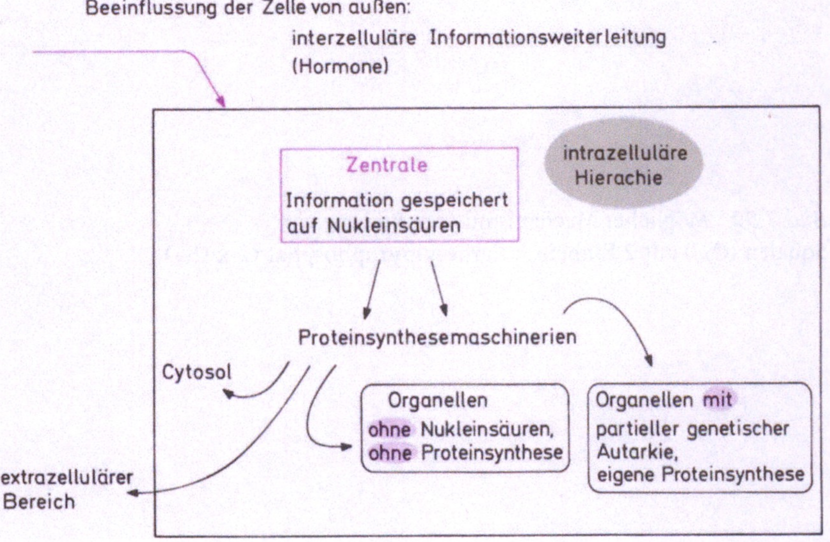

Kapitel 8

Informationsfluß

Ob ein bestimmter Prozeß in einer Zelle abläuft, hängt von der Anwesenheit des spezifischen Katalysators ab. Da dieser Katalysator ein Protein ist und durch Abbau wieder aus dem Verkehr gezogen wird, gibt die Synthese eines bestimmten Proteins den Ausschlag dafür, daß ein bestimmter Stoffwechsel stattfindet und ein Metabolit gebildet wird. Wir können noch ein Stück weiter zurückgehen in der Hierarchie der kontrollierten Prozesse; dabei stoßen wir auf Nukleinsäuren als primäre Elemente des Informationsflusses.

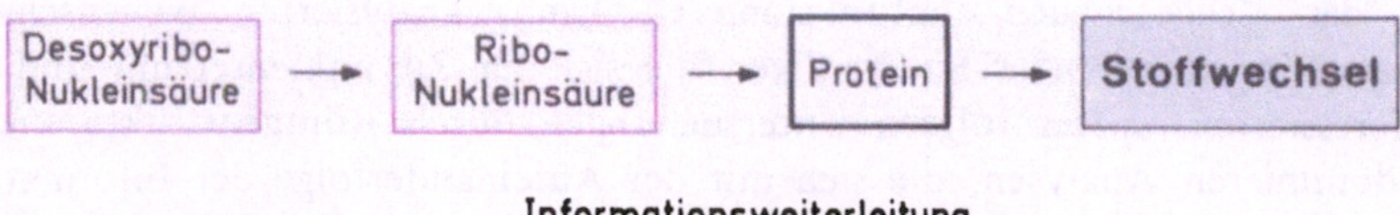

Bild 8-1: Prinzip des Informationsflusses

Auf der Stufe der Nukleinsäuren liegt ein Band mit aufeinanderfolgenden Informationseinheiten vor. Von dieser Urinformation wird immer wieder einmal eine Kopie angefertigt; genauer gesagt, eine komplementäre Kopie in der Sprache der Nukleinsäuren. Die Informationseinheit auf der Kopie ist das Codon. Der Informationsinhalt vieler Codons wird in einem nächsten Schritt in die Sprache der Proteine übersetzt. Der Informationseinheit auf der Nukleinsäure (Codon) entspricht letztlich eine Informationseinheit im Protein, nämlich die Aminosäure.

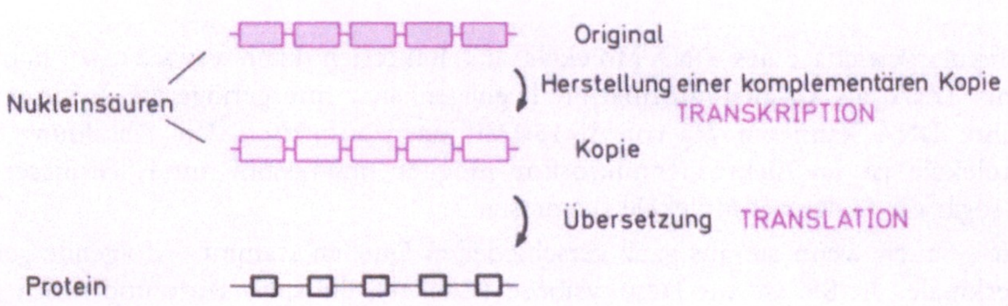

Bild 8-2: Transkription und Translation der Information

Sowohl bei der Herstellung der Kopie als auch bei deren Übersetzung bedeutet der eigentliche Vorgang die Neusynthese von Material — aber in einer Form, wie es die jeweilige Vorlage verlangt. Die Übersetzung erfolgt mit Hilfe des universellen genetischen Codes; dies ist die Beziehung zwischen der Basensequenz der Nukleinsäuren (Folge der Codons) und der Aminosäuresequenz des Proteins.

Struktur der Desoxyribonukleinsäure

Desoxyribonukleinsäure ist das genetische Material, dessen Informationsinhalt alle Prozesse in der Zelle steuert. Eine Änderung der Desoxyribonukleinsäure (= Mutation) bedeutet immer auch eine Veränderung bei Komponenten der Zelle.

Bevor wir uns die Steuerungsprozesse und damit die Funktion der Nukleinsäuren ansehen, wenden wir unsere Aufmerksamkeit der Struktur dieser polymeren Verbindung zu. Denn die Struktur sagt bereits sehr viel über die Möglichkeit der Funktion der Verbindung aus.

Für die Desoxyribonukleinsäure werden wir, aufgrund des internationalen Gebrauchs, in der Folge die Abkürzung **DNA** verwenden: **D**eoxyribo**N**ucleic **A**cid.

Seit man weiß, daß DNA das aktive Prinzip darstellt, mit dem man z. B. bei einfachen Organismen das Zellgeschehen umfunktionieren kann, analysierten Wissenschaftler diese Substanz. Zuerst waren es Biochemiker, die sich für Zusammensetzung und Teilstruktur interessierten, später folgten Untersuchungen durch Röntgenstrukturanalyse, und heute dominieren Analysen, die sich mit der Aufeinanderfolge der Informationseinheiten auseinandersetzen. Desoxyribonukleinsäure enthält Desoxyribose, die hier in der offenkettigen Form gezeichnet ist. Zwei ihrer alkoholischen OH-Gruppen sind mit Phosphorsäure verestert, so daß eine Phosphodiesterbindung entsteht.

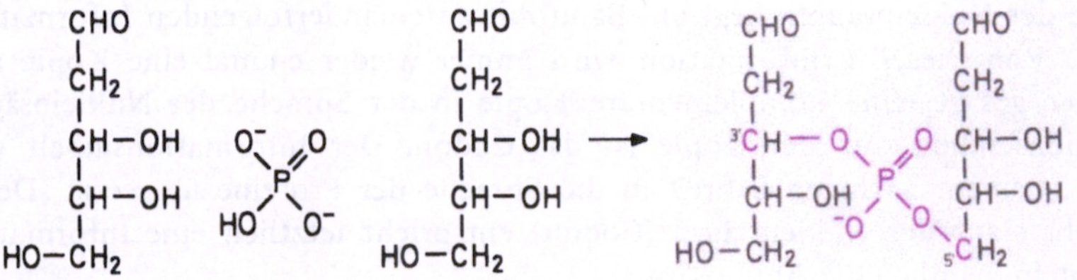

Bild 8-3: Prinzip der Verknüpfung Zucker — Phosphorsäure — Zucker

Das Molekulargewicht eines DNA-Moleküls aus Bakterien kann etwa $2 \cdot 10^9$ betragen. Viren mit DNA als Originalinformation begnügen sich mit geringerem Informationsgehalt; ihre DNA kann ein M_r von 3—150 Millionen aufweisen. Die Abbildung dieser Riesenmoleküle ist im Elektronenmikroskop möglich; man kann mit Hilfe dieser Aufnahmen sogar die Länge der Moleküle ausmessen.

DNA hat — auch wenn sie aus ganz verschiedenen Quellen stammt — folgende gemeinsame Merkmale: 1. Sie ist aus Desoxyribose (Zucker), Phosphorsäure und Basen (Pyrimidin- und Purinbasen) zusammengesetzt. Die folgende Abbildung zeigt sowohl einen Ausschnitt als auch eine Kurzformel, die nur das Desoxyribose-Phosphorsäure-Grundgerüst betont.

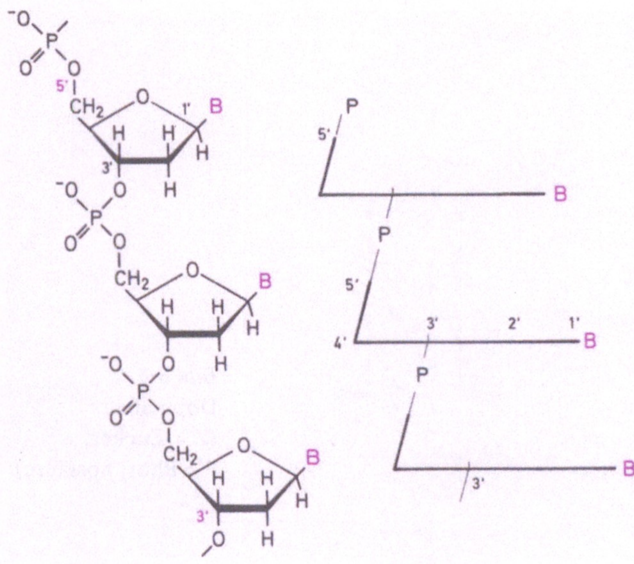

Bild 8-4: Kurzschreibweise für Nukleinsäuren

2. Das Verhältnis A zu T oder G zu C ist 1. Das Verhältnis $\frac{A+T}{C+G}$ hängt von der Art des Organismus, dem Zelltyp und vom Kompartiment ab, aus dem die DNA gewonnen wurde; dieses Verhältnis stellt einen sehr charakteristischen Wert für eine bestimmte DNA dar.
3. Die Phosphorsäurereste sind für die Titration zugänglich, die Basen nicht.

Die Daten der Röntgenstrukturanalyse waren mit bestimmten Annahmen über den Aufbau in Einklang zu bringen. Identitätsperioden von 3,4 nm sprachen dafür, daß sich innerhalb dieses Bereiches bestimmte Eigenschaften wiederholen. Alle Daten zusammengenommen lassen sich am besten mit dem folgenden Modell beschreiben: Die DNA liegt in Form zweier zueinander antiparalleler Schrauben vor: als **Doppelhelix**. Die Ebene der Basen steht senkrecht zur Helixachse; und steht auch senkrecht zur Zeichenebene. Die formale Helixachse ist im nächsten Bild als Bezugselement angedeutet.

DNA besteht aus zwei Ketten, die nicht identisch sind, sondern komplementäre Basen tragen und damit auch als Ganzes komplementär zueinander sind. Wir sprechen von einer antiparallelen Anordnung der Stränge. Man beachte die gegensätzliche Polarität, ausgedrückt durch die 5'- bzw. 3'-Enden.

Aus dem Prinzip der Komplementarität, das sich bereits in der Struktur der DNA ausdrückt, sowie der Kenntnis der selektiven Basenpaarung A...T und G...C bieten sich zwangsläufig bestimmte Mechanismen der Nukleinsäure-Biosynthese an. Da die neue Nukleinsäure als komplementäre Kopie der alten Nukleinsäure hergestellt wird, bleibt die einmal vorgegebene Information erhalten.

Anfang und Ende einer Doppelhelix kann man sich miteinander verknüpft vorstellen. Die Doppelhelix finden wir in zirkulärer Form als genetisches Material in Bakterien. Auch die mitochondriale DNA ist als zirkuläre Doppelhelix aufgebaut.

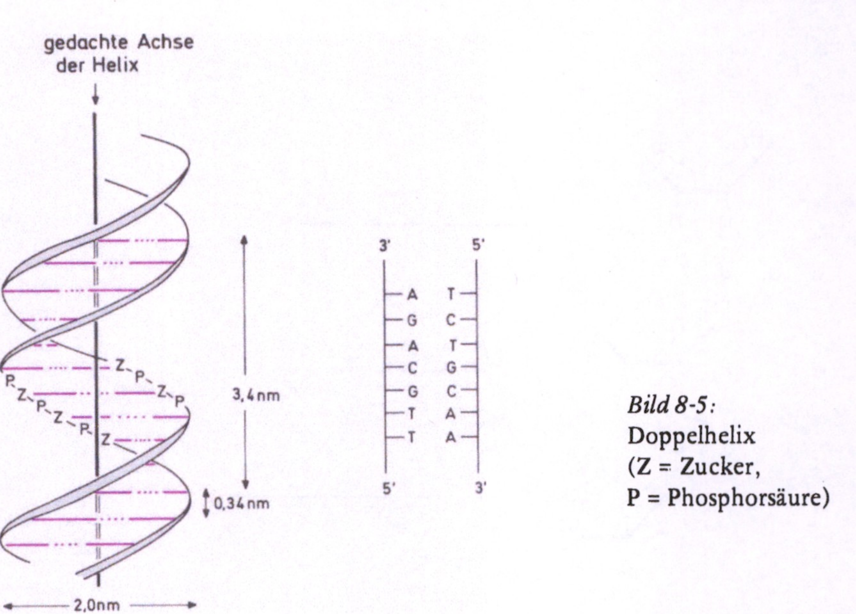

Bild 8-5:
Doppelhelix
(Z = Zucker,
P = Phosphorsäure)

Zellkern: Kompartiment der Nukleinsäuren

Die Doppelhelix ist auch die Strukturform der DNA im Zellkern. Der DNA-Doppelstrang wird aber darüber hinaus mit basischen Proteinen zu Überstrukturen arrangiert: Nukleosomen.

Basische Proteine, reich an Lysin und Arginin, kennt man schon lange als Komponenten des Zellkerns. Sie befinden sich aufgrund ihrer ionischen Wechselwirkungen in Assoziation mit den sauren Gruppen der Nukleinsäuren. Diese Klasse von Kernproteinen trägt den Namen Histone. Einige Histone nehmen als Dimere an dem Zusammenbau der Nukleosomen teil; ein anderes Histon (H-1) dient als Kitt zwischen den „Perlenketten". Um das Histonpaket herum bildet die DNA eine Schleife und bedeckt damit große Teile der Histonoberfläche. Dann folgt ein DNA-Abschnitt, der für abbauende Enzyme leicht zugänglich ist. An diesen Stellen, zwischen den Perlen, kann man auch im Reagenzglas-Versuch die Perlenkette durchschneiden. Ein Kettenglied entspricht in DNA-Einheiten etwa 200 Basenpaaren. Zwischen den Perlen beträgt der Abstand etwa 60 Basenpaare.

Bild 8-6: Nukleosomen

DNA-Stränge sind in der Regel sehr lang, etwa 1 mm bis 2 cm. Dies entspricht etwa 10^6 bis 10^8 Basenpaaren. Im Zellkern findet man neben DNA und Histonen auch RNA und andere Proteine. Der Kern enthält darüber hinaus Strukturen, die in der Synthesephase als stark verdichtete Bereiche zu erkennen sind: es sind dies die Kernkörperchen (Nukleoli), die biochemisch durch ihren hohen Anteil an Ribonukleinsäuren charakterisiert sind. Eine Doppelmembran umhüllt den Kern; Poren in dieser Membran erlauben den Transport von Nukleinsäuren und anderen Verbindungen. Einen derartig aufgebauten und durch Membranen abgegrenzten Kern sowie die entsprechenden Kernteilungsmechanismen besitzen nur höhere Organismen. Diejenigen Organismen, die einen „richtigen" Kern — und damit ein eigenes Kompartiment für Nukleinsäuren — aufweisen, nennt man Eukaryonten. Eukaryontische Zellen sind auch durch ihre Organellen, wie z. B. Mitochondrien (und bei Pflanzen Chloroplasten) charakterisiert. Vor allem aus biochemischen Gründen muß man für die lebende Welt eine strenge Zäsur machen: Eukaryonten auf der einen Seite; und Prokaryonten, Zelltypen, die keinen echten Kern besitzen, auf der anderen Seite.

Eukaryonten:	**Prokaryonten:**
Tiere, höhere	Bakterien,
Pflanzen, Pilze, Algen	(Blaualgen)

Im Falle der Eukaryonten müssen wir noch weitere Besonderheiten festhalten. Die Biosynthese der Nukleinsäuren im Kern und die Proteinbiosynthese im Cytoplasma sind nicht nur räumlich, sondern auch zeitlich getrennt. Eukaryontische Zellen besitzen mit Mitochondrien (und Chloroplasten bei Pflanzen) zwei Kompartimente, die eigene DNA, RNA und den Apparat für die Proteinsynthese enthalten.

Replikation: DNA-Synthese

Replikation ist Duplizierung der vorhandenen DNA. Dieser Vorgang muß notwendigerweise jeder Kernteilung und damit auch jeder Zellteilung vorgeschaltet sein. Dabei ist höchste Präzision erforderlich, damit die „Ur"-Information einer Art — oder eines Gewebes — erhalten bleibt. Das Enzym, das für die Bildung neuer DNA verantwortlich ist: eine DNA-Polymerase. Sie setzt die freie $3'$-OH(-)Gruppe eines Nukleotids mit Nukleosid-$5'$-triphosphat um — unter Abspaltung von Pyrophosphat. Das Resultat ist eine neue Phosphodiesterbindung und ein um eine Einheit verlängertes Oligomeres.

Bild 8-7:
Verlängerung einer Nukleinsäure um ein Nukleotid

Damit dieser Prozeß freiwillig abläuft, muß eines der Produkte, das Pyrophosphat, aus dem Gleichgewicht entfernt werden; das geschieht durch Hydrolyse, 1 Pyrophosphat $\rightarrow$ 2 Phosphate, mit Hilfe einer sogenannten Pyrophosphatase.

DNA-Polymerase benötigt, neben den vier 2'-Desoxyribonukleosid-5'-triphosphaten als Substraten, eine Matrize und einen Starter. Die Matrize ist eine einzelsträngige DNA, deren Informationsinhalt im Zuge der Polymerisation in die Kopie, das Endprodukt des Prozesses, übertragen wird.

Damit eine doppelsträngige DNA abgelesen werden kann, muß die Basenpaarung zwischen den beiden Strängen der Doppelhelix für kurze Bereiche aufgehoben werden. Als Starter für die enzymkatalysierte Polymerisation findet ein kurzes Stück Nukleotid Verwendung. Falls von einem Molekül einsträngiger DNA als Matrize ausgegangen wird, ist der Starter ein Ribonukleotid.

Für den Vorgang der Replikation werden neben der DNA-Polymerase weitere Faktoren benötigt: Enzyme, die Schnitte am DNA-Strang anbringen und so das Aufdrehen der Doppelhelix oder der noch stärker gewundenen Strukturen erlauben. Andere Proteine besetzen den DNA-Einzelstrang und verhindern das Zusammenlagern zum Doppelstrang.

Die schwachen Wechselwirkungen zwischen den einzelnen Basenpaaren erlauben, daß thermische Bewegungen kurzzeitig die beiden DNA-Stränge trennen. In eine derartige Lücke setzt sich dann das erwähnte Protein und stabilisiert damit den Einzelstrangbereich. Es gewährleistet, daß die Basen für die Anlagerung der Nukleosidtriphosphate zugänglich bleiben.

In den Einzelstrangbereich kann die RNA-Polymerase, die ja keinen Starter benötigt, ein kurzes Stück Ribonukleotid einfügen. Dann überläßt sie das Feld der DNA-Polymerase, die in $5' \to 3'$-Richtung neue DNA synthetisiert. Der Gegenstrang kann nur in entgegengesetzter Richtung abgelesen und — auch in $5' \to 3'$-Richtung — verdoppelt werden. Die neugebildeten DNA-Fragmente sind rot gezeichnet.

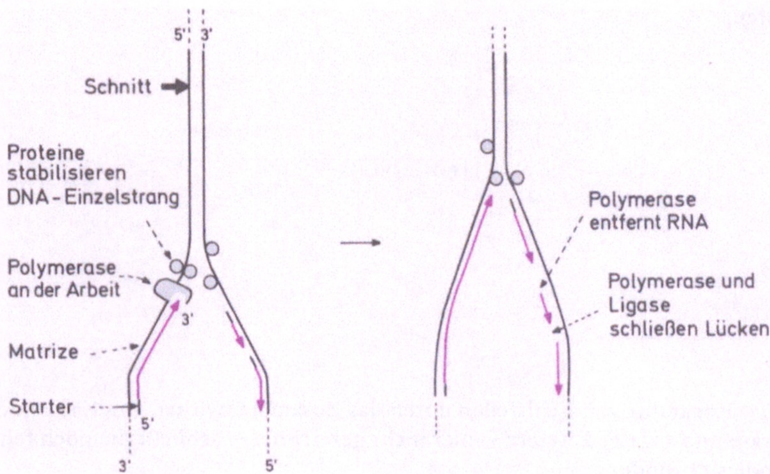

Bild 8-9: Teilnahme mehrerer Komponenten an der Replikation

Nach längeren Bereichen der DNA-Synthese muß der Starter entfernt werden. Diese Aufgabe übernimmt eine DNA-Polymerase, die in der Lage ist, hydrolytisch die Phosphodiesterbindung vorhandener Nukleotide zu spalten: Wir sprechen von einer Nuklease-Aktivität; genauer gesagt, von einer Exonuklease, die vom $5'$-Ende her hydrolysiert. Wir kennen DNA-Polymerasen, die neben der Polymerase-Aktivität noch über andere katalytische Funktionen verfügen; nämlich über eine $5' \to 3'$-Exonuklease-Aktivität und eine $3' \to 5'$-Exonuklease-Aktivität. Durch Eliminieren eines Peptidteiles vom N-Terminus des Enzyms konnte man die Domäne abtrennen, die für die $5' \to 3'$-Exonuklease-Aktivität verantwortlich ist. Damit wird ersichtlich, daß diese Polymerase eigentlich ein multifunktionelles Enzym ist.

Während die $5' \to 3'$-Exonuklease-Aktivität die Abtrennung des RNA-Starters bewerkstelligt, besitzt die $3' \to 5'$-Exonuklease-Aktivität Bedeutung für die Korrektur am gerade synthetisierten $3'$-Ende der DNA.

Bild 8-10: Abspaltung eines $5'$-Phosphats durch Exonuklease

Lücken, wie sie nach Synthese der DNA-Fragmente verbleiben (Bild 8—9), werden von der Polymerase aufgefüllt und schließlich von einer Ligase vollständig geschlossen.

Im Zellkern der Eukaryonten — aber auch in prokaryontischen Zellen, wo dieses Phänomen besonders gut untersucht worden ist — arbeitet ein Team von DNA-Polymerasen: *Ein* Enzym ist vor allem für die Polymerisation der längeren Stränge verantwortlich, ein *anderes* Enzym hat seine Aufgabe darin, kurze Lücken aufzufüllen; es kann mit seiner zusätzlichen Enzymaktivität — der Exonuklease-Aktivität — unerwünschte Stücke abspalten.

Polymerasen mit einer Exonuklease-Aktivität sind auch in der Lage, Reparaturarbeiten durchzuführen. Zuerst entfernt die Exonuklease etwaige Fehlstellen, dann füllt die Polymerase die entstehende Lücke auf. Zuletzt muß eine DNA-Ligase die noch fehlende Bindung knüpfen.

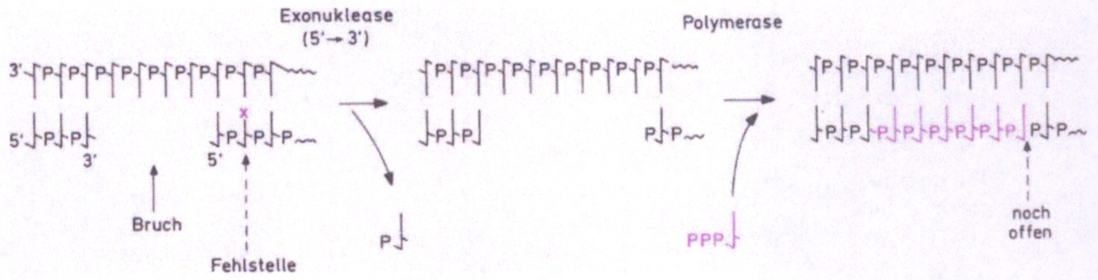

Bild 8-11: Reparatur von Fehlstellen durch das Zusammenwirken von Exonuklease, Polymerase und Ligase. Letztere — hier nicht gezeichnet — schließt die noch fehlende Phosphodiester-Bindung

Restriktion und Modifikation

Bakterien besitzen Enzyme, die fremde DNA spalten können. Fremd bedeutet: die DNA eines eindringenden Phagens (Bakterienvirus) oder DNA, die künstlich in Zellen gebracht wurde. Es genügt, daß eine spezifische Endonuklease einen einzigen Schnitt anbringt; die übrigen Nukleasen verdauen dann die gesamte Nukleotidkette. Dieses Phänomen bezeichnet man als Restriktion. Wenn aber die Schnittstelle auf der DNA durch Modifikation (in den meisten Fällen durch Methylierung) vorher blockiert wird, kommt es nicht zur Restriktion.

Diese — vom Standpunkt der Bakterienzelle aus gesehen — sehr sinnvolle Unterscheidung zwischen eigener und fremder DNA hat auch in anderer Hinsicht große Bedeutung erlangt. Bakterien enthalten, wie sich herausstellte, eine große Anzahl überaus interessanter und hochspezifischer Endonukleasen, die sich als wertvolle Instrumente erwiesen, um DNA außerhalb der Zelle in definierte, aber doch nicht zu kleine Stücke zu schneiden.

DNA-Moleküle besitzen nur wenige spezifische Schnittstellen, die durch eine bestimmte Endonuklease erkannt werden. Die Schnittstellen können so aussehen, daß das Ende des einen Stranges über das Ende des zweiten Stranges der Doppelhelix hinausragt. Ein Wieder-Zusammenkoppeln ist dann über Basenpaarung möglich, ohne daß sofort kovalente Bindungen geknüpft werden müssen. Diese letzte Aufgabe erfüllt die Ligase.

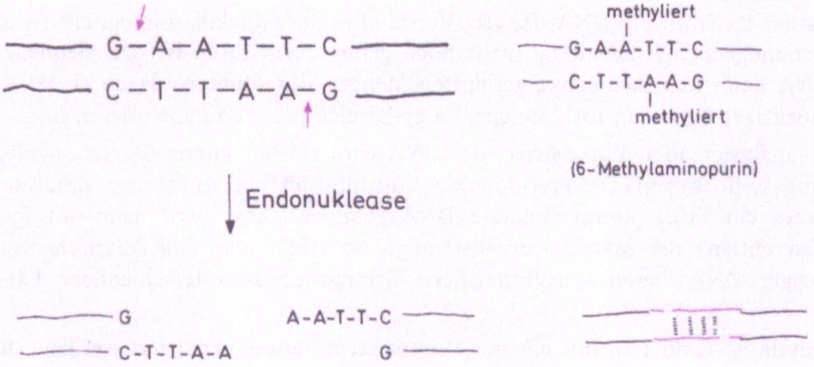

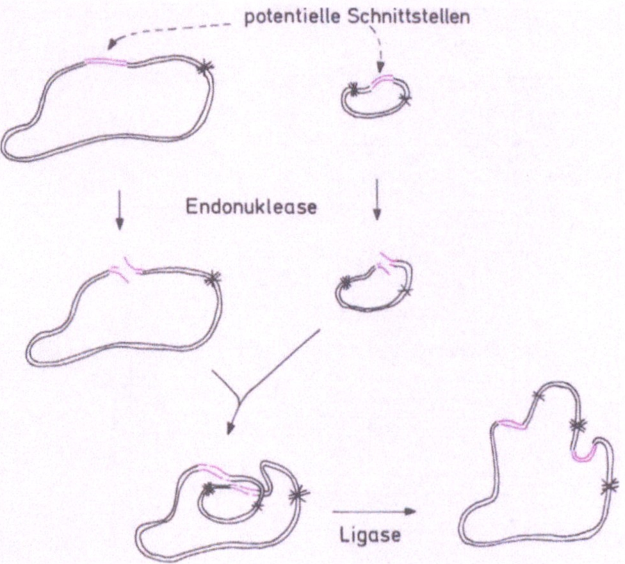

Bild 8-12: Überlappende Schnittstellen erleichtern das Wiederzusammenlagern

Das Bild zeigt sowohl die Schnittstelle für die Restriktions-Endonuklease als auch die modifizierte DNA, die nicht mehr gespalten werden kann. Die durch exakt komplementäre Basenpaarung ermöglichte Aneinanderlagerung zweier Enden bietet die Voraussetzung für die korrekte Kopplung durch die Ligase.

Aufgrund dieser Tatsache, nämlich der Besonderheit der Schnittstellen, kann man DNA unterschiedlichen Ursprungs wieder zusammensetzen. Das Einfügen einer kleinen ringförmigen doppelsträngigen DNA in eine große zirkuläre Doppelhelix ist ein Beispiel aus vielen.

Bild 8-13: Einfügen von DNA in DNA

Es ist verständlich, daß die Kenntnis über die Sequenz der Proteine, aber auch über die Sequenz der Basen in der DNA, für das Verständnis der molekularbiologischen Vorgänge und ihrer möglichen Anwendung nicht hoch genug einzustufen ist. Die **Sequenzierung** einer DNA kann man heute mit geringsten Mengen durchführen, da durch Markierung mit radioaktiven Nukliden auch Mengen im ng-Bereich präzise zu analysieren sind.

Dem zu analysierenden Einzelstrang der DNA wird ein nur kurzer Starter angefügt und dann mit radioaktiven Desoxyribonukleosid-triphosphaten unter der Katalyse einer Polymerase ein Stück komplementäre DNA gebildet. Diese wird dann mit inaktiven Vorstufen entlang der Matrize vervollständigt. So erhält man eine Mischung von doppelsträngiger DNA, deren neusynthetisierte Stränge etwas unterschiedliche Länge besitzen.

Diese Mischung kann nun mit einem „Minussystem" etwas verlängert werden: alle Desoxyribonukleosid-triphosphate, außer einem, werden zugegeben. Bei dem „Plussystem" macht man sich zunutze, daß die Polymerase auch Exonuklease-Aktivität besitzt und die Spaltung bereits geknüpfter Phosphodiesterbindungen katalysiert. Wenn man ein einziges Desoxyribonukleosid-triphosphat zugibt (z.B. dATP), wird das Enzym alle anderen Phosphodiesterbindungen spalten, außer diejenigen (z.B. —A), bei denen die große Menge der entsprechenden Ausgangsverbindung ausreicht, die Rückreaktion bzw. die Nuklease-Reaktion zu unterbinden.

Schließlich werden die Doppelstränge getrennt und die radioaktive Fraktion (die neusynthetisierten Stränge) nach Größe durch Elektrophorese getrennt.

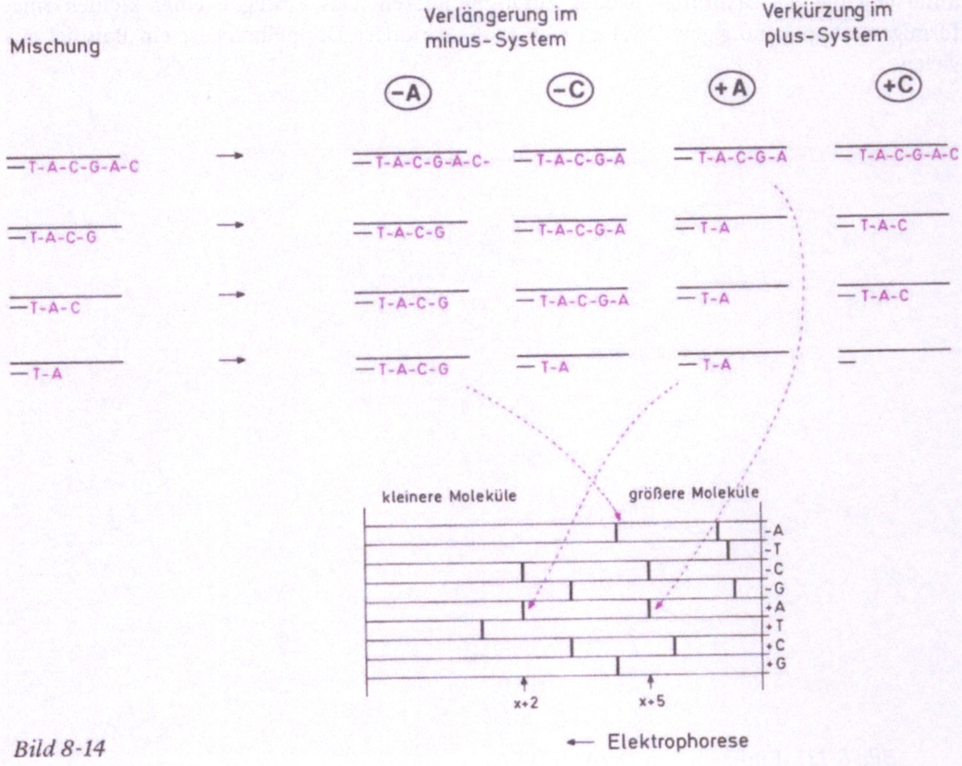

Bild 8-14

Transkription

Information, die auf der DNA — dem Original — verankert ist, muß abgelesen werden; es muß eine Kopie hergestellt werden. Sie wird von den Ribosomen benötigt, um — dem Plan entsprechend — Protein synthetisieren zu können.

Die Kopie, die auf diesem Weg hergestellt wird, ist keine DNA, sondern eine Ribonukleinsäure (RNA). Sie unterscheidet sich in mehreren Punkten von der Doppelhelix der DNA: RNA liegt als Einzelstrang vor, enthält als Zucker Ribose (statt Desoxyribose) und verwendet nur die Basen A, U, C, G; Thymin ist somit eine für DNA typische Base.

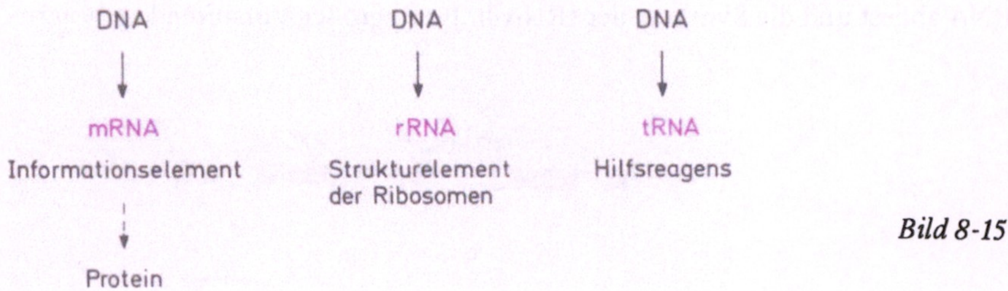

Bild 8-15

Die Nukleinsäure, die wir als Kopie bezeichnet haben, läuft allgemein unter dem Namen Boten-Ribonukleinsäure. Sie transportiert Information von der DNA (eventuell des Kerns) zum Apparat der Proteinsynthese (Cytoplasma). Wir verwenden für die Boten-Ribonukleinsäure die Abkürzung mRNA: messenger Ribo-Nucleic Acid.

DNA kann aber auch in ribosomale RNA (rRNA) transkribiert werden. rRNA ist eine Strukturkomponente der Ribosomen, besitzt aber auch wichtige Funktionen bei der Anlagerung anderer Nukleinsäuren an das Ribosom. Schließlich müssen wir uns mit der Transfer-Ribonukleinsäure (tRNA) auseinandersetzen. Sie hilft als Adapter die Brücke zwischen der Information der Nukleinsäure einerseits und der Aminosäure andererseits zu schlagen. tRNA wird als Adapter bei der Proteinsynthese benötigt.

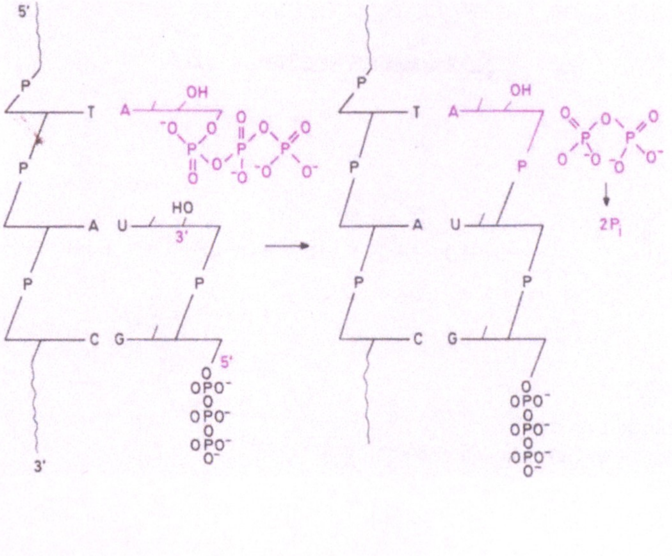

Bild 8-16

Der RNA-Polymerase dient ein DNA-Einzelstrang als Matrize; Starter benötigt sie keinen. Die Substrate sind Ribonukleosid-$5'$-triphosphate. Die Syntheserichtung ist identisch mit derjenigen, die wir bereits bei der Bildung der DNA kennengelernt haben: Der neue Strang (RNA) entsteht in Richtung $5' \to 3'$. Der Vorgang der Polymerisation (Bild 8—16) ist — von den angeführten Besonderheiten abgesehen — sehr ähnlich der DNA-Polymerisation.

In Eukaryonten existieren für die drei verschiedenen RNA-Arten auch drei RNA-Polymerasen. Ein Enzym ist für die Synthese der rRNA verantwortlich und liest die Genabschnitte am Nukleolus ab. Ein anderes, zuständig für die mRNA-Biosynthese, hat seinen Wirkungsort im Nukleoplasma. Schließlich kennt man ein drittes Enzym, das die Gene für tRNA abliest und die Synthese der tRNA in Form großer Vorstufen katalysiert.

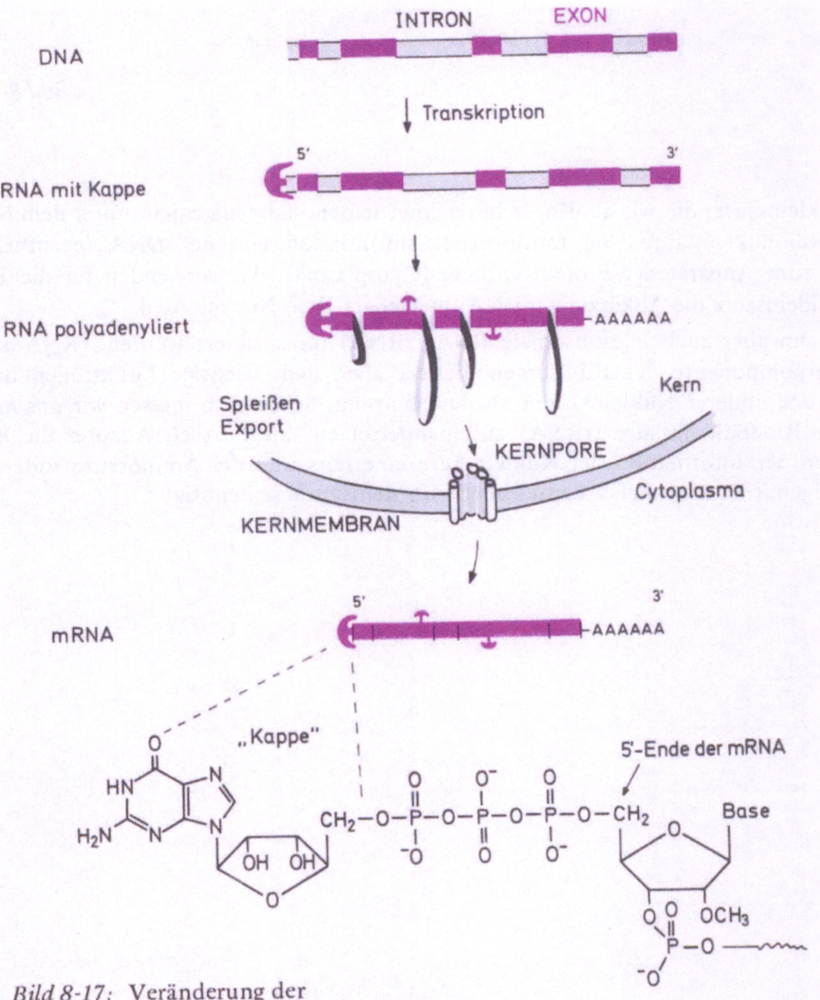

Bild 8-17: Veränderung der
RNA, bevor sie in das Cytoplasma gelangt

RNA-Polymerasen aus Bakterien bestehen aus mehreren Untereinheiten; eine davon (σ-Untereinheit) ist leicht abtrennbar und kann auf ihre Funktion hin getestet werden. Dabei zeigt sich, daß die σ-Untereinheit die korrekte Bindung der Polymerase an die DNA durchführt und damit für den Start des Ableseprozesses verantwortlich ist. Wenn einmal die Ablesung läuft, geschieht dies auch ohne σ-Untereinheit.

Für den Abbruch der Transkription sind ebenfalls Protein-Faktoren (u.a. ρ-Faktor) entscheidend.

Bei Eukaryonten scheint der Prozeß der Bildung einer mRNA, die für den Export in das Cytoplasma bestimmt ist, durch zwei Besonderheiten an Komplexität zu gewinnen (Bild 8—17). Die Information auf der DNA liegt vorerst in Teilabschnitten vor (Introns und Exons). Exons werden immer wieder durch andere Abschnitte, die nicht übersetzt werden (Introns), unterbrochen. Die grau gezeichneten Abschnitte (Introns) werden nicht übersetzt und müssen vor dem Export der mRNA — aus dem Kern in das Cytoplasma — herausgeschnitten werden. Man spricht von Spleißen. Dafür sind Endonukleasen und Ligasen notwendig.

Der zweite wichtige Punkt betrifft die Tatsache, daß eukaryontische mRNA am 5′-Ende eine Struktur (Kappe) besitzt, die vor dem Angriff von 5′→ 3′-Exonukleasen schützt. Am 3′-Ende der mRNA befindet sich häufig ein längerer Poly-A-Teil (50—200 Basen).

Translation

Translation ist Proteinbiosynthese, die Aneinanderreihung und Verknüpfung von Aminosäuren nach der Anleitung, die in der mRNA niedergelegt ist. Dabei wird die Information an der mRNA in Richtung 5′→ 3′ abgelesen; das Protein wird vom N-Terminus her synthetisiert. Als monomere Bausteine stehen 20 Aminosäuren für die Polymerisation zur Verfügung. Die Proteinsynthese hat einen hohen Energiebedarf: GTP, ATP. Darüber hinaus werden benötigt: tRNA, Enzyme, die eine Aminoacylierung der tRNA bewirken, Ribosomen als eigentliche Synthesemaschinerie und lösliche Proteinfaktoren.

tRNA ist ein geeigneter Adapter, um eine Brücke zwischen der Information der mRNA und den Aminosäuren herzustellen. tRNA vermag die entsprechenden Aminosäuren zu der korrekten Position an der mRNA zu bringen (vergleiche Bild 1—16) und dort für den Zeitraum der Proteinsynthese zu verankern. Für diese Aufgabe besitzt die tRNA mit dem Anti-Codon, das über Basenpaarung mit dem Codon der mRNA wechselwirken kann, die nötige Voraussetzung. Für jede der 20 proteinogenen Aminosäuren findet man mindestens eine — manchmal mehr als drei — dazugehörige tRNA.

Die Struktur der tRNA bringt vielleicht eine Überraschung insofern, als es sich hier um eine sehr kurze (4 S) einzelsträngige RNA handelt, die über weite Bereiche durch intermolekulare Brücken (Basenpaarung) in Form einer Kleeblatt-Struktur stabilisiert ist. Dies trifft für alle tRNA-Arten im Prinzip zu, obwohl natürlich die Basensequenzen variieren und auch die Zahl der Nukleotide etwas schwanken kann. Die Raumstruktur weicht von dem hier gezeichneten Bild vor allem dadurch ab, daß die beiden Arme (D-loop und TψC-loop) durch Faltung in räumliche Nähe gebracht werden. tRNA enthält nicht nur die gängigen Nukleoside, sondern auch ungewöhnliche Komponenten, wie Pseudouridin und Dihydrouridin (→ Bild 8—18). Dazu kommen methylierte Nukleoside wie Dimethylguanosin sowie Inosin (Derivat des 6-Hydroxypurins) und selbst analoge Verbindungen mit Schwefel.

An der Struktur der tRNA sollen drei Bereiche besonders hervorgehoben werden: das
Anti-Codon (Basentriplett), der TψC-loop, der mit der 5 S ribosomalen RNA der großen
Untereinheit der Ribosomen wechselwirkt, und das 3'-Ende der tRNA, das über eine
Esterbindung die Aminosäure tragen kann.

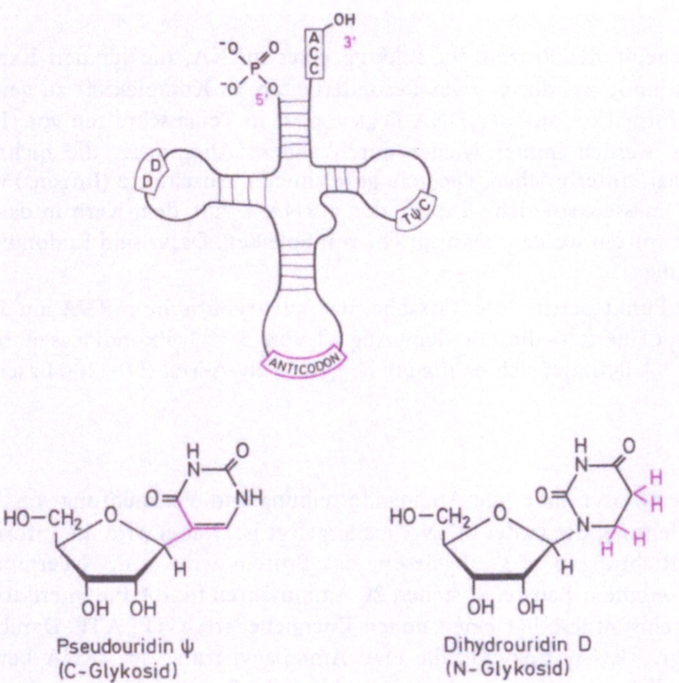

Bild 8-18: Kleeblattstruktur der tRNA

Wie das Beladen des Adapters mit Aminosäure vor sich geht, wollen wir uns etwas genauer
ansehen.

Bild 8-19: Bildung der Aminoacyl-tRNA

Durchgeführt wird das Beladen der einzelnen, für je eine Aminosäure spezifischen tRNA unter der Katalyse der jeweiligen Aminoacyl-tRNA-Synthetasen. Intermediär, und am Enzym gebunden, entsteht ein gemischtes Anhydrid zwischen Aminosäure und Adenylsäure (= Adenosinmonophosphorsäure, AMP). Dieser Vorgang ergibt Pyrophosphat als Spaltprodukt. In der Regel wird Pyrophosphat hydrolysiert; und dann sind für die Wiedergewinnung von ATP aus AMP formal zwei Energieäquivalente (ATP) erforderlich. In Bild 8−19 ist auch ein Stenogramm-Symbol für die beladene tRNA (Aminoacyl-tRNA) angegeben, wie es später verwendet wird.

Für die Anlagerung der tRNA an das Enzym sind vor allem entropische Anteile ausschlaggebend. Man findet für die Bindung von tRNA an das Enzym ein $-T\Delta S$ von $-60\,kJ/mol$. Dies ist nur dann zu verstehen, wenn wir annehmen, daß bei der Komplexbildung eine Reihe von geladenen Strukturen durch Freisetzung des solvatisierenden Wassers freigestellt wird.

Es muß hier betont werden, daß mit der Auswahl der korrekten Nukleinsäure-Komponente (tRNA) einerseits und der korrekten Aminosäure durch die Aminoacyl-tRNA-Synthase andererseits der eigentliche Punkt durchlaufen wird, wo die Beziehung Nukleinsäure $\rightleftarrows$ Protein und damit die Präzision der Translation gewährleistet wird. Pro Aminosäure existieren vermutlich je eine Aminoacyl-tRNA-Synthetase im Cytoplasma. Daneben müssen wir an die entsprechenden Komponenten in Mitochondrien und Chloroplasten denken, die ja auch Transkription und Translation durchführen können.

Ribosomen

Das Ribosom stellt die eigentliche Maschinerie dar, die nach all den Vorbereitungen die Translation durchführt. Ribosomen haben eine globoide Gestalt, die durch einen ungefähren Durchmesser von 30 nm grob charakterisiert ist. Einem Sedimentationswert von 70 S entspricht ein Molekulargewicht von 2,7 Millionen. Ribosomen setzen sich zu 65 % aus RNA, zu 35 % aus Protein zusammen.

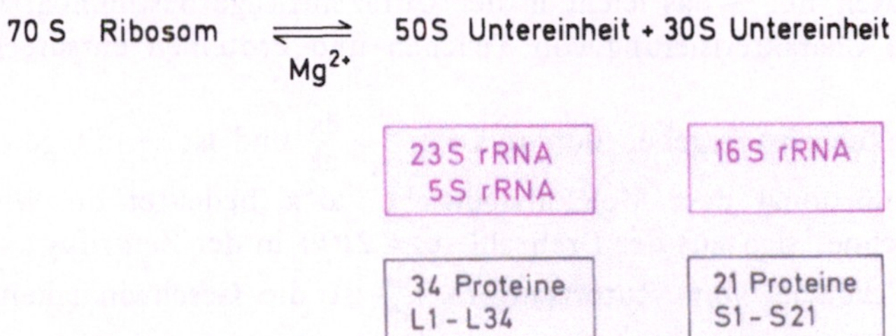

Bild 8-20: Komponenten der 70S-Ribosomen. Ein funktionsfähiges Ribosom besteht aus einer großen (50 S) und einer kleinen (30 S) Untereinheit. Jede Untereinheit setzt sich ihrerseits aus einer RNA definierter Größe und zahlreichen Proteinen zusammen, die verschiedene Funktionen — wie in der Folge beschrieben wird — erfüllen. So befindet sich z. B. das Enzym, das die eigentliche Peptidbindung herstellt, unter den 34 Proteinen der großen Untereinheit.

Die Ribosomen der Bakterien — und ähnlich auch die der Mitochondrien und Chloroplasten — werden als 70S-Ribosomen bezeichnet. Diese Größe behalten sie nur bei, wenn zur Stabilisierung Magnesiumionen anwesend sind. Sie können in eine 50S- und eine 30S-Untereinheit zerfallen. Der Aufbau der beiden Untereinheiten aus den charakteristischen rRNA's sowie aus den 34 Proteinen der großen Untereinheit (L: large) und den 21 Proteinen (S: small) der kleinen Untereinheit ist schematisch in Bild 8—20 gegeben. Eine stark vereinfachende Skizze der äußeren Form eines 70S-Ribosoms:

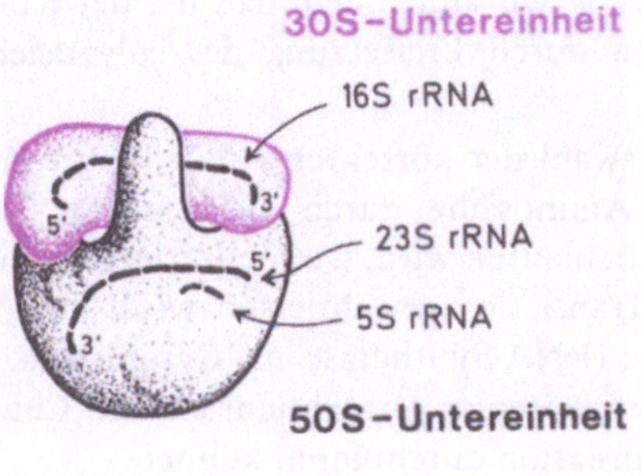

Bild 8-21:
Aufbau des 70S-Ribosoms

Über die Funktion der ribosomalen RNA wissen wir noch wenig: eigentlich nur, daß eine Wechselwirkung der 5S-rRNA am 50S-Ribosom mit dem TψC-loop der tRNA existiert; daß am 3'-Ende der 16S-RNA Kontakte mit der mRNA und den Initiationsfaktoren bestehen.

Mehrmals bereits haben wir Teilchen durch S-Werte charakterisiert. S-Werte weisen auf das Sedimentationsverhalten hin — das leicht in der Ultrazentrifuge bestimmbar ist — und eignen sich für die Charakterisierung von Teilchen und Proteinen entsprechend ihrer Größe.

Das Sedimentationsverhalten s ist gegeben durch: $s = \frac{1}{\omega^2 x} \cdot \frac{dx}{dt}$ und ist — mit gewissen Einschränkungen — proportional dem Molekulargewicht. $\omega^2 x$ bedeutet die Winkelbeschleunigung und errechnet sich aus der Drehzahl ($\omega = 2\pi\nu$) in der Zentrifuge sowie dem Abstand x eines Teilchens vom Rotorzentrum. $\frac{dx}{dt}$ ist die Geschwindigkeit der Bewegung des Teilchens im Zentrifugalfeld. Als Einheit des Sedimentationsverhaltens wurde ein Svedberg ($1S = 10^{-13}$ s) festgelegt.

Ein Sedimentationsverhalten von 70S erhält man dann z.B. bei einer Winkelbeschleunigung von 10^8 cm/s^2 und einer Sedimentationsgeschwindigkeit von 0,0007 cm/s (= 2,5 cm/h):

$$70S = 70 \cdot 10^{-13} \text{ s} = \frac{1}{\text{Winkelbeschleunigung}} \cdot \text{Sedimentationsgeschwindigkeit.}$$

Proteinsynthese

Den Gesamtprozeß kann man aus Gründen der Übersicht in drei Phasen zerlegen: Initiation, Elongation, Termination.

Die Initiation (Bild 8—22) beginnt mit der Bindung der kleinen 30S-Untereinheit an die mRNA, es folgt das Beladen mit fMet-tRNA und schließlich die Komplettierung durch die 50S-Untereinheit. Initiationsfaktoren (1, 2, 3) unterstützen den Vorgang. Von der Warte der mRNA aus erfolgt der Start mit dem Triplett AUG (Startzeichen). Dem entspricht, in der Sprache der Aminosäuren, formyliertes Methionin (fMet). Demnach sollte jedes Protein in Prokaryonten am N-Terminus mit fMet beginnen. Die Eukaryonten unterscheiden sich auch in diesem Punkt; die Proteinsynthese startet mit Met. In den Bildern 8—22 und 8—23 symbolisiert Rot jeweils die Nukleinsäuren. Die Wechselbeziehungen zwischen tRNA und mRNA über die komplementären Tripletts sind der Übersicht halber nicht angedeutet.

Die Elongation bei der Translation — gleichbedeutend mit der Verlängerung der Peptidkette — setzt voraus, daß alle Aminosäuren an die Adapter gebunden sind und Energie zur Verfügung steht. Auch die für die Elongation typischen Proteinfaktoren dürfen nicht fehlen.

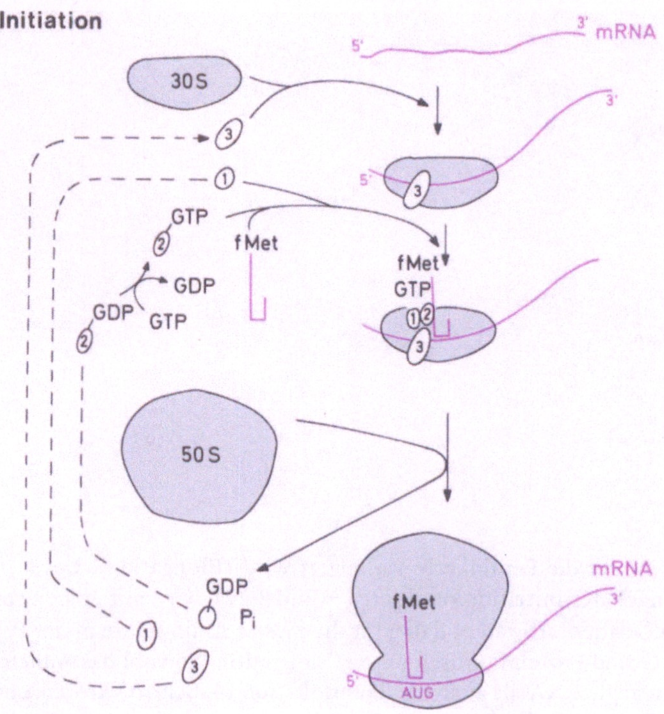

Bild 8-22: Vorbereitungsphase für die Translation (Initiation). Die kleine Untereinheit wird mit mRNA und Hilfsproteinen (Initiationsfaktoren 1—3) und später mit fMet—tRNA beladen, bevor die große Untereinheit dazukommt

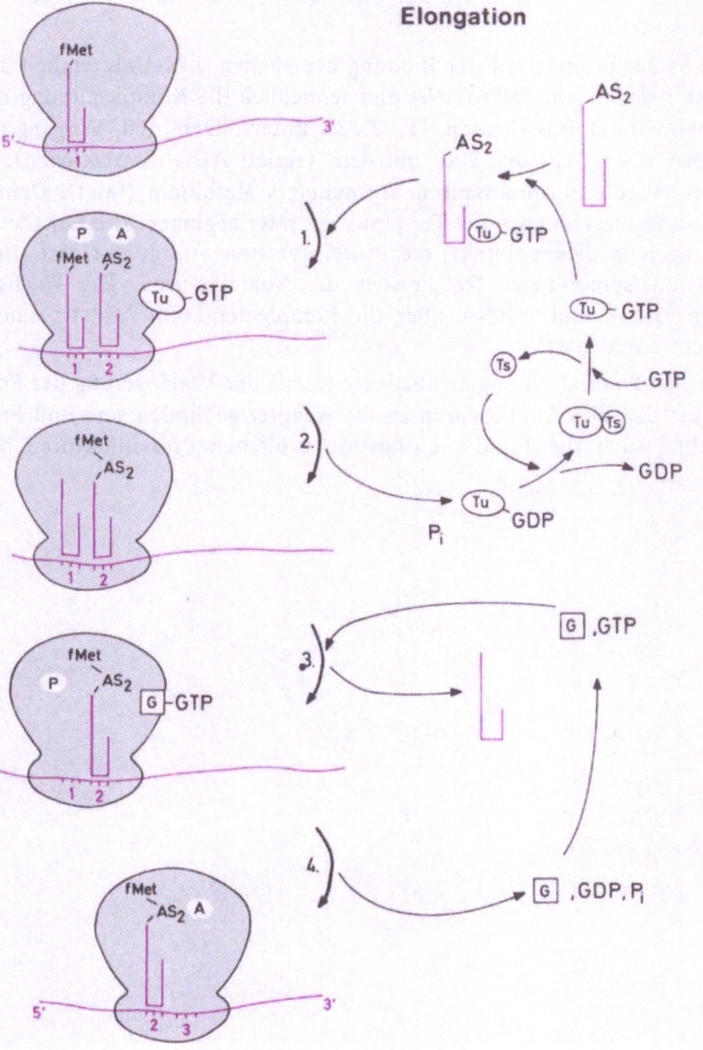

Bild 8-23: Phase, in der die Peptidkette verlängert wird (Elongation). Der Komplex, wie er nach der Initiation resultiert (→ Bild 8-22), wird mit einer zweiten Aminoacyl-tRNA beladen. AS$_2$ steht dabei für die zweite Aminosäure in der Peptidkette. T$_u$, T$_s$ und G sind Proteinfaktoren für die Elongation. Sowohl das Anheften einer neuen Aminoacyl-tRNA als auch die Translokation (4. Schritt) kosten Energie (GTP). Die letzte Reihe läßt die Bewegung des Ribosoms gegenüber der mRNA erkennen

Aufgrund der Wechselbeziehung zwischen Codon (auf der mRNA) und Anti-Codon (auf der tRNA) werden die beladenen tRNA — in einem Komplex am Ribosom — an der mRNA entsprechend der vorgegebenen Information aufgestellt. Die eigentliche Knüpfung der Peptidbindung verläuft zwischen der freien NH_2-Gruppe der neu hinzugekommenen Aminoacyl-tRNA und der gebundenen Carboxylgruppe (als Ester) der vorhergehenden Aminosäure. Dieser Vorgang wird durch die Peptidyltransferase — am 50S-Ribosom gelegen — katalysiert. Einen Teil dieses Elongationsschrittes gibt Bild 8—24 wieder.

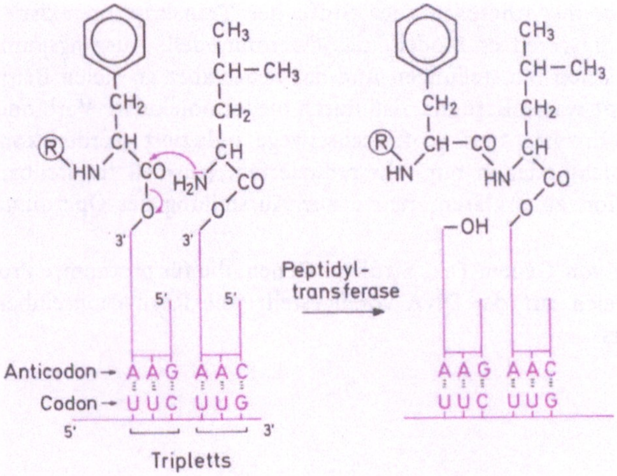

Bild 8-24: Ausschnitt aus der Elongation: Knüpfung der Peptidbindung. Noch befinden sich beide Aminosäuren (links) auf der jeweiligen tRNA; später (rechts) treffen wir eine Peptidylkette an der rechten tRNA an, die vorhergehende tRNA wird frei

Nach der Knüpfung der Peptidbindung bleibt die tRNA der ersten Aminosäure unbeladen zurück (Bild 8—23) und kann vom Ribosom abdissoziieren.

Für die Wiederholung des Vorganges ist es notwendig, daß die zweite tRNA, mit dem Peptidylrest, am Ribosom den Platz wechselt. Dabei bleiben die Bindung Peptid-tRNA und die Wechselbeziehung tRNA—mRNA erhalten. Diese drei Komponenten ändern ihre Position relativ zum Ribosom. Man spricht von Translokation (4. Schritt, Bild 8—23). Der Sachverhalt wird besser verständlich, wenn man dem Ribosom zwei unterschiedliche Bereiche zuordnet, die Wechselbeziehungen mit der tRNA eingehen können: den Peptidyl- (oder Donator-)Bereich und den Aminoacyl- (Akzeptor-)Bereich. Nach Beendigung der eigentlichen Peptidverknüpfung muß die mit dem Peptidylrest beladene tRNA jeweils den Ort am Ribosom wechseln, und zwar vom A-Bereich zum P-Bereich (→ Bild 8—23).

Die Translation wird durch sogenannte Stopp-Codons auf der mRNA beendet; sie bewirken einen Abbruch der Translation, weil für diese Codons keine Anti-Codons bzw. entsprechende tRNA's zur Verfügung stehen.

Regulation der Proteinsynthese

Unter Proteinbiosynthese kann man — neben der eigentlichen Knüpfung der Peptidbindung — den gesamten Informationsfluß DNA → RNA → Protein verstehen. Besonders dann, wenn Transkription und Translation eng miteinander verknüpft sind und fast gleichzeitig nebeneinander ablaufen. Häufig ist dann die RNA eine nur sehr kurzlebige Zwischenstufe (Halbwertszeit von Minuten) bei der Informationsweitergabe.

Dieses Bild trifft bei Prokaryonten zu. In Eukaryonten sind nicht selten sehr stabile Informationen auf der Stufe der RNA (messenger) vorhanden. mRNA's, verpackt in Protein und stabil für Wochen, sind keine Seltenheit. Dazu kommt, daß Transkription und Translation in Eukaryonten räumlich getrennt sind.

Für die Regulation der Proteinsynthese auf der Stufe der Transkription existiert im Fall der Prokaryonten ein ausgereiftes Modell: das Operonmodell. Ausgangspunkt für diese zuerst sehr hypothetischen Vorstellungen und das heute aber an vielen Beispielen im Detail überprüfte Konzept waren Befunde, daß durch niedermolekulare Verbindungen (wie verschiedene Zucker) Enzyme und Stoffwechselwege induziert werden konnten. Diese Wege waren vorher nicht oder in nur sehr reduziertem Ausmaß feststellbar. Der Versuch, die Enzyminduktion zu erklären, führte zur Aufstellung des **Operonmodells** (Bild 8—25).

Ein Operon ist eine Gruppe von Genen. Den Struktur-Genen, die für bestimmte Proteine codieren, ist ein Steuerbereich auf der DNA vorangestellt: die Regulationseinheit des Promotors und des Operators.

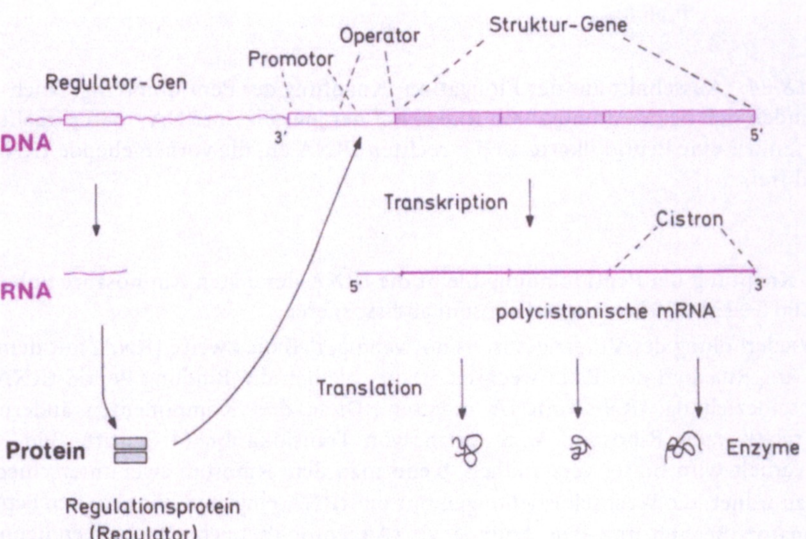

Bild 8-25: Zusammenwirken des Produktes des Regulator-Gens mit niedermolekularen (hier nicht gezeichneten) Verbindungen beim Blockieren oder Zugänglichmachen des Steuerbereiches vor den Struktur-Genen. Dies entscheidet über die Ablesbarkeit der DNA-Information

Die Promotor-Region ist die Bindungsstelle für die RNA-Polymerase; die Bindung des Enzyms an dieser Stelle kann durch Komplexe — von zyklischem AMP mit Induktionsproteinen — erhöht werden. Der Operator ist ein Genabschnitt, der mit dem Repressorprotein in Wechselwirkung treten kann. Diese Wechselwirkungskräfte sind in der Regel so stark, daß fast alle Operatorregionen durch die Regelproteine besetzt sind und damit das Weiterlesen der RNA-Polymerase, die ja knapp vor dem Operator gebunden wurde und nun die Ablesung in Richtung $3' \to 5'$ beginnen wollte, verhindert wird.

Ist die Region des Operators frei, gleitet die RNA-Polymerase am DNA-Strang entlang und erreicht die Struktur-Gene; sie liest die Information ab und gewährleistet die Bildung der mRNA. Falls der Operator besetzt ist, kann die RNA-Polymerase nicht zu den Struktur-Genen gelangen; es kommt nicht zur Bildung einer mRNA und nicht zur Synthese von Proteinen.

Wie Bild 8—25 für einen speziellen Fall andeutet, codieren drei Struktur-Gene für drei unabhängige Enzyme, die aber in der Regel innerhalb *eines* Stoffwechselweges wirksam sind. Die drei Struktur-Gene muß man als eine Transkriptionseinheit bezeichnen. Auf der Stufe der mRNA entsteht daher eine einzige Spezies; wir sprechen von einer polycistronischen mRNA. Ein Cistron enthält — auf der Stufe der Codons und damit der mRNA — die Information für die Synthese *eines* Peptids.

Man muß davon ausgehen, daß auf der polycistronischen mRNA mehrere Stopp-Codons eingebaut sind, so daß die Translation an diesen Stellen unterbrochen wird und mit einem neuen Start-Codon (AUG) wieder einsetzt. Das erklärt, warum aus dem Bauplan *einer* mRNA letztlich mehrere Proteine entstehen. Sie sollten gleichzeitig und in gleichen Mengen auftreten.

In Eukaryonten hat man bisher keinen Hinweis auf polycistronische mRNA gefunden; hier muß wohl ein anderer Regulationsmechanismus vorliegen.

Entscheidend für die Ablesung der Struktur-Gene ist der Konfigurationszustand des Regulatorproteins und damit die Stärke der Wechselwirkung des Regulators mit dem DNA-Bereich (Operator). Die Wechselwirkung kann durch niedermolekulare Verbindungen verändert werden. Ein **Induktor** fungiert als allosterischer Effektor, bindet an den Repressor — und desaktiviert ihn dadurch in bezug auf seine Wechselwirkung mit der DNA.

Es gibt auch **Repressoren**, die niedermolekular Co-Repressoren binden und erst damit besonders hohe Affinität zur DNA erhalten.

Für die Verwertung von Glucose und einiger anderer Nahrungsquellen, die häufig angeboten werden, besitzen Bakterien Sätze von Enzymen, die, unabhängig von den Wachstumsbedingungen, in relativ konstanten Mengen vorliegen; man spricht von konstitutiven Enzymen.

Für die Bewältigung besonderer Aufgaben hält der Prokaryont ebenfalls Sets von Enzymen bereit, allerdings in kleinsten Mengen. Er ist aber in der Lage, bei Bedarf — nämlich bei Angebot einer bestimmten Nahrungsquelle — die Information zur Enzymsynthese, die bis zu diesem Zeitpunkt nicht genützt wurde, abzuberufen. Die Synthese von Enzymen wird induziert: adaptive Enzyme treten auf. So kann sich der Organismus auf die äußeren Bedingungen sehr gut einstellen.

Ein Beispiel dafür ist die Verwertung von Lactose. Die ausführlichen Untersuchungen an diesem Spezialfall der Induktion von abbauenden Enzymen hatte dazu geführt, daß das von uns in Bild 8—25 zusammengefaßte Modell aufgestellt und im Detail geprüft werden konnte.

Für die Spaltung des Disaccharids Lactose wird eine β-Galactosidase und für den Transport in die Zelle eine Permease benötigt. Ein derartiges Set von Enzymen muß vorliegen, damit der Abbau von Lactose bis zum Punkt der Hexosephosphate gelangen und die Verbindung damit in den allgemeinen Stoffwechsel eingeschleust werden kann. Die Auslösung dieses Prozesses der Synthese mehrerer Enzyme erfolgt mit dem Induktor Lactose. Lactose besitzt Affinität zum Repressor; diese Wechselwirkung führt schließlich zur Derepression der Gene für die Lactose-Verwertung. Struktur-Gene, Promotor und Operator sind im **lac-Operon** zusammengefaßt.

Der lac-Repressor ist ein Tetrameres, dessen Untereinheiten mit hoher Affinität den Bereich des Operators umschließen. Der Komplex kann die Bewegung der Polymerase entlang dieses Bereiches und damit die Ablesung verhindern. Beim Entfernen des Repressors kommt es zur koordinierten Synthese der Enzymproteine; die Information auf den drei Struktur-Genen des lac-Operons wird in RNA umgesetzt.

Eine Mutation am Regulator-Gen oder eine geringfügige Änderung am Operator bewirken, daß der Repressor nicht gebildet oder nicht am Operator gebunden wird. Die Enzyme des lac-Abbaus werden dann ständig synthetisiert: es kommt zur konstitutiven Synthese.

Beim lac-Operon stehen die Struktur-Gene unter der Kontrolle eines Repressors, der seinerseits jeweils konstitutiv am Regulator-Gen gebildet wird. Komplizierter kann die Situation sein, wenn auch der Repressor unter der Kontrolle eines Regulators steht. Ein derartiger Fall tritt uns bei dem Gen entgegen, das die Information für den **Abbau von Histidin** trägt.

Für den Abbau der Aminosäure und die Verwertung der darin enthaltenen Energie sind mehrere Enzyme notwendig, deren entsprechende Genabschnitte U, H sowie I und G auf verschiedenen Bereichen der DNA liegen. Sowohl das Paar I und G als auch das Paar U und H stehen jeweils unter der Kontrolle eines eigenen Operators. Die Besonderheit der Aktivierung dieser Information liegt darin, daß das Repressor-Gen ebenfalls auf einem Abschnitt von Struktur-Genen (nämlich I und G) und damit unter der Kontrolle eines Operators liegt.

Solange kein Histidin zur Verfügung steht, unterdrücken die wenigen Repressor-Moleküle die Synthese der Enzyme. Der Induktor — ein Produkt aus Histidin — kann, wenn er als Substrat angeboten wird, durch seine Affinität zum Repressor diesen binden und aus dem Gleichgewicht zum Operator entfernen: der Operator wird frei, es kommt zur Derepression und Synthese der Genprodukte von I, G, U und H. Eine Überproduktion von abbauenden Enzymen und von Repressor-Molekülen bedingt eine neuerliche Repression.

Schließlich soll betont werden, daß Gene nicht nur unter „negativer" Kontrolle (über die Schaltstelle Operator) stehen, sondern auch „positiv" kontrolliert werden können, wenn die Bindung der RNA-Polymerase am Promotor unterstützt wird. Dies kann dadurch geschehen, daß Regulationsproteine zyklisches AMP binden und dieser Komplex aktivierend auf die Bindung der Polymerase am Promotor wirkt.

Unter dieser positiven Kontrolle von zyklischem AMP und dem entsprechenden Aktivator-Protein stehen zahlreiche Operons. Es könnten auch andere regulierende Proteine existieren, die — ähnlich wie der Komplex cAMP-Regulator-Protein — einen aktivierenden Einfluß auf die Ablesung eines Operons besitzen (Bild 8—26, Teil 4). Im Falle des Histidin-Abbaus spricht vieles dafür, daß Glutamin-Synthetase sich am Promotor bindet und damit eine derartige Funktion erfüllt.

Für Prokaryonten gilt weitgehend, daß Transkription und Translation sowohl zeitlich als auch räumlich eng gekoppelt sind. In dem Maße, wie mRNA synthetisiert wird, können Ribosomen bereits die Arbeit aufnehmen, bevor die Transkription beendet ist. Transkription und Translation finden praktisch gleichzeitig statt.

Im Gegensatz zu Prokaryonten bedienen sich Eukaryonten anderer Regulationsmechanismen bei der Weiterleitung von Information. Die Induktion einer polycistronischen mRNA, wie bei der Ablesung des lac-Operons, hat man bisher bei Eukaryonten nicht gefunden. Derepression ist aber gut untersucht, z. B. bei der Wirkung von Steroiden.

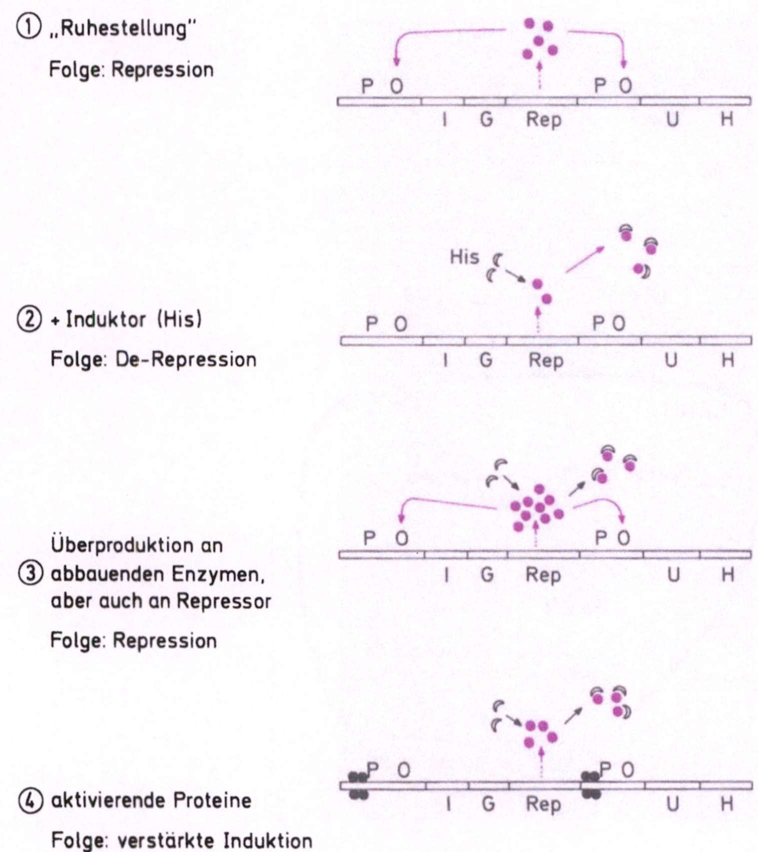

Bild 8-26: Steuerung der Ablesung von Struktur-Genen und damit der Enzymsynthese. Die Folge ist ein verstärkter oder verringerter Abbau des Histidins. Je nach Angebot (an Histidin; von außen) und Bedarf (an Abbauprodukten aus dem Histidin; innen) wird die Intensität des Stoffwechsels reguliert

Signalweiterleitung zwischen verschiedenen Zellen

Steroidhormone werden von Zellen einer übergeordneten Drüse ausgeschüttet und erreichen über die Blutbahn eine Zielzelle. Von dieser Zelle kann das Hormon mittels eines Trägerproteins aufgenommen werden. Der Hormon-Rezeptor schleust das Hormon in den Kern ein. Das Hormon löst dort dann durch Derepression die Transkription bestimmter Gene aus. Dies führt letztlich zur Bildung spezifischer Proteine.

Progesteron, von Corpus luteum erzeugt, wirkt auf die Schleimhaut des Uterus ein und induziert dort in den Epithelzellen die Synthese von Uteroglobin. Letzteres wird sezerniert und kann dann 50 % der Proteine der Uterusflüssigkeit darstellen.

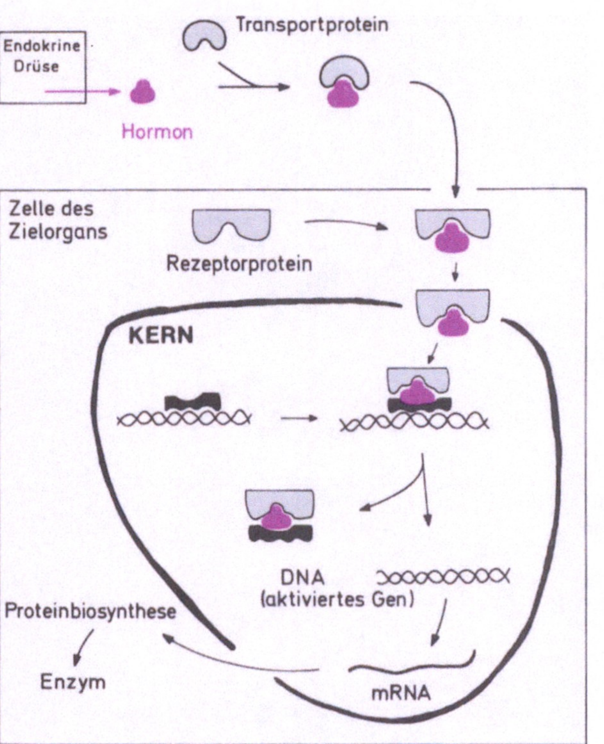

Bild 8-27: Aktivierung bestimmter Gene durch Hormone. Durch Entfernen eines Repressors wird die DNA für die RNA-Polymerase zugänglich. Der Gehalt an mRNA für ein bestimmtes Protein steigt stark an. Nach Modifikation gelangt mRNA in das Cytoplasma und damit zu den Ribosomen

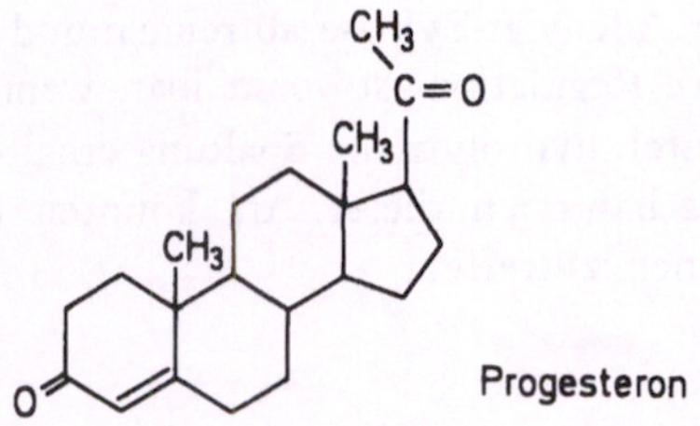

Progesteron

Bild 8-28:
Progesteron, ein Steroidhormon, das aus Cholesterin gebildet werden kann

Peptidhormone eignen sich ebenfalls als Boten für den Austausch von Signalen. Peptidhormone werden aber in der Regel an der Membran einer Zelle des Zielgewebes gebunden und gelangen nicht selbst in die Zelle. Man findet außen spezifische Rezeptor-Proteine, die gleichzeitig — auf der dem Zellinneren zugewandten Seite — mit der Enzymaktivität einer Adenylat-Zyklase gekoppelt sind. Dieses Enzym ist verantwortlich für die Bildung von cAMP aus ATP.

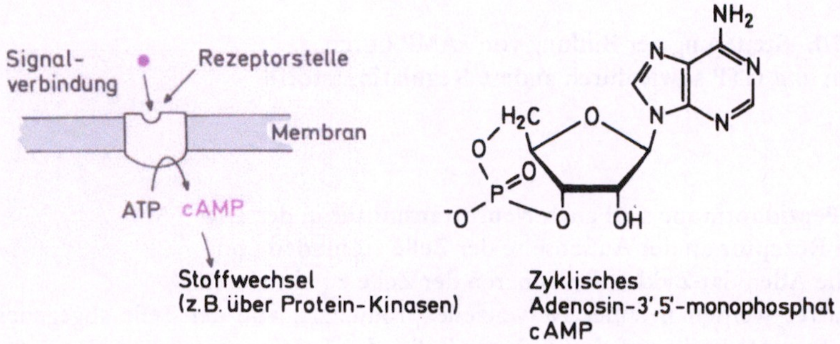

Bild 8-29: Bildung von cAMP an der Zellmembran (innen), nachdem außen die Signalverbindung den Prozeß ausgelöst hat

Aufgrund der Wechselwirkungen durch die Membran hindurch kann der Signalstoff, einmal an den Rezeptor gebunden, die Aktivität der Adenylat-Zyklase auf- oder abdrehen. Im Falle der Aktivierung führen nur wenige Moleküle der Signalverbindung zur Synthese von vielen Molekülen cAMP, die ihrerseits den Stoffwechsel stark beeinflussen; das Signal wird aber über diesen Mechanismus beträchtlich verstärkt.

In einer Reihe von Beispielen (u.a. Wirkung von Glukagon auf Leberzellen, Wirkung von Adrenocorticotropem Hormon auf Zellen der Nebennierenrinde) wird die Wirkung des Hormons auf die Adenylat-Zyklase zusätzlich durch Guanosintriphosphat oder andere Nukleosidtriphosphate gesteuert. Ein in diesem Sinne erweitertes Modell der Regulation der Adenylat-Zyklase zeigt das folgende Bild: an der Innenseite des Komplexes befindet sich auch ein nukleotid-bindendes Protein.

Das GTP-bindende Protein (N) läßt sich von der Adenylat-Zyklase abtrennen und wird als regulatorische Einheit angesehen. Eine weitere Regulation ist vorstellbar, wenn der Rest Adenosin-diphosphat-Ribose — aus NAD durch hydrolytische Spaltung erhalten — den Adenylat-Zyklase-Komplex modifiziert. Mechanismen dieser Art könnten beim Signaltransfer, ausgelöst von Glykoprotein-Hormonen, zutreffen.

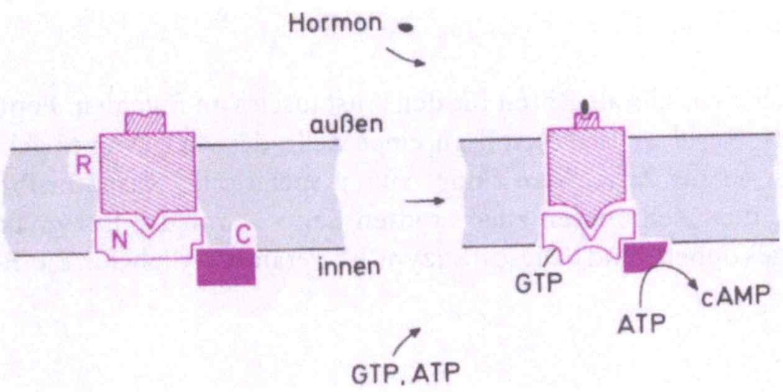

Bild 8-30: Steuerung der Bildung von cAMP durch Hormon *und* GTP sowie durch andere Regulationsstoffe

Ähnlich wie Peptidhormone sind auch **Neurotransmitter** in der Lage,
a) über einen Rezeptor an der Außenseite der Zelle zu binden und
b) dadurch die Adenylat-Zyklase im Inneren der Zelle zu aktivieren.
Neurotransmitter werden in einer Nervenzelle produziert, von der Zelle abgegeben und erreichen die Rezeptorstelle auf der nächsten Zelle, der Empfängerzelle.

Einige Verbindungen, die als Neurotransmitter fungieren, sind in Bild 8—31 angeführt.

Gewöhnlich produziert jede Nervenzelle nur eine Art von Transmittermolekülen. Nach der Herstellung werden die Transmittermoleküle an den Enden der Nervenzelle in Vesikeln gespeichert. Ein Signal in einer elektrochemischen Potentialdifferenz durchwandert die Nervenzelle und steuert einen Ca^{2+}-Strom, der die Fusion der Vesikel und im weiteren die Ausschüttung des Neurotransmitters in den Spalt zwischen den beiden Zellen bewirkt. Die Rezeptoren der Empfängerzelle binden den Transmitter, womit Ionenkanäle geöffnet werden oder die Adenylat-Zyklase der Zellmembran aktiviert wird. Die Produktion von cAMP stimuliert Protein-Kinasen, wie wir bereits früher an anderen Modellen gesehen haben. Wie nun dies kurzfristige Wirkungen auf die Durchlässigkeit der Nervenmembranen für Ionen hervorrufen kann und dieses Signal bis zum Ende der sehr langen Nervenzelle gelangt, ist nicht im Detail bekannt.

Ein Transmittermolekül, das mit dem Rezeptor reagiert hat, muß in kürzester Zeit desaktiviert, das heißt abgebaut werden. Nur dann können über den Spalt zwischen den beiden Zellen hundert Signale pro Sekunde übertragen werden. Geeignet für diese Aufgabe ist z.B. die Acetylcholin-Esterase, die pro Molekül 25 000 Moleküle Acetylcholin pro Sekunde spalten kann.

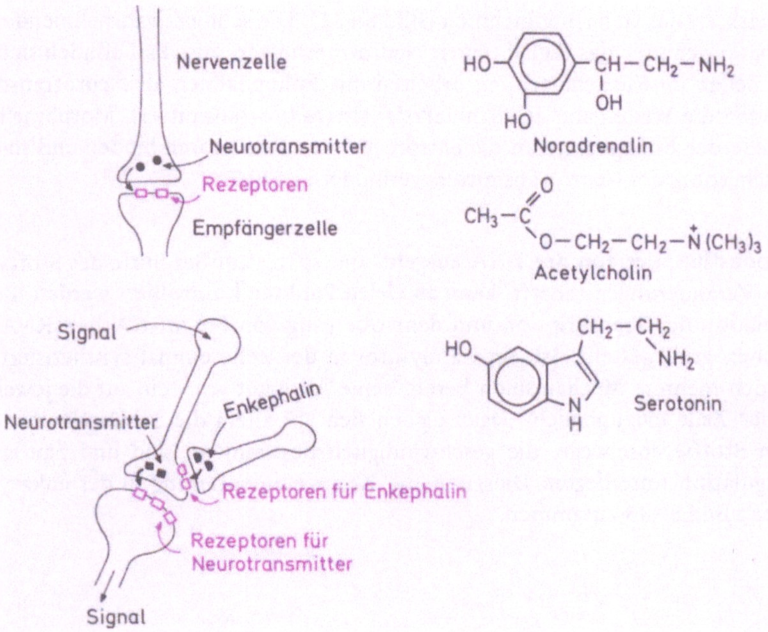

Bild 8-31: Neurotransmitter

Neurotransmitter können als Signal aber nicht nur auf weitere Nervenzellen wirken, sondern auch auf Muskel- oder Drüsenzellen. Auch dort verändern sie den Stoffwechsel.

Serotonin löst die Muskelkontraktion aus. Die Aktivierung der Adenylat-Zyklase der Muskelzellen kann aber auch durch chemische Verbindungen, die nicht dem Körper angehören, beeinflußt werden; z. B. wirkt Morphin (ein schmerzstillendes, aber auch süchtig machendes Opiat) in dieser Richtung. Morphin hemmt so die durch Serotonin hervorgerufene Muskelkontraktion. Es wirkt als Antagonist zum Neurotransmitter.

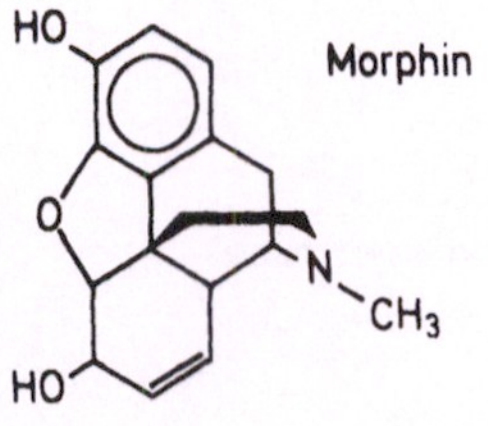

Bild 8-32:
Morphine könnten sich anstelle der Enkephaline an die entsprechenden Rezeptoren binden und so ebenfalls die Ausschüttung des Neurotransmitters verhindern

Opiat-Rezeptoren hatte man entdeckt, ohne daß man vorerst für diese körpereigenen Akzeptoren der körperfremden Stoffe einen Wirkmechanismus aufstellen konnte. Schließlich fand man körpereigene Substanzen, „endogene Morphine": Enkephaline und Endorphine.

Es spricht viel dafür, daß Enkephaline bei der Weitergabe von Schmerzempfindungen über das Rückenmark an das Gehirn teilnehmen (Bild 8—31). Die schmerzwahrnehmende Zelle des Rückenmarks schüttet das Signal, einen Neurotransmitter, aus. Es befinden sich aber auch andere Zellen im Rückenmark; sie arbeiten mit Enkephalinen als Neurotransmitter und unterbinden die Weitergabe des Schmerzsignals (Neurotransmitter). Morphine könnten sich anstelle der Enkephaline an die entsprechenden Rezeptoren binden und so ebenfalls die Ausschüttung des Neurotransmitters verhindern.

Der Informationsfluß, der von der DNA ausgeht und später auf der Stufe des Stoffwechsels sichtbare Veränderungen schafft, **kann an vielen Punkten kontrolliert werden.** Bereits mit der Regulation der Transkription und dem Übergang von Pre-mRNA zu mRNA werden die Weichen grob gestellt. Ist ein Katalysator in der Zelle einmal synthetisiert, stehen immer noch mehrere Mechanismen bereit, seine Aktivität sehr fein auf die jeweiligen Bedürfnisse der Zelle einzupendeln. Dazu eignen sich vor allem die Schlüsselenzyme der verschiedenen Stoffwechselwege, die geschwindigkeitsbestimmend sind und häufig allosterischer Regulation unterliegen. Dies und die Kompartimentierung in der eukaryontischen Zelle faßt Bild 8—33 zusammen.

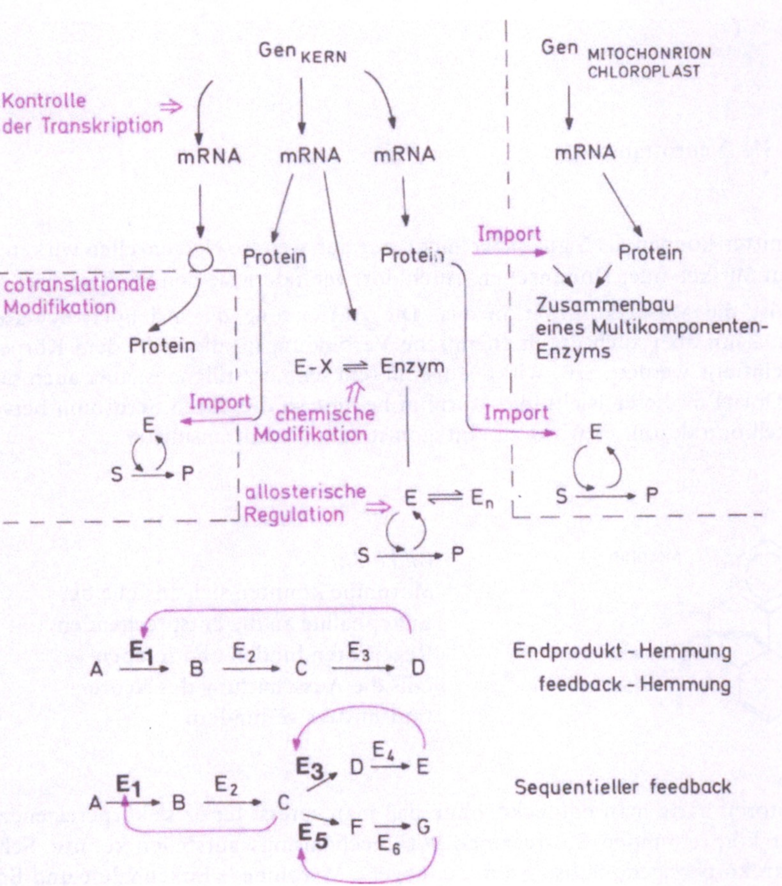

Bild 8-33

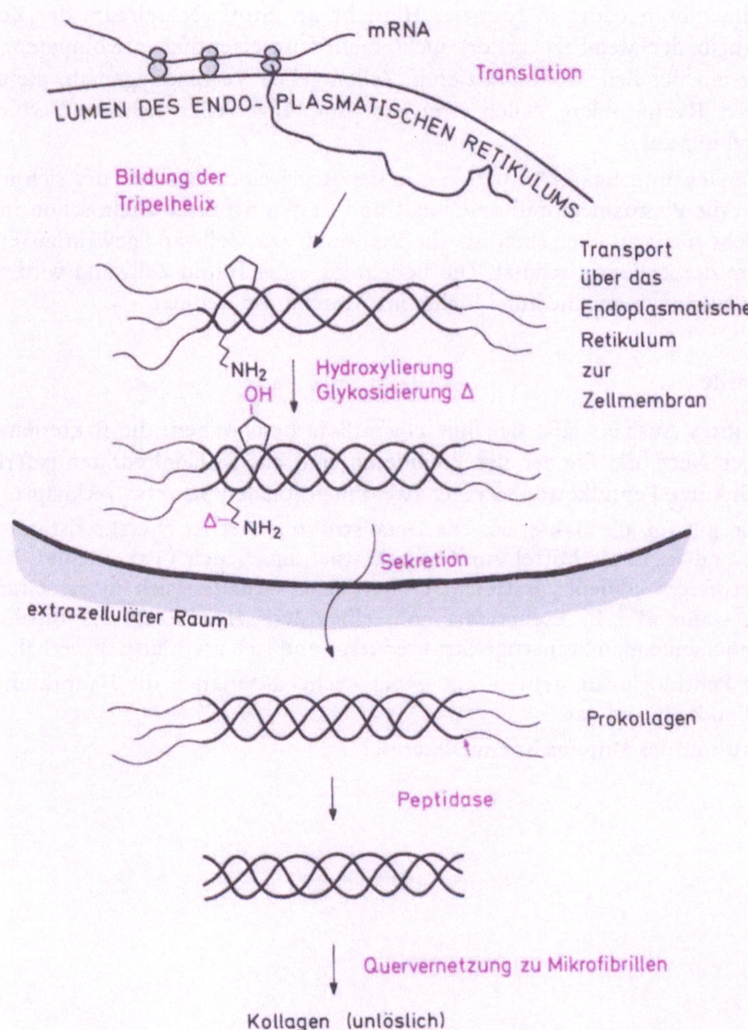

mRNA
Translation
LUMEN DES ENDO-PLASMATISCHEN RETIKULUMS
Bildung der Tripelhelix
Transport über das Endoplasmatische Retikulum zur Zellmembran
NH2
OH
Hydroxylierung
Glykosidierung Δ
Δ—NH2
Sekretion
extrazellulärer Raum
Prokollagen
Peptidase
Quervernetzung zu Mikrofibrillen
Kollagen (unlöslich)

Kapitel 9

Der extrazelluläre Raum, Zellwände und Hüllen

An der Zellmembran endet in formaler Hinsicht der Stoffwechselraum der Zelle. Der Raum außerhalb der Membran gehört nicht mehr zum eigentlichen Kompetenzbereich, er kann aber mit der Zelle kommunizieren. Zellen geben Verbindungen ab, die über den extrazellulären Raum andere Zellen erreichen. Empfängerzellen nehmen Verbindungen aus der Umgebung auf.

Pflanzliche Zellen und Bakterien besitzen in der Regel einen Bereich, der sich unmittelbar außen an die Plasmamembran anschließt und dessen Struktur allein schon in quantitativer Hinsicht nicht zu übersehen ist: die Zellwand. Die Zellwand gewährleistet Stabilität und Form der Zelle, sie schützt. Die Bedeutung einer festen Zellwand wird anschaulich und klar, wenn wir an eine hohe Fichte im Wintersturm denken.

Bakterienhülle

Das Prinzip ihres Aufbaus läßt sich mit einem Satz beschreiben: die Bakterienwand ist ein sackartiges Netz; die Bänder des Polymeren sind aus Kohlenhydraten gefertigt und werden durch kurze Peptidketten zu einer zweidimensionalen Struktur verknüpft.

Dieses Prinzip gilt für alle Bakterien. Die Detailstruktur aber ist charakteristisch für jede Bakterienart und kann als Mittel zur Charakterisierung dienen (Taxonomie). Bakterien mit einer besonders kohlenhydratreichen Oberfläche verhalten sich in der Gram-Reaktion positiv, während z.B. Escherichia coli, eines der „Haustiere" des Biochemikers, ganz außen noch eine membranartige Struktur trägt und sich gram-negativ verhält.

Murein oder Peptidoglucan stellt — außer bei Archebakterien — die Hauptkomponente der bakteriellen Zellwand dar.

Die Grundstruktur des Mureins ist ein Dimeres:

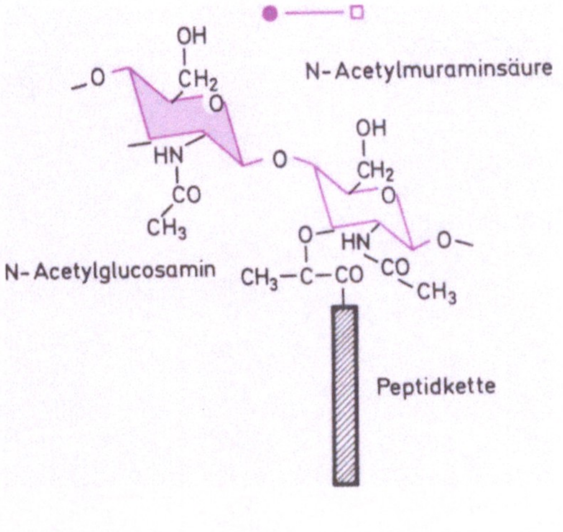

Bild 9-1:
Baustein des Mureins

Diese beiden Kohlenhydrate bilden die Kettfäden (rot); sie werden durch kurze Peptidketten (schwarz) miteinander verknüpft. Die Peptidbrücken gehen immer nur von jedem zweiten Glied der Kettfäden aus; die Carboxylgruppe der Muraminsäure ist amidartig mit dem N-Terminus des Peptids verbunden.

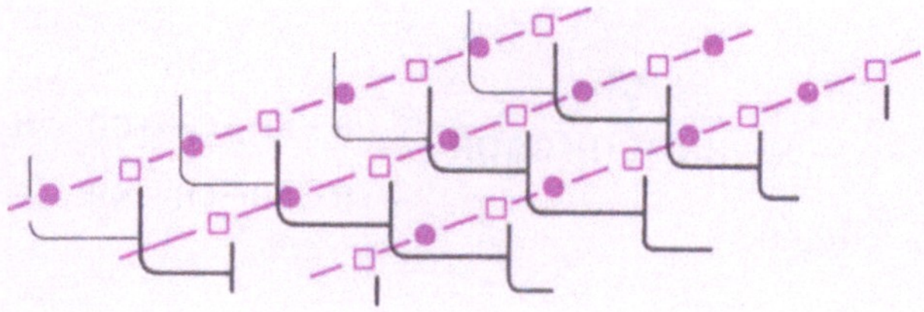

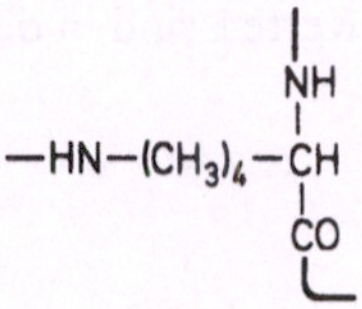

Lysin als Verknüpfungsstelle

Bild 9-2: Bauprinzip des Mureins

Die Verknüpfungsstelle zwischen zwei (schwarzen) Peptidketten ist bei der Diaminosäure Lysin möglich.

Es bilden sich so die großen netzartigen Flächen, welche die gesamte Zelloberfläche überziehen. Die Biosynthese der Mureinschicht der Bakterien – genauer gesagt, die Verknüpfung der Peptidketten – kann durch Antibiotika gestört werden. Die Funktion von **Penicillin** und Cephalosporin als antibakterielle Agentien beruht darauf, daß sie von der für die Wand-Biosynthese zuständigen Peptid-Transferase anstelle des natürlichen Substrats „erkannt" und im weiteren kovalent an dieses Enzym gebunden werden.

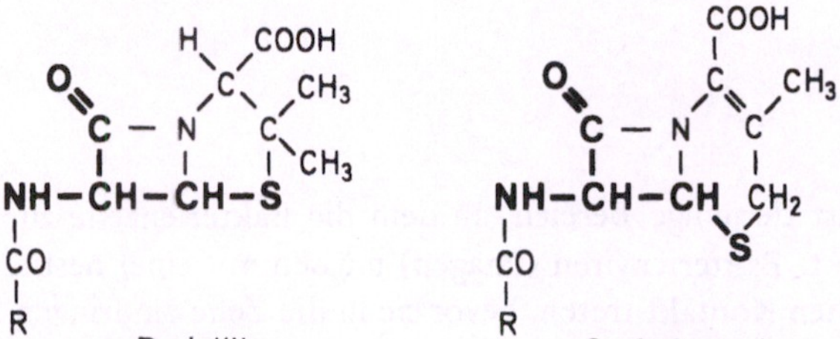

Penicillin — Cephalosporin

Derivat des L-Cysteinyl-D-valins

Bild 9-3: Antibiotika, die mit der Wandsynthese interferieren

Im Zuge der Herstellung der Brücken werden zwei Peptidketten miteinander verbunden; jede Kette war sozusagen Teil einer „Einheit", bestehend aus den beiden Kohlenhydraten sowie der Peptidkette an der Mureinsäure. Durch die Verbindung der Peptide zweier Mureinketten ergibt sich die Quervernetzung.

Der Mechanismus der Bildung der Peptidbrücken sieht vor, daß Kette 1 mit Kette 2 nach folgendem Schema kovalent verbunden wird: Aus Kette 1 wird die endständige Aminosäure abgespalten und gleichzeitig der Acylrest auf das Enzym übertragen; dieses wird beim nächsten Transfer, der Bindung der Acylgruppe an die Aminogruppe der Kette 2, wieder frei.

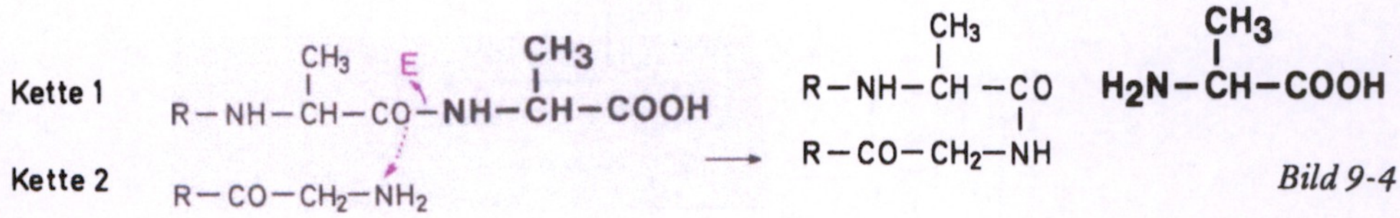

Bild 9-4

Das Enzym, die Peptid-Transferase, spaltet also zuerst eine Peptidbindung; der Aminoteil wird frei (dick schwarz gezeichnet), der Acylteil verbleibt kurze Zeit am Serinrest des Enzyms und wird als acylierendes Reagens für die neue Peptid-Bindung mit dem Amino-Ende der Kette 2 verwendet. Die beiden letzten Aminosäuren der Kette 1 sind in der Regel D-Alanin und D-Alanin.

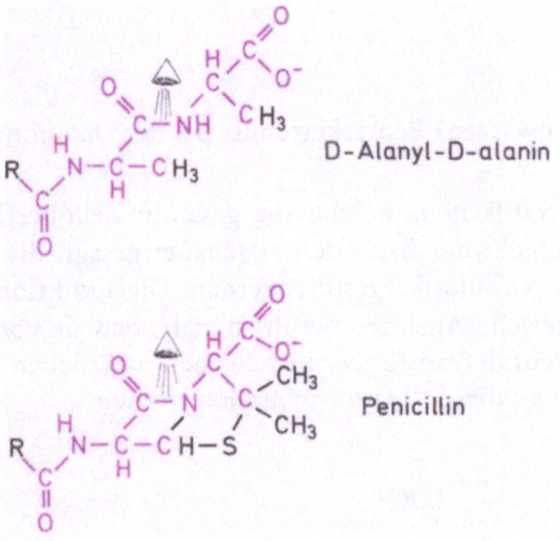

Bild 9-5:
Für die Peptid-Transferase sieht D-Alanyl-D-alanin dem Penicillin zum Verwechseln ähnlich; das Enzym spaltet daher auch beim Penicillin die — überaus reaktive — Amidbindung und wird so mit dem Acylrest beladen

Der Angriff von Bakterienviren

Die Oberfläche der Bakterien ist derjenige Bereich, an dem die Bakterienzelle zuerst in Kontakt mit ihrem Feind kommt. Bakterienviren (Phagen) müssen mit einer bestimmten Bakterienzelle in einen spezifischen Kontakt treten, bevor sie in die Zelle eindringen.

Die Zellhülle eines gram-negativen Bakteriums, z.B. E. coli, zeichnet sich durch eine etwas dünnere Peptidoglucan-Schicht sowie durch eine zweite membranartige Struktur aus, die Außenmembran. An dieser Außenmembran befinden sich Rezeptorproteine, die unter „normalen" Umständen als Transportsysteme für bestimmte Kohlenhydrate verwendet werden; der Phage benennt sie nun um, als Erkennungs- und Ankerproteine für sich selbst. So bindet der λ-Phage beim Angriff auf eine E. coli-Zelle am Maltosebindungsprotein, das eigentlich vom Bakterium dafür gedacht war, beim Angebot von Maltose im extrazellulären Raum für dessen Requirierung zu sorgen.

Nach dem Eindringen des Phagens wird seine DNA in das Genom des Wirtes integriert. In dieser Form, als Pro-Phage, kann die Information als Teil des Wirt-Genoms über mehrere Generationen repliziert werden. Die Wirtszelle, die das potentiell tödliche Agens enthält, bezeichnet man als lysogenes Bakterium. Aus diesem Stadium gelangen Bakterien-Zelle und Virus, durch verschiedene äußere Einflüsse, in den lytischen Zustand, bei dem die Information des Virus abgelesen wird, neue Viren gebildet werden und der Tod der Wirtszelle erfolgt. Daß die Ablesung der Virus-DNA während der lysogenen Phase ausbleibt, wird allein durch einen spezifischen Repressor bewirkt, der konstitutiv synthetisiert wird und ständig die Operatoren für die Ablesung der λ-DNA blockiert.

Die pflanzliche Zellwand

Im Gegensatz zur tierischen Zellhülle, die mit Gangliosiden, Glykoproteinen und manchmal auch Polysacchariden (z.B. Hyaluronsäure) ausgestattet ist, treffen wir bei pflanzlichen Zellen meist eine überaus dicke und feste Zellwand an. Die Komponenten der pflanzlichen Zellwand sind: Hemicellulose (Xyloglucan), Pectin (Polygalakturonsäure), Glykoprotein und Cellulose-Fibrillen.

Hemicellulose ist reich an C_5-Zuckern und innerhalb der Wand in räumlicher Nähe zur Cellulose zu sehen. Der 6-Desoxyzucker Rhamnose, Galaktose und vor allem Galakturonsäure sind die dominierenden Komponenten einer weiteren polymeren Verbindung, des Pectins. In einer gewissen Analogie zum hydroxyprolin-reichen Kollagen des Bindegewebes tierischer Zellen enthält auch die Wand der pflanzlichen Zelle Glykoproteine mit Hydroxyprolin; dessen Kohlenhydrat-Seitenketten sind mit dem Serin des Proteins verbunden.

D-Galakturonsäure   L-Rhamnose   D-Xylose   *Bild 9-6*

Einen ungefähren Eindruck zum komplexen Aufbau der Wand gibt Bild 9-7.

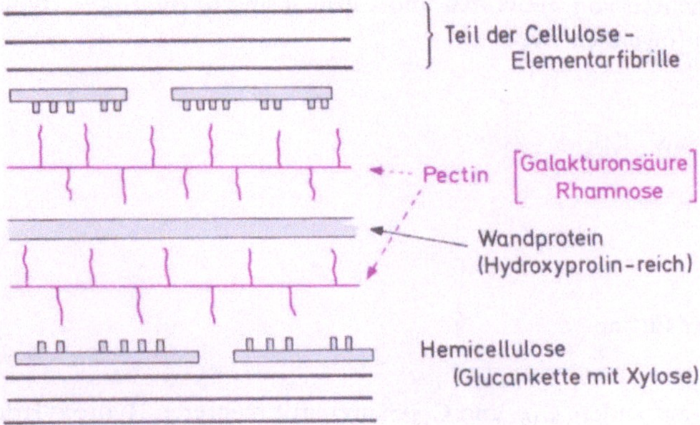

Bild 9-7

Die als Begrenzung angedeutete Elementarfibrille der Cellulose stellt eine parallele Anordnung von mehreren Celluloseketten dar; ausschließlich linear- und 1,4-β-verknüpfte Glucose-Einheiten werden aneinandergelagert und mit den anderen, bisher beschriebenen Komponenten als Kitt versehen.

An Ort und Stelle wird eine weitere polymere Verbindung — eine Art Kunststoffharz — eingegossen und vermutlich über Brücken zur Hemicellulose verankert: das **Lignin**. Lignin bildet ein enges räumliches Netzwerk und entsteht aus einem Phenylpropan-Derivat, dem Coniferylalkohol. Durch radikalische Oxidation werden reaktive Phenol- und Seitenketten-Radikale bereitgestellt, die untereinander in vielfältiger Weise reagieren können. Obwohl von nur einem Monomeren ausgegangen wird, finden wir im Lignin ein relativ unübersichtliches Polymerisat, in dem die C_6C_3-Körper durch chemisch sehr verschiedene Bindungen vernetzt sind.

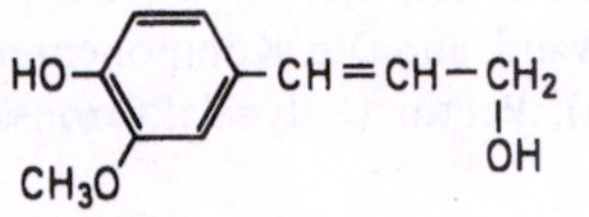

Bild 9-8

Denkt man an die Papiererzeugung, erinnert man sich auch an die Notwendigkeit, Lignin von der Cellulose durch Kochen mit H_2SO_3 abzutrennen.

Die Biosynthese der **Cellulose** erfolgt durch Übertragung von Glucoseresten aus UDP-Glucose auf eine wachsende β-Glucankette. Spezialisierte Bereiche auf der Plasmamembran, die durch Einsetzen von Golgi-Vesikeln in die Membran entstanden sind, bilden das Zentrum der Cellulose-Synthese-Maschinerie. Da keine Zwischenstufen zu finden sind, muß man davon ausgehen, daß Glucose direkt auf die Fibrillen übertragen wird. Die Fibrillen werden in die galertartige Grundmasse (Pectin) eingebaut.

Lignin ist nicht das einzige Polymere, das die Zellwand verstärkt. An der Oberfläche von pflanzlichen Geweben treffen wir noch ein weiteres Polymeres an, das ebenfalls mit Komponenten der Wand (Hemicellulose) kovalent verbunden ist und vor allem als Abwehrsystem gegen Pathogene und als Schutz gegen Wasserverlust zu verstehen ist. Je nach Gewebeart sprechen wir von Suberin bzw. Cutin. An der Außenseite kommen dazu noch Wachse, Monoester von sehr langkettigen Carbonsäuren mit alkoholischen Komponenten von C_{16} bis C_{36}.

Die wichtigsten Komponenten von **Suberinen** und **Cutinen** sind ω-Hydroxycarbonsäuren und Dicarbonsäuren vom folgenden Typ:

$$HOOC-(CH_2)_7-CH=CH-(CH_2)_7-COOH$$

$$CH_2-(CH_2)_{14}-COOH$$
$$|$$
$$OH$$

Bild 9-9: Bausteine der Cutine

Daneben stößt man auch auf andere C_{16}- und C_{18}-Säuren mit mehreren Hydroxylgruppen.

Zu berücksichtigen sind noch aromatische Strukturen vom Typ des Coniferylalkohols; womit sich folgendes ungefähre Bild der Suberin-Schicht ergibt:

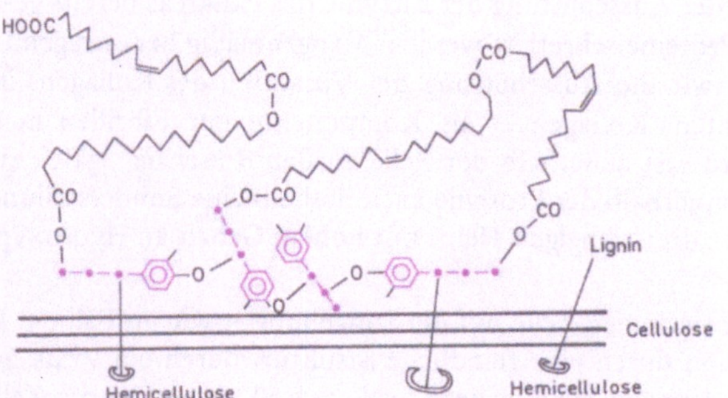

Bild 9-10:
Die äußere Schicht: Suberin

Beim Kampf einer Pflanze mit ihrem speziellen Hausfeind (Pilz) spielen sich auf der Ebene der Zellhülle zahlreiche gegenseitige Attacken und Abwehrgefechte ab. Ein Pilz trachtet z.B. durch Ausschütten von Enzymen, die Cutin-Schicht und die Wand der Pflanze zu zerstören. Die Pflanze versucht ihrerseits, sich durch Inhibitoren gegen die Aktion des Enzyms zu wehren, und greift durch hydrolysierende Enzyme selbst die Pilz-Zellwand an. Schließlich erzeugt die Pflanze niedermolekulare Verbindungen, die das Wachstum des Pilzes zum Stillstand bringen können. Diese Verbindungen — **Phytoalexine** — gehören verschiedenen chemischen Klassen an: den Flavonoiden, Stilbenen (beide aus Phenylalanin und Essigsäure-Einheiten gebildet) sowie den Isoprenoiden. Mehr Erfolg hat der Pilz, wenn er über die Schließöffnungen, an denen der überwiegende Teil des Gasaustausches zwischen der Pflanze und ihrer Umgebung erfolgt, zum Angriff übergeht und hier seine fadenförmigen Ausläufer (Hyphen) eindringen läßt.

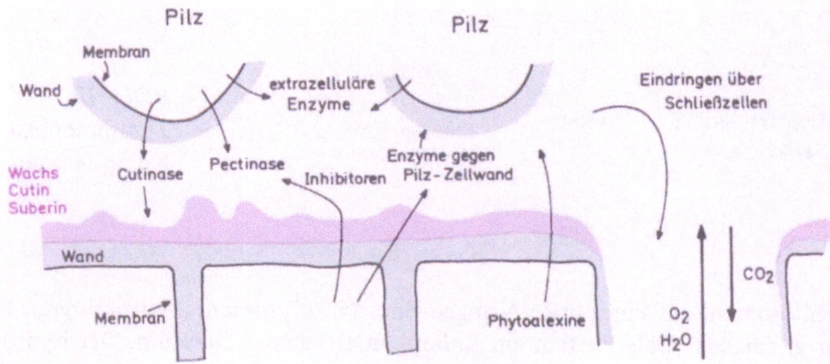

Bild 9-11: Angriff eines Pilzes auf Pflanzenzellen

Glykoproteine der Hülle tierischer Zellen

Auch die tierische Zelle steht mit dem extrazellulären Raum in Verbindung. Wenn man vom Austausch niedermolekularer Nahrungsstoffe absieht, eignen sich zwei Beispiele, um die Kontakte zu diesem besonderen Kompartiment — dem extrazellulären Raum — zu demonstrieren. Wir hatten bei der Ausschüttung der Enzyme des Pankreas bereits gesehen, daß in der Zelle produzierte Proteine sekretiert werden. Mengenmäßig herausragend stellt sich dieser Prozeß dar, wenn wir die Ausschüttung der Vorstufen des Kollagens in den extrazellulären Raum betrachten. Kollagen — als Komponente der Fibrillen in Haut, Knochen und Knorpeln — wird erst außerhalb der Zelle zu den Riesenaggregaten zusammengesetzt. Kollagen nimmt innerhalb der Proteine auch deshalb eine Sonderstellung ein, weil die Untereinheit aus einer dreisträngigen Helix mit hohem Gehalt an Hydroxyprolin aufgebaut ist (→ Seite 202).

Wir wollen die Interaktion der tierischen Zelle mit der Umgebung — wie im Fall der Pflanzenzelle — anhand der Infektion durch eine feindliche Struktur, durch ein Virus, zeigen. Sobald sich ein Virus in die tierische Zelle eingenistet hat, funktioniert es die Zelle vor allem für seine Interessen um. Die Replikation der viralen Nukleinsäure und die Synthese der übrigen viralen Bestandteile, vor allem der Proteine, werden angekurbelt.

Am Beispiel der Biosynthese eines viralen Hüllenproteins, das neben dem Peptid-Skelett mehrere Kohlenhydrat-Seitenketten trägt, wollen wir genauer auf die Biosynthese der Glykoproteine eingehen.

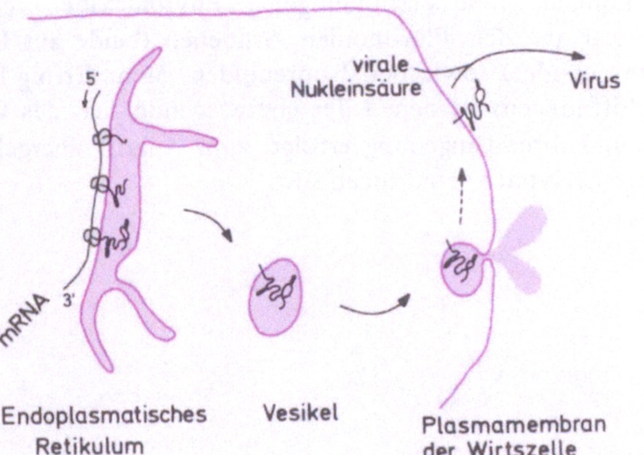

Bild 9-12:
Zusammenbau viraler Komponenten

Mehrere Ribosomen, auf einer mRNA angeordnet (= Polysomen), synthetisieren Protein — und vor allem das virale Protein am Endoplasmatischen Retikulum. Der hydrophobe N-Terminus dieser Proteine wird durch die Membran durchgeschoben und erreicht das Lumen des Endoplasmatischen Retikulums. Während dieses Prozesses läuft bereits die Modifikation des Proteins durch Glykosidierung (schwarz) ab. Sobald die Translation beendet ist, dissoziieren die Ribosomen.

Häufig ragt der C-Terminus auf der cytoplasmatischen Seite aus der ER-Membran heraus (wenn das Protein aufgrund seiner hydrophoben Domänen mit der Membran verbunden bleibt). Teile des ER werden abgeschnürt, die Vesikel gelangen zur Plasmamembran und werden so integriert, daß die Lumenseite des ER zur Außenseite der Plasmamembran wird. Gemeinsam mit der replizierten Nukleinsäure der Viren wird ein Teil der Membran des Wirtes mit den darin enthaltenen virus-spezifischen Proteinen abgetrennt und für den Zusammenbau des Virus-Teilchens verwendet.

Für die Beschreibung der Biosynthese des Glykoproteins wollen wir uns zuerst die Bindungsstelle zwischen Kohlenhydrat-Kette und Protein ansehen. Häufig handelt es sich um eine glykosidische Bindung zwischen dem C-1 von N-Acetyl-Glucosamin und dem Amid-Stickstoff von Asparagin.

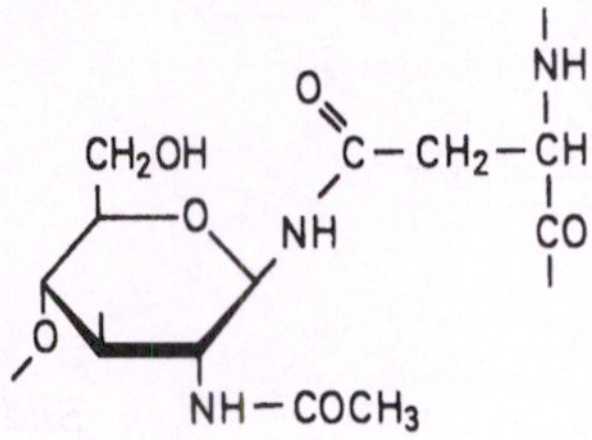

Bild 9-13:
Art der Verknüpfung einer Kohlenhydratkette mit dem Protein

Weitere Komponenten der Kohlenhydrat-Seitenkette können Mannose und Galaktose sein; die Enden werden häufig von N-Acetyl-Neuraminsäure-Resten eingenommen. Diese C_9-Verbindung läßt sich durch Aldol-Kondensation zwischen Brenztraubensäure (C_3) und Mannosamin (C_6) aufgebaut denken.

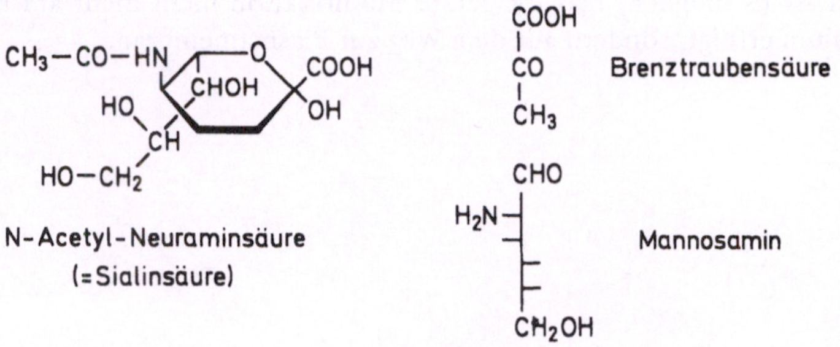

Bild 9-14

Für den Vorgang des Glykosyltransfers auf das wachsende Protein — am Endoplasmatischen Retikulum — wird ein Lipid als Überträger benötigt. Je nach Organismus werden bestimmte Polyprenole — Alkohole, aus Isopren-Einheiten aufgebaut — wie z.B. Dolichol mit dieser Aufgabe betraut.

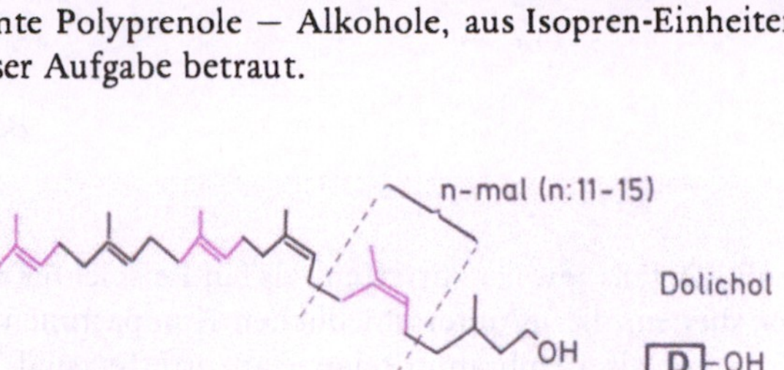

Bild 9-15

Zucker in reaktiver Form, nämlich gebunden an Nukleosid-diphosphat, sind die Partner für die Glykosidierungsprozesse. Zuckerphosphat wird auf Dolicholphosphat übertragen; dann werden auf der Dolicholdiphosphat-Basis immer weitere Zucker übertragen; bis ein relativ großes Oligosaccharid, verankert auf Dolichol-diphosphat, entsteht.

Im folgenden ist der Prozeß nur bis zum Trisaccharid angedeutet. Im speziellen Fall besteht die Kohlenhydrat-Kette aus zwei Molekülen N-Acetyl-Glucosamin und einem Molekül Mannose.

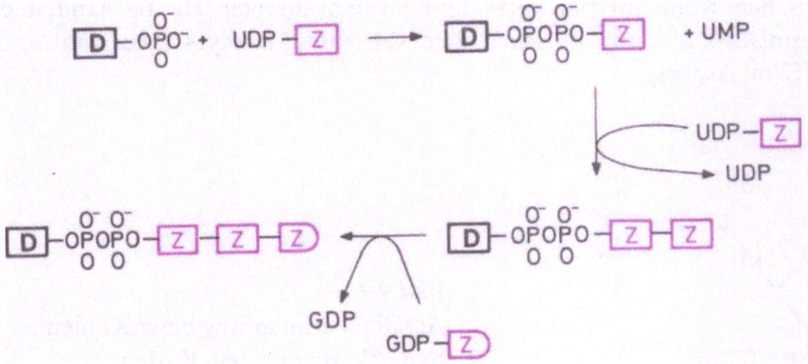

Bild 9-16

Der so auf Lipid gewachsene Kohlenhydrat-Teil wird als Block auf die Asparagin-Seitenkette des Proteins übertragen; wobei das Dolicholderivat frei wird. In der Regel schließt sich an den Transfer eine ausgiebige Modifikation des Kohlenhydrat-Armes an. Im folgenden Bild ist angedeutet, daß einige Hexosen abgespalten werden und daß später mit anderen Gruppen — zuletzt mit N-Acetylneuraminsäure — die Kette in die endgültige Form gebracht wird. Dabei ist es möglich, daß die letzte Modifikation nicht mehr am Endoplasmatischen Retikulum erfolgt, sondern auf dem Weg zur Plasmamembran.

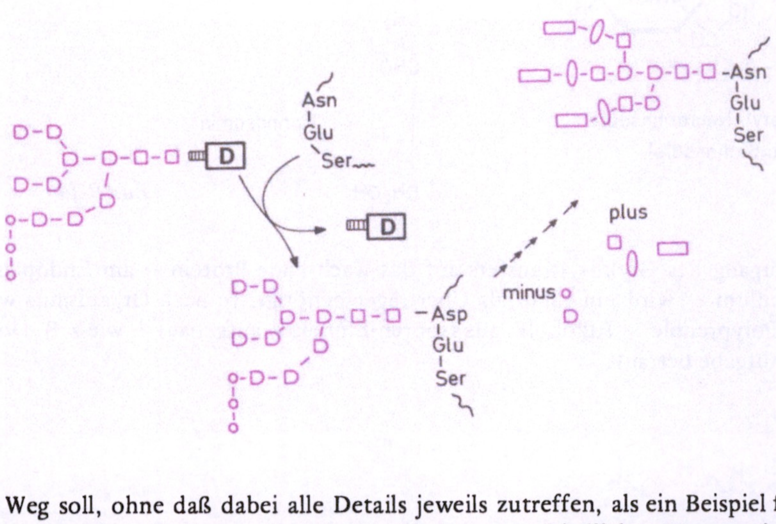

Bild 9-17

Dieser Weg soll, ohne daß dabei alle Details jeweils zutreffen, als ein Beispiel für die Biosynthese der vielen Glykoproteine dienen, die in unterschiedlichen Kompartimenten der verschiedenen Organismen — nicht selten als Membranproteine — anzutreffen sind.

Da wir das vorliegende Buch als Einstieg verstehen, sollen dem Leser weiterführende Lehrbücher empfohlen werden.

Als Begleiter bis zur Dissertation und darüber hinaus

Lehninger, A. L.: Biochemistry, Worth Publishers, New York
Metzler, D.: Biochemistry, Academic Press, New York
Stryer, L.: Biochemistry, Freeman and Co., San Francisco

Für angehende Mediziner:

Buddecke, E.: Grundriß der Biochemie, Verlag de Gruyter, Berlin
Jungermann, K., Möhler, H.. Biochemie, Springer-Verlag, Berlin
Karlson, P.: Kurzes Lehrbuch der Biochemie, Verlag Thieme, Stuttgart

Für die Mikrobiologie:

Stanier, R. Y., Adelberg, E. A., Ingraham, J.L.: The Microbial World, Prentice-Hall

Für die Molekularbiologie:

Watson, J.D.: Molecular Biology of the Gen, Benjamin Inc., Menlo Park

Für die Aspekte der Pflanzenzelle:

Kindl, H., Wöber, G.: Biochemie der Pflanzen, Springer-Verlag, Berlin

Sachwortverzeichnis